LEÇONS
DE
SCIENCE HIPPIQUE GÉNÉRALE.

Paris. — Imprimerie de COSSE et J. DUMAINE, r. Christine, 2.

LEÇONS
DE
SCIENCE HIPPIQUE GÉNÉRALE
OU
TRAITÉ COMPLET
DE L'ART DE CONNAITRE, DE GOUVERNER ET D'ÉLEVER
LE CHEVAL

PAR LE B^{on} DE CURNIEU.

. . . . Nihil equini a me alienum puto.
Rien de ce qui a rapport au cheval ne doit
nous être étranger.

Deuxième Partie.

PARIS,
LIBRAIRIE MILITAIRE,
J. DUMAINE, LIBRAIRE-ÉDITEUR DE L'EMPEREUR,
Rue et passage Dauphine, 30.

1857

LEÇONS
DE
SCIENCE HIPPIQUE GÉNÉRALE.

DEUXIÈME PARTIE.
USAGE DU CHEVAL.

PRÉLIMINAIRES.

DES DIVERS ANIMAUX EMPLOYÉS PAR L'HOMME, SOIT POUR PORTER, SOIT POUR TRAINER DES FARDEAUX.

> La plus noble conquête que l'homme ait jamais faite est celle de ce fier et fougueux animal, etc. BUFFON.

Un jour, l'homme sentit le besoin ou l'utilité d'associer les autres êtres de la création à ses besoins et à ses plaisirs ; mais son choix ne put tomber directement sur ceux-là mêmes que semblaient lui désigner l'organisation la plus parfaite ou le plus grand développement des qualités susceptibles d'être employées à son profit.

Il fallait, indépendamment de l'intelligence, du courage ou de la force, qu'une faculté pût mettre en rapport le maître et le serviteur : ce fut l'instinct de sociabilité et d'affection qui aida l'homme à remplir son but ; en effet, c'est en se substituant aux objets naturels de l'affection de certains animaux qu'il parvint à s'en faire comprendre et obéir, en un mot à agir sur eux moralement, sans le secours de la force brutale ou d'une contrainte perpétuelle.

Ainsi, le chien qui, dans l'état de nature, chasse toujours en troupes, qui s'associe pour le partage comme pour la conquête du butin, eut bientôt appris à s'entendre avec un nouveau compagnon et à lui prêter le secours de son instinct; tandis que le tigre, solitaire et ne vivant que pour lui et par lui seul, était destiné à employer éternellement contre l'homme comme contre tout autre, ses armes terribles et son courage indomptable.

Lorsqu'il fallut à l'homme une force musculaire à employer au lieu de la sienne, qu'il trouvait insuffisante ou dont il ne voulait pas user, il chercha pareillement des animaux qui, avec une grande taille et une conformation favorable, possédassent cet instinct d'affection sans lequel il ne peut y avoir ni docilité ni même possibilité de vie commune.

Presque toutes les espèces de pachydermes, et surtout de ruminants, purent lui être de quelque utilité, et il en profita suivant l'état de civilisation où il se trouvait, le développement de son industrie ou les exigences du climat.

L'éléphant a été employé de temps immémorial à la guerre, à la chasse, au transport des hommes et des fardeaux; mais comme sa taille, sa force et la fierté de son caractère en font un serviteur dispendieux, difficile à gouverner et utile seulement à l'opulence, il n'a été adopté que par des nations civilisées; aussi le voyons-nous dompté en

Afrique par les Carthaginois seulement et rendu à l'état sauvage par la ruine de cette grande puissance.

Il porte, soit une tour où l'on met des combattants, soit un pavillon plus ou moins richement orné; les princes indiens ne voyagent pas autrement. L'Anglais, qui chasse le tigre à l'aide de l'éléphant, se place seul sur une selle, où il est assis à peu près comme sur un tonneau. Dans tous les cas, le cornac, qui est toujours un Indien, se met à cheval sur le cou de l'éléphant et le dirige ou le châtie au moyen d'un bâton court auquel est adapté un fer en pointe et en crochet.

Sur les ports, l'éléphant s'emploie au transport des marchandises; il les traîne ou les porte, et montre, dit-on, une singulière intelligence dans ce travail, où il se sert, au besoin, de sa trompe.

Alexandre le Grand a été représenté sur un char triomphal que traînent quatre éléphants attelés de front; mais ce n'est pas une coutume répandue de consacrer cet animal au tirage.

L'éléphant est docile et dévoué, sauf, dit-on, certains accès de fureur dans lesquels il est tellement dangereux, qu'on est heureux quelquefois de le sacrifier pour éviter de grands malheurs. Ses allures ordinaires sont rapides et sûres, mais désagréables, il va le pas et l'amble, et peut faire une vingtaine de lieues en un jour; il est impossible de le développer dans sa vitesse, qui n'est pas d'ailleurs excessive. Les mouvements seraient trop rudes, et l'animal a trop de masse pour soutenir longtemps une course rapide.

Les services de l'éléphant appartiennent à une civilisation qui s'éteint; ils seront graduellement remplacés par ceux du cheval, plus avantageux dans son emploi et seul capable de parcourir des routes pavées ou macadamisées.

Le rhinocéros a été, dit-on, essayé par l'homme au même emploi que l'éléphant, à la guerre et pour les voyages; mais la stupidité et les terribles colères de cet animal farouche et solitaire le rendaient trop dangereux.

« Le rhinocéros voudra-t-il bien vous servir? et demeurera-t-il dans votre étable?

« Lierez-vous le rhinocéros aux traits de votre charrue, afin qu'il laboure, ou rompra-t-il après vous avec la herse les mottes des vallons ?

« Aurez-vous confiance en sa grande force, et lui laisserez-vous le soin de votre labour ?

« Croyez-vous qu'il vous rendra ce que vous aurez semé et qu'il remplira votre aire de blé? » Job, ch. XL, versets 9, 10, 11, 12.

Indépendamment de sa stupidité et de son indocilité, le rhinocéros offre un autre inconvénient : son pied a des ongles, mais pas de sabot; il marche sur un coussin de peau et de muscles, comme du reste l'éléphant. Cet appareil ne résisterait pas à une marche continue sur les chemins tels qu'il les faudrait pour utiliser le rhinocéros au tirage des voitures.

Aux Indes, il paraît qu'on l'apprivoise et qu'on lui fait porter des fardeaux; mais ce n'est point un usage général, ce sont des faits isolés et qui même manquent de certitude.

L'hippopotame périt sitôt qu'on l'arrache à ses roseaux; il est presque amphibie, comme on sait.

Le porc est trop petit et trop faible; on prétend l'avoir vu employé au labour dans les îles Baléares; mais ce fati prouverait plutôt l'état misérable de l'agriculture, que l'utilité d'un pareil animal comme bête de trait.

Le chameau est probablement la plus ancienne conquête de l'homme, puisqu'il n'existe plus nulle part à l'état de nature. Il est exclusivement consacré aux transports plus ou moins rapides, suivant la légèreté des espèces ou des variétés. Il nous serait difficile de constater la vitesse et la durée de sa marche ou de sa course, à cause des dissentiments des voyageurs à cet égard et du peu de moyens qu'on a d'apprécier le temps et les distances au milieu du désert.

Le chameau paraît, du reste, destiné, comme l'éléphant, à disparaître un jour du nombre de nos serviteurs.

Le lama et l'alpaca sont employés dans les Cordillières comme animaux de bât; mais leur sobriété et le manque de routes en font toute l'utilité. Leur charge n'est que d'environ 75 kilogrammes, et leur marche de quatre à cinq lieues par jour. C'est pour leur laine et leur chair seulement qu'on peut désirer leur importation en Europe.

Quoique toutes les espèces de cerfs soient susceptibles d'être utilisées par l'homme, le défaut de taille et de force de la plupart d'entre elles les ont fait dédaigner, et avec d'autant plus de raison, que l'emploi des bœufs offre autant de facilité et plus de profit sous toutes les latitudes, une seule exceptée, celle des contrées hyperboréennes. Là, on n'a trouvé que le renne, seul herbivore capable de prêter à l'homme le secours d'une force notable. Le Lapon l'attelle à ses traîneaux au moyen d'un collier en peau et d'un trait qu'il lui passe entre les jambes. Je crois qu'on a beaucoup exagéré la vitesse et le fonds d'un pareil attelage, et d'ailleurs il ne traîne qu'un homme seul, et un traîneau léger, et l'usage de ce véhicule est difficile, exige un exercice si particulier, que ce ne peut être qu'un moyen de transport incomplet et exceptionnel.

L'élan, aussi grand, aussi fort que le cheval, serait d'un bien meilleur usage que le renne, et on l'a essayé avec fruit dans l'Amérique du Nord ; il pourrait, dit-on, s'atteler, soit à des charrues, soit aux voitures les plus rapides ; mais comme il s'avance moins que le renne dans les régions polaires, les nations civilisées lui préfèrent le cheval, dont l'emploi est plus connu et peut-être plus facile, et il ne s'est pas trouvé, comme le renne, l'unique serviteur du Lapon et du Groënlandais (1).

Il est du reste possible, au moins par curiosité, d'atteler à des voitures légères le cerf, le daim, le chevreuil et toutes les antilopes, comme la chèvre et le mouton (2).

Je me rappelle avoir vu dans ma jeunesse une lithographie représentant un traîneau russe attelé de deux chevaux avec un véritable cerf au milieu, dans les brancards ; mais, comme ce cerf était de la même taille, ou à peu près,

---

(1) Quelques peuplades du Nord, dans l'Ancien et le Nouveau-Monde, tels que les Kamtchadales et les Esquimaux, attèlent des chiens à leurs traîneaux ; mais ces animaux, sans force et sans fonds pour ce genre de travail, parce qu'ils ont trop d'énergie et trop peu de masse, ne sont pas d'un grand service ; d'ailleurs, leur indocilité les rend dangereux pour leur maître, ils se détournent de leur chemin pour se mettre sur la piste des rennes et des ours et entraînent dans des précipices leurs traîneaux et les conducteurs.

(2) Tout le monde se rappelle la voiture du jeune roi de Rome traînée par deux mérinos qu'avait dressés Franconi.

que les chevaux ; et que ces derniers n'étaient pas conformés en ponys, il est probable qu'on avait voulu figurer un élan, et que l'artiste, dessinant de souvenir, s'est trompé sur la nature des bois et a mis à une espèce ceux qui appartiennent à une autre.

De tout temps, le bœuf a aidé le cultivateur au labour des campagnes ; dès la plus haute antiquité, on en a fait le symbole du travail modeste et de la persévérance, et, suivant toute apparence, ses services ont précédé ceux du cheval ; mais il ne peut satisfaire aux mêmes exigences : sa lenteur l'exclut des attelages depuis l'amélioration de nos chemins, et les progrès de l'agriculture tendent chaque jour davantage à l'exclure de même de nos charrues.

Il est cependant utilisé, dans les Indes, à traîner des voitures légères et assez rapides, et le Hottentot en fait une bête de charge. On monte, en Chine, la vache musquée à queue de cheval ; mais c'est encore un mauvais emploi que proscrira tôt ou tard la civilisation.

Un Anglais a dit du cheval de pur sang qu'il était l'animal le plus vite et le plus fort de la création. Ceci peut s'appliquer, non-seulement au cheval proprement dit, mais encore à tout le genre dont il fait partie, aux solipèdes.

L'emploi de l'âne est trop généralement connu pour qu'il nous soit utile d'en parler ici, et il n'est pas douteux aujourd'hui que tous les autres monodactyles, le zèbre, le daw et le couagga ne soient éminemment propres à tous les services que rend le cheval, sauf quelques difficultés de dressage, ou même quelques dangers réels dans l'emploi journalier.

La force, l'énergie, la vitesse de ces animaux, les rendent capables de déplacer des masses considérables par rapport à leur volume. La configuration de la mâchoire, la position ordinaire de la tête, permettent de leur adapter le mors, le moyen d'assujettissement le plus puissant et le plus précis que nous ayons. Les reins, courts et forts, et assez minces cependant pour être embrassés par les jambes du cavalier, ne présentent ni la longueur sans ressort de ceux du bœuf, ni la bosse incommode du dromadaire, ni la convexité embarrassante et dure du sanglier. De plus, la longueur des jambes est assez grande pour que, dans la course, tout le mouvement s'exécute par elles seules, tandis que, dans la plupart des autres animaux, les reins, alternativement étendus et contractés à chaque pas, procureraient des secousses violentes et qui mettraient le cavalier hors d'état de garder son assiette; chez les solipèdes, au contraire, la ligne des reins pendant la marche se maintient sensiblement horizontale et dans le même état de flexion (1).

Mais ce qui surtout doit faire préférer à l'homme l'usage

---

(1) Les chiens et autres quadrupèdes ayant une grande flexibilité dans l'épine vertébrale et dans les reins, galopent avec les jambes de devant et de derrière étendues à la fois; mais ils n'ont pas de poids à porter, ce qui n'est pas le cas pour le cheval. Ainsi, il y a une période de temps où les jambes des chiens, des lièvres, etc., sont ramassées sous le centre de gravité pendant le galop, les jambes de derrière croisant celles de devant; et, pour effectuer ce mouvement, ils marchent plus large du derrière ou, au moins, dans une direction oblique, afin de mettre à même les extrémités postérieures de dégager les antérieures à chaque répétition du mouvement.

Durant cette action de galoper avec les jambes réunies sous le centre de ces animaux comme monture, c'est la longueur, la force et la flexibilité de l'encolure ; ce sont ces qualités qui mettent à même le cavalier d'exprimer avec énergie et précision sa volonté. Tous les animaux soumis à l'homme et conduits par un licol, ou même un anneau passé dans la cloison du nez, peuvent être assujettis, mais jamais guidés ; ils ne vont qu'à peu près, soit quant à la vitesse, soit quant à la direction ; ce n'est qu'au moyen de la bride convenablement ajustée que nous pouvons dominer tous les mouvements et en régler à notre gré l'impulsion ou l'énergie. Cette manière de diriger est susceptible de tant de perfection, qu'elle est devenue un art.

Un autre avantage enfin des solipèdes est la conformation de leurs pieds qui, en permettant la ferrure, les rend susceptibles de parcourir nos routes, à quelque point que nous ayons été obligés de les durcir pour les exigences de notre civilisation.

Aussi voyons-nous l'âne et le cheval employés depuis une si haute antiquité, que l'on ne peut avoir de données certaines sur l'origine de leur asservissement. Quant au zèbre et au couagga, tout porte à croire qu'ils doivent leur

---

pour prendre un nouveau point de projection, le rein devient nécessairement arqué, afin de permettre aux membres de devant et de derrière de se rapprocher ; mais au moment où les jambes se séparent, le dos revient à sa position droite. Cet *arquement* du dos serait une action très-gênante chez le cheval, et il serait impossible, dans ce cas, au cavalier de conserver son assiette. En outre, cela aurait l'effet de surcharger l'avant-main et de gêner le libre mouvement des jambes antérieures.

(Lawrence, *The complete Farrier and british Sportsman*, p. 307 t 308.)

liberté bien plutôt aux circonstances qui ont toujours arrêté la civilisation dans les contrées qu'ils habitent, qu'à leur caractère, si longtemps réputé sauvage et intraitable.

Autant les solipèdes l'emportent sur tous les autres animaux par les avantages qu'ils présentent à l'homme, autant le cheval est supérieur sous ce rapport aux autres tribus du même genre. En effet, il réunit au plus haut degré les conditions précieuses de taille, de force et de docilité ; seul il s'identifie complétement à son cavalier et semble se complaire dans une obéissance aussi dévouée qu'intelligente. C'est aussi de lui seul que nous devons nous occuper ici.

QUELQUES NOTIONS
SUR L'HISTOIRE DE LA DOMESTICITÉ DU CHEVAL.

J'ignore si les recherches d'un savant archéologue pourraient donner quelques lumières sur l'origine de l'asservissement du cheval. Ce serait, du reste, un travail sinon utile, au moins fort curieux et dont je suis incapable ; je me bornerai en conséquence à recueillir les quelques données que nous fournit l'histoire sacrée et profane, ainsi que la mythologie.

La Bible ne nous parle spécialement d'aucun animal, soit lorsqu'elle nous représente Caïn comme inventeur de l'agriculture, et Abel comme le premier des pasteurs, soit lorsqu'à la sortie de l'arche, Noé fut confirmé par la voix de Dieu dans son empire sur tous les êtres de la création.

« Que tous les animaux de la terre et tous les oiseaux du ciel soient frappés de terreur et tremblent devant vous, avec tout ce qui se meut sur la terre. J'ai mis entre vos mains tous les poissons de la mer. Nourrissez-vous de tout ce qui a vie et mouvement. Je vous ai abandonné toutes ces choses, comme les légumes et les herbes de la campagne. »
(Genèse, ch. ix, versets 2, 3.)

Une tradition fait cependant honneur à Caïn de la conquête du cheval ; un poëte des premiers âges de la littérature française peint, dans des vers d'un style vieilli, mais expressif, le fils aîné du premier homme s'élançant sur le dos du premier cheval. Dès la première fois, le coursier, après s'être livré à toute espèce de défenses très-minutieusement décrites en fort pur langage d'Académie, se soumet, se dresse, prend du tride et revient auprès d'Adam, en maniant à courbettes, à caprioles, enfin allant en *tous les airs fort juste.* Je regrette réellement de n'avoir jamais pu retrouver ce monument de littérature hippique.

La mythologie grecque fait sortir le cheval de terre sous le trident de Neptune ; est-ce pour nous apprendre que le cheval est venu en Grèce par mer ?

Il est singulier qu'encore de nos jours le peuple le plus marin du monde soit aussi notre maître en matière hippique.

Castor et Pollux nous sont représentés comme les premiers hommes de cheval des temps héroïques :

> . . . . *Pueros. . . . . Ledœ*
> *Hunc equis, illum superare pugnis*
> *Nobilem.* . . . .
> HORACE.

postérieurs cependant aux centaures, dont le nom signifie piqueurs de taureaux (κεντρον, aiguillon, ταυρος, taureau). Les premiers cavaliers en Grèce furent vraisemblablement des pasteurs qui montèrent à cheval pour conduire leurs troupeaux, à peu près comme de nos jours les gardiens de bœufs demi-sauvages en Italie.

Virgile, dans ses Géorgiques, attribue à Erichton l'invention des chars et aux Lapithes celle de l'équitation :

> *Primus Erichthonius currus et quatuor ausus*
> *Jungere equos, rapidisque rotis insistere victor.*
> *Frena Pelethronii Lapithæ gyrosque dedere*

Impositi dorso, atque equitem docuére sub armis
Insultare solo, et gressus glomerare superbos.
Æquus uterque labor. . . . .

Erichton, le premier, par un effort sublime,
Osa plier au joug quatre coursiers fougueux,
Et porté sur un char s'élancer avec eux.
Le Lapithe, monté sur ces monstres farouches,
A recevoir le frein accoutuma leurs bouches,
Leur apprit à bondir, à cadencer leurs pas,
Et gouverna leur fougue au milieu des combats.

Trad. de Delille.

Cicéron, dans le *Natura rerum*, attribue cette invention à la quatrième Minerve. Erichton, fils de Dardanus, fut, suivant Pline, un des Phrygiens qui surent les premiers atteler plusieurs chevaux à un char.

Nous n'apprenons ni par là ni par aucune autre tradition auquel des deux emplois, la selle ou le tirage, l'homme sut d'abord assujettir le cheval.

M. Roquencourt, dans son ouvrage sur l'histoire de l'art militaire, dit que les Égyptiens furent les premiers à monter à cheval.

La Genèse nous parle des chars de Joseph (*plaustra*) et l'Exode, de la cavalerie et des chariots de Pharaon engloutis dans la mer Rouge : *omnis equitatus et currus*.

Tout le monde connaît le magnifique portrait du cheval de guerre dans le livre de Job :

Numquid præbebis equo fortitudinem, aut circumdabis collo ejus hinnitum?
Numquid suscitabis eum quasi locustas? Gloria narium ejus terror.
Terram ungulâ fodit, exultat audacter; in occursum pergit armatis.
Contemnit pavorem, nec cedit gladio.
Super ipsum sonabit pharetra; vibrabit hasta et clypeus.

Fervens et fremens sorbet terram, nec reputat tubæ sonare clangorem.
Ubi audierit buccinam, dicit : Vah *! Procul odoratur bellum, exhortationem ducum, et ululatum exercitus.*

Est-ce vous qui donnez au cheval sa force, ou qui entourez son cou du hennissement?

Le ferez-vous bondir comme les sauterelles? Le souffle fier de ses naseaux répand la terreur.

Il creuse du pied la terre ; il s'élance avec audace ; il se précipite au devant des hommes armés.

Il méprise la peur, il affronte l'épée.

Sur lui résonne le carquois; la lance et le bouclier s'agitent.

Il bouillonne, il frémit, il dévore la terre ; à peine entend-il le bruit des trompettes !

Lorsqu'on sonne la charge, il dit : Allons! Il sent de loin le combat, les excitations des capitaines et les cris confus de l'armée.

Sésostris avait une cavalerie nombreuse ; les anciens Scythes voyageaient avec des chariots, à peu près comme les Tartares de nos jours.

Enfin, il est évident que la conquête du cheval est d'une antiquité immémoriale, et quoiqu'aux yeux de la saine raison le cheval n'ait pas été créé exprès pour le service de l'homme, toujours est-il que ce dernier a su depuis longtemps quel parti il pouvait en tirer.

Sans vouloir nous arrêter ici à faire des recherches sur la manière dont on a dû arriver à monter ou à atteler le cheval, nous dirons que la première embouchure a dû être une espèce de filet qui succéda à la corde passée au cou, autour du nez ou dans la bouche.

On monta à poil, puis sur des étoffes ou des peaux de bêtes sans étriers, et l'art en resta là pendant fort longtemps.

Xénophon est le premier écrivain dont il nous reste quelque ouvrage sur l'équitation; il cite un auteur plus ancien que lui et de quelque renommée, puisqu'on lui avait érigé une statue à Athènes; il se nommait Simon.

L'opuscule de Xénophon est fort succinct et ne contient guère que quelques conseils dictés par le bon sens et l'expérience. On y voit la manière d'approcher un cheval, de s'élancer dessus, de le diriger et de le soigner à l'écurie ; mais aucune règle véritable d'équitation, si ce n'est la manière de déterminer le cheval au départ du galop sur tel ou tel pied ; encore ce passage n'a-t-il pas généralement été compris ; il est fort peu explicite et passerait tout à fait inaperçu sans une circonstance toute d'actualité : on y trouve l'idée première d'une théorie nouvelle, ou au moins nouvellement développée par M. Aubert (1).

A cette époque, on se servait d'une espèce de double bridon et d'une longe attachée à une sous-barbe ou sorte de gourmette en cuir : c'était le *kinnband* allemand ou la longe de main de nos postillons à la Daumont. Les étriers n'étaient pas inventés, on sautait à cheval comme

---

(1) Voici le passage : « Comme il est reçu de partir du pied gauche, « le plus sûr moyen pour y réussir, c'est, étant au trot, de saisir le mo-« ment où le pied droit pose sur le sol, pour indiquer le galop ; car le « cheval, étant au moment de lever la jambe gauche, partira de ce côté. »
M. Aubert recommande, pour partir à gauche, de profiter du moment où le cheval va s'appuyer sur la jambe droite de derrière; c'est ce qu'il appelle saisir le temps de jambe, et il donne là-dessus des développements que je ne peux ni rapporter ni paraphraser ici ; mais il a parfaitement raison ; il est impossible d'être plus vrai, plus clair et plus logique; ceux qui l'ont critiqué ne le comprenaient pas ou ne voulaient pas reconnaître une découverte due à un confrère.
Celui qui a dit des poètes :

Genus irritabile vatum,

ne connaissait pas les écuyers de nos jours.

nos recrues à la première leçon, ou on se faisait donner le pied à l'anglaise, ou enfin, on profitait des bancs ou pierres qu'on rencontrait. Nous voyons dans la *Cyropédie*, que Cyrus le Grand (1) fit placer sur les routes de son Empire dans le double but de marquer les distances et de donner aux cavaliers fatigués la facilité de remonter à cheval.

Hippocrate cite une maladie que contractaient les Scythes à force de monter à cheval sans étriers.

L'équitation n'avait fait aucun progrès au temps d'Auguste. Virgile, très-connaisseur en chevaux, à en juger du moins par ce que raconte l'auteur de sa vie (2) et surtout par ses ouvrages, parle de tout ce qui a rapport à la cavalerie avec une vérité et une intelligence qu'on retrouve rarement chez ses traducteurs.

Le combat d'Énée et de Mézence, la joie qu'éprouve Ascagne à dépasser tous ses compagnons dans la grande chasse de Didon, les jeux du cinquième livre où le dernier descendant de Priam s'avance sur un cheval pie originaire de Thrace, sont autant de passages où l'homme de cheval se révèle autant que le poëte.

Tacite nous dit aussi quelques mots sur les chevaux qu'avaient les Germains et sur leur manière de les conduire :

---

(1) Ce prince est regardé comme l'inventeur des postes, à cause des relais qu'il établit dans toute la Perse pour correspondre rapidement avec ses généraux et ses gouverneurs de province ; il était grand amateur de chevaux, entretenait une nombreuse cavalerie, et il augmenta beaucoup par ce moyen la puissance de son empire.

(2) Il est dit que Virgile s'attira d'abord les bonnes grâces d'Auguste par les connaissances qu'il montra en jugeant deux poulains favoris de ce prince.

Equi non formâ, non velocitate conspicui : sed nec variare gyros in morem nostrum docentur : in rectum, aut uno flexu dextros agunt, itâ conjuncto orbe ut nemo posterior sit.

Leurs chevaux ne sont remarquables ni par leur beauté ni par leur vitesse ; on ne les dresse pas à changer de main sur les cercles, à notre manière ; les Germains les poussent tout droit ou les tournent toujours du même côté, à droite, en calculant leur tournant de telle manière qu'aucun cavalier ne se trouve le dernier (ce qui veut dire probablement que la queue étant rattrapée par la tête, la troupe forme un cercle sans interruption).

De ces citations et de toutes celles qu'on pourrait faire, il résulte que les Romains, à la fin de la République, en étaient encore à l'équitation numide, c'est-à-dire à manœuvrer en cercle autour de l'ennemi, en lui lançant des javelots, et cela, avec un bridon et une couverture ; car je ne puis croire à ces chevaux dirigés sans selle ni bride au milieu d'une mêlée et contre une infanterie aguerrie et bien armée. Cette fameuse cavalerie, que les Romains enviaient et qu'ils employaient sans pouvoir l'égaler, n'a probablement jamais manœuvré de la sorte que sur les toiles de Lebrun.

Les chevaliers romains ne formèrent jamais un corps de cavalerie, et il ne paraît pas que le cheval fût pour eux autre chose qu'une marque honorifique de noblesse dont les censeurs les privaient quelquefois.

Horace semble se plaindre du peu de goût de la jeunesse de son temps pour l'exercice de l'équitation :

Nescit equo rudis
Hærere ingenuus puer.
Gallica nec lupatis
Temperet ora frenis.

L'enfant de famille n'a pas l'habitude du cheval et ne sait s'y tenir.
On ne le voit plus dompter les rebelles coursiers de la Gaule avec le mors lupus.

Qu'appelait-on *frena lupata* ? n'étaient-ce pas des bridons cannelés ?

Du reste, si les Romains avaient peu de goût pour l'exercice du cheval, le luxe de leur civilisation en avait rendu l'usage fort général.

Les belles voies romaines étaient parcourues par des chars et des litières.

On avait des chevaux pour le voyage, *itinerarii ;*

Pour les bagages, *sarcinarii ;*

Des chevaux d'amble et de promenade, *gradarii ;*

De chasse, *venedi ;*

Enfin des chevaux de selle et d'agrément, *cantherii*, d'où vient le mot anglais *canter*, petit galop.

Le *mannus* était le cheval de service ordinaire, pour aller à la campagne, par exemple :

Currit agens mannos ad villam hic præcipitanter,

a dit Lucrèce.

Rumpat aut serpens iter institutum,
Si per obliquum similis sagittæ
Terruit mannos.   HORACE.

Jumentum était le cheval de bât.

L'équitation fit un grand pas lors de la découverte des étriers, de la selle et du mors.

Il faut entendre par mors le mécanisme qui augmente la force de la main par le levier que forme la gourmette.

La selle consiste spécialement dans les arçons qui, tout

en fixant la position du cavalier, le préservent, ainsi que le cheval, de tous les accidents résultats inévitables d'une cohésion immédiate.

Les étriers enfin empêchent les chutes et l'intolérable fatigue que le poids des jambes occasionne.

Un fait assez remarquable, c'est que cette triple invention de l'étrier, de la selle et du mors de bride, semble nous être venue en Europe de deux côtés à la fois, et sous deux formes entièrement différentes.

En effet, l'étrier turc, en forme de semelle large et carrée, la selle en forme de bât, relevée du devant et du derrière, et le mors arabe avec un anneau au sommet de la liberté de langue, ne paraissent avoir aucune origine commune avec le mors à gourmette en chaîne, la selle plus ou moins rase, et l'étrier à grille.

P.-L. Courrier prétend que les arçons nous viennent du Bas-Empire ; Bérenger, écrivain anglais, auteur d'une histoire de l'équitation, attribue l'invention de la selle aux Francs ; il cite un accident arrivé à Constantin et rapporté par Zonaras : cet empereur aurait été jeté hors de la selle ; donc il existait des selles à cette époque.

Quoi qu'il en soit, je serais tenté de croire à l'importation simultanée, ou à peu près, en Europe, de deux équitations différentes, l'une apportée par les Musulmans, l'autre venue du Nord. Cette opinion rentrerait à peu près dans celle de M. Muller, qui partage notre manière actuelle de monter à cheval en Europe en trois écoles : l'école latine, l'école germanique, l'école slave. L'école germanique serait le perfectionnement de l'équitation venue du Nord ; la manière slave serait venue du Midi, importée de Turquie par les Polonais et autres peuples voisins ; enfin, la méthode latine serait un composé de l'une et de l'autre, et ne daterait que de la renaissance de l'art ou des manéges modernes.

Équitation du Nord ou de l'invasion des barbares.

> La nature, barbare en ces affreux climats,
> Ne produit au lieu d'or, que du fer, des soldats.

Je n'appellerai pas à l'appui de cette opinion une érudition d'antiquaire ; je sais qu'on doit faire bon marché des systèmes, ici surtout qu'il ne s'agit que d'un simple aperçu historique. Qu'y a-t-il d'invraisemblable cependant à se représenter les barbares qui vinrent des contrées septentrionales fondre sur les débris de l'empire romain, à peu près tels que devaient être les ancêtres des Anglais, des Allemands, ou les nôtres ? Leurs chevaux, à peu près sem-

Fig. 1.

blables à ceux que Tacite donne aux Germains, portaient une espèce de selle plate (*fig.* 1) composée de deux planches étroites réunies par deux bouts de cuir et assez espacées pour laisser libre l'épine dorsale ; sur ces deux bandes, on posait des peaux ou des coussins ; l'étrier se composa d'abord de trois petits bâtons réunis en triangle par des bouts de corde (*fig.* 2); on a pu en voir de semblables à quelques Cosaques irréguliers, lors des invasions de 1814 et 1815 (1).

Fig. 2.

Le mors fut primitivement un billot de bois (*fig.* 3), ou un

Fig. 3.

filet à branches et brisé, tel qu'en ont encore les paysans et les maquignons allemands (*fig.* 4); on y ajouta la gourmette, et ce ne fut que bien plus tard qu'on eut l'idée de

---

(1) Je me suis amusé à en faire un moi-même avec des débris de fagot dans un voyage où mon cheval, en tombant, avait brisé sous lui un étrier anglais; j'ai très-commodément continué ma route avec cet étrier de bois; en campagne, il m'eût servi indéfiniment.

souder l'embouchure en une seule pièce (*fig.* 5); car du temps de Labroue et de Solleysel on employait encore beaucoup de mors brisés.

Lorsque la civilisation s'éteignit sous le joug des barbares, ces nouveaux maîtres du monde, on vit disparaître tous les arts, et entre autres celui de dresser les chevaux tant aux courses d'hippodrome qu'à mille tours de fantaisie; car le Bas-Empire était fort curieux de spectacles où le cheval jouait son rôle comme tant d'autres acteurs. Il y avait un fort beau cirque à Constanti-

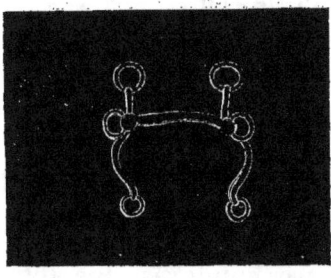

Fig. 4.

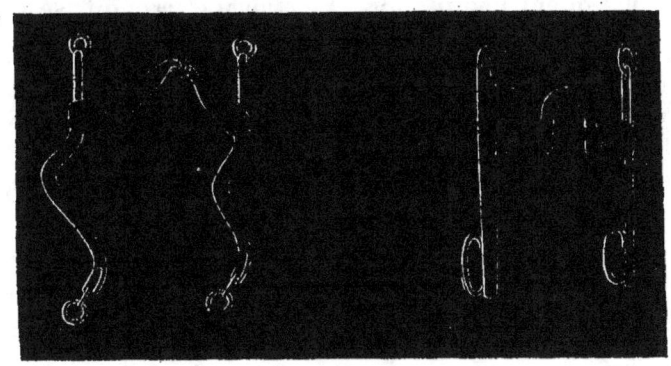

Fig. 5.

nople; on y jouait à la *quintana*, ce qui n'est autre chose que le lancer du javelot. On faisait piaffer les chevaux en cadence sur les théâtres; on leur apprenait à exécuter certaines danses; on leur attachait des rouleaux de bois dans les paturons pour donner du brillant à leurs allures; on s'exerçait à toutes les difficultés de la voltige. Nul doute en un mot que la partie purement scénique de l'équitation n'ait été portée à cette époque à un haut point de perfectionnement. Toutes ces merveilles disparurent tout d'un coup, et dans les ténèbres du moyen âge les besoins se bornèrent au cheval de guerre et de route.

Suivant toute probabilité, le cheval de ces peuplades barbares, provenant comme elles d'une origine asiatique, avait, comme le cheval tartare d'aujourd'hui, le rein long, l'épaule droite, et par conséquent les allures unies et douces; on le montait avec l'étrier long et un appui que permettait la douceur des embouchures employées. Bientôt l'influence des climats européens, peut-être le croisement avec des races qui déjà y subsistaient, changèrent le cheval et par conséquent l'équitation. Le cheval s'arrondit, se grossit, devint plus lent ; le cavalier se barda de fer, chercha à se hausser sur sa selle pour donner plus de force à ses jambes, et s'arma d'éperons formidables; les branches du mors s'allongèrent en raison de l'épaississement des encolures.

Tandis que le cheval tartare, conservant dans sa patrie son cou long et raide, sa disposition à placer le nez au vent, est venu nous apporter plus tard la martingale à anneaux ou fixée au filet.

Il est probable qu'à cette époque les races indigènes ne fournissaient pas en grande quantité les bons chevaux de guerre, puisque Guillaume de Normandie choisit, pour son expédition en Angleterre, un cheval espagnol fort petit et fort mince, mais seul capable de porter un cavalier aussi lourd et aussi impétueux. Il est vrai que déjà depuis plusieurs siècles les races espagnoles étaient retrempées de sang arabe, grâce à l'invasion des Maures. Tarik défit Rodrigue à Xérès en 714; la bataille d'Hastings se donna le 14 octobre 1066.

C'était alors le temps de la prouesse; la force de corps, la bravoure personnelle, étaient tout à la guerre, puisque l'infanterie n'était pas connue avec la ressource de ses masses mobiles et que la cavalerie combattait sans ensemble.

Le bon cheval de cette époque devait donc avoir plus de force et de puissance au choc que de fonds; il y avait peu besoin de vitesse, les voyages étaient lents et rares, souvent impossibles; la guerre ne durait qu'une saison, le combat n'était qu'un coup de main. Rien ne prouve par conséquent ni que les chevaux dussent alors être excellents, ni surtout qu'ils eussent cette force et cette ampleur que beaucoup de gens tiennent à leur supposer.

L'agriculture était peu avancée; l'art de soigner les races n'existait pas; aucun fait authentique n'est rapporté qui constate des qualités extraordinaires en quelque genre que ce soit : nous devons donc croire que l'état des choses, sous le rapport hippique, était au-dessous plutôt qu'au-dessus de ce qu'il est aujourd'hui. Au reste, nous sommes peu à même d'en juger, faute de point de comparaison, non plus que nos ancêtres qui, s'ils étaient mal montés, ne s'en apercevaient pas, ayant affaire à des ennemis qui ne l'étaient pas mieux.

Quoi qu'il en soit, les croisades, en mettant en rapport,

par un fait unique dans l'histoire, des nations si éloignées par les mœurs comme par l'espace, nous firent connaître une population chevaline dont nous n'avions pas l'idée.

Équitation orientale.

> Le temps de l'Arabie est à la fin venu.
> VOLTAIRE.

Mahomet avait su créer une religion et des empires. Le peuple qu'il régénérait était belliqueux, intelligent, apte à approfondir toutes les sciences, à comprendre toutes les grandeurs. L'illustre législateur sut exalter encore ces précieuses facultés par le fanatisme.

Il savait que le cheval était le nerf de la guerre dans l'état actuel de la civilisation, et il attacha une idée religieuse à la conservation de ce noble et précieux animal. Que ne devait-on pas attendre dans le climat qui était précisément la patrie naturelle du cheval, des efforts combinés du génie, de la puissance, et de l'intérêt personnel ?

Aussi les chrétiens d'Europe trouvèrent-ils sous les murs de Jérusalem une cavalerie innombrable et parfaitement montée; rien n'égalait le courage et l'adresse de l'homme, si ce n'était l'agilité et la force de son coursier.

L'équitation était toute autre que celle des croisés ; de même que le cheval du désert, qui l'avait inspirée, différait du lourd palefroy. L'Arabe, assis sur une selle haute et relevée, montait fort court, appuyant tout le pied sur un étrier de métal plat et carré, qui lui servait en même temps d'éperon.

Un mors puissant arrêtait soudainement un cheval si vigoureusement soudé, que nul mouvement ne lui coûtait, quelque violent, quelque brusque qu'il pût être.

Walter-Scott, dans le premier chapitre du *Talisman* (1), raconte un combat entre un croisé écossais et le sultan Saladin. Il est impossible de décrire d'une manière plus poétique et en même temps plus vraie la manière de combattre des deux nations :

« . . . . . . Un chevalier de la Croix-Rouge, qui avait
« abandonné sa demeure éloignée au nord de l'Europe
« pour se joindre à l'armée des croisés dans la Palestine,
« chevauchait lentement dans les déserts sablonneux des
« environs de la mer Morte, ou, comme on l'appelle, du
« lac Asphaltite, où les eaux du Jourdain se jettent comme
« dans une mer Méditerranée, dont les ondes n'ont aucun
« écoulement.

. . . .

« Il fit le signe de la croix en voyant la masse noire
« d'eaux ondoyantes, qui ne ressemblent ni en couleur ni
« en qualité à celles d'aucun lac. . . . .

« . . . . On aurait dit aussi que le costume du chevalier
« et l'équipement de son cheval avaient été choisis à des-
« sein, comme tout ce qui pouvait être le moins convenable
« pour voyager dans une telle contrée. Une cotte de mailles
« à longues manches, des gantelets couverts de plaques de
« métal et une cuirasse d'acier, n'avaient pas été jugés une
« armure assez pesante : un bouclier triangulaire était sus-

---

1) Histoire du temps des Croisades.

« pendu à son cou, et il portait un heaume d'acier, au bas
« duquel flottait un capuchon, et un collet de mailles qui
« entourait le cou et les épaules du guerrier, remplissant
« ainsi l'intervalle qui existait entre son haubert et son
« casque ; ses jambes et ses cuisses étaient, comme le reste
« de son corps, couvertes de mailles flexibles, et ses pieds
« étaient placés dans des souliers garnis de plaques comme
« ses gantelets. Un long et large sabre, à lame droite, à
« double tranchant, et dont la poignée était en forme de
« croix, suspendu à son côté gauche, faisait le pendant
« d'un grand poignard placé du côté droit. Ferme sur sa
« selle, le chevalier tenait en main son arme ordinaire, sa
« longue lance garnie d'acier, dont le bout reposait sur l'é-
« trier, et au fer de laquelle était attachée une petite ban-
« derole qui, tandis qu'il marchait, flottait en arrière, tan-
« tôt agitée par le vent, tantôt comme endormie dans le
« calme. Au poids de cet équipement, il faut ajouter un
« surcôt, comme on l'appelait, de drap brodé, très-fané et
« très-usé, mais qui était utile en ce qu'il empêchait les
« rayons du soleil de frapper sur l'armure, dont, sans cela,
« la chaleur serait devenue insupportable. On voyait en plu-
« sieurs endroits du surcôt les armoiries du chevalier, quoi-
« que en partie effacées; elles semblaient être un léopard
« couchant, avec la devise :—Je dors, ne m'éveillez pas !
« — La même devise paraissait avoir décoré son bouclier,
« mais les coups qu'il avait reçus en avaient à peine laissé
« quelques traces. Le sommet aplati de son heaume pe-
« sant et cylindrique n'était orné d'aucun cimier. En con-
« servant la lourde armure défensive de leur pays, les

« croisés du Nord semblaient vouloir braver la nature du
« climat et du pays où ils étaient venus porter la guerre.

« L'équipement du cheval n'était guère moins pesant et
« moins massif que celui du cavalier : il portait une lourde
« selle revêtue d'acier jointe par devant à une espèce de
« cuirasse, qui lui couvrait le poitrail, et par derrière à
« une autre armure défensive qui lui protégeait les reins.
« Une hache d'acier, espèce de marteau qu'on appelait
« masse d'armes, était suspendue à l'arçon de la selle ; les
« rênes étaient assurées par une chaîne de métal ; et le
« chanfrein de la bride était une plaque d'acier, ayant des
« ouvertures pour les yeux et les naseaux, et dont le haut
« était garni d'une pointe courte et aiguë, qui semblait
« sortir du front du cheval comme la corne fabuleuse de
« la licorne......

« .... La nature, qui avait jeté ses membres (du cava-
« lier) dans un moule d'une force peu commune, et qui
« leur avait donné la vigueur nécessaire pour porter un
« pesant haubert aussi facilement que si les mailles en eus-
« sent été de soie, l'avait doué d'une constitution aussi
« robuste que ses membres et défiant les changements
« de climat comme les fatigues et les privations de toute
« espèce. Son caractère semblait partager, jusqu'à un cer-
« tain point, les qualités de son corps, et de même que
« son physique réunissait une grande force à la faculté de
« pouvoir se livrer aux plus pénibles travaux et de les sup-
« porter, ainsi son âme, sous une apparence calme et tran-
« quille, brûlait de cet amour enthousiaste et d'une soif de
« gloire formant le principal attribut de cette célèbre race

« normande qui avait changé ses aventuriers en souverains
« dans tous les pays de l'Europe où ils avaient porté leurs
« armes. . . . .

« . . . . Tandis que le chevalier du Léopard-Dormant
« continuait à fixer ses yeux avec attention sur le bouquet
« de palmiers qu'il apercevait de loin, il lui sembla voir un
« objet animé se mouvoir par derrière ; cet objet se déta-
« cha enfin des arbres qui en cachaient les mouvements, et
« s'avança du côté du chevalier avec une célérité qui fit
« bientôt distinguer un cavalier que son turban, sa longue
« javeline et son cafetan vert flottant au gré du vent, fai-
« saient reconnaître pour Sarrasin.

« Personne ne trouve un ami dans le désert, dit un
« proverbe oriental ; mais le croisé ne s'inquiétait guère si
« l'infidèle qui s'approchait, monté sur un beau cheval
« barbe, comme s'il eût été porté sur les ailes d'un aigle,
« s'avançait vers lui en ami ou en ennemi. Comme cham-
« pion dévoué à la croix, peut-être même aurait-il préféré
« avoir à l'envisager sous ce dernier aspect. Il dégagea sa
« lance de sa selle, la saisit de la main droite, la tint en
« arrêt, la pointe à demi-levée, serra les rênes de la main
« gauche, et excitant l'ardeur de son coursier en lui fai-
« sant sentir l'éperon, il se prépara à rencontrer cet étran-
« ger avec cette calme confiance qui convenait à un che-
« valier victorieux dans tant de combats.

« Le Sarrasin arriva au grand galop, en cavalier arabe,
« conduisant son cheval à l'aide de ses jambes et par les
« inflexions de son corps plutôt qu'en se servant des rênes,
« qui flottaient suspendues à sa main gauche, de manière

« à lui permettre de tenir le léger bouclier rond en peau
« de rhinocéros orné de ganses d'argent, qu'il portait sur
« le bras, le faisant tourner comme s'il eût dessein d'en
« opposer le cercle étroit au coup formidable de la lance
« occidentale. Sa longue javeline n'était pas couchée hori-
« zontalement comme celle de son antagoniste : il la tenait
« fermement de la main droite, par le milieu, et la fai-
« sait brandir sur sa tête à la hauteur du bras. En s'ap-
« prochant de son ennemi à pleine carrière, il semblait
« s'attendre à voir le chevalier du Léopard mettre son
« cheval au galop pour le rencontrer ; mais le chevalier
« chrétien, connaissant parfaitement toutes les coutumes
« des guerriers de l'Orient, ne jugea pas à propos d'épui-
« ser son excellent coursier en en exigeant des efforts inu-
« tiles. Au contraire, il fit une halte subite, convaincu
« que si son ennemi en venait au choc, son poids et celui
« de son cheval lui donneraient assez d'avantage sans qu'il
« eût besoin d'y ajouter celui d'un mouvement rapide.

« Le cavalier sarrasin pensa de même ; et, craignant le
« résultat probable d'un tel choc, quand il fut arrivé près
« du Chrétien, à environ deux fois la longueur de sa lance,
« il fit tourner son cheval sur la gauche avec une dexté-
« rité inimitable, et fit deux fois le tour de son antagoniste,
« qui, tournant à son tour, sans quitter son terrain, et
« présentant constamment le front à son ennemi, déjoua
« toutes ses tentatives pour l'attaquer sans qu'il fût sur ses
« gardes ; de sorte que le Sarrasin, faisant décrire à son
« cheval un cercle plus étendu, fut obligé de se retirer à
« la distance d'une cinquantaine de toises.

« Cependant, comme un faucon attaquant un héron, le
« Maure revint bientôt à la charge et fut encore forcé à
« battre en retraite, sans avoir pu commencer le combat.
« Il s'approcha de la même manière une troisième fois ;
« mais le chevalier chrétien, désirant mettre fin à cette
« guerre d'escarmouches, dans laquelle il pouvait se trou-
« ver enfin harassé par l'activité de son ennemi, saisit tout
« à coup la masse d'armes suspendue à l'arçon de sa selle,
« et, d'un bras aussi vigoureux que son coup d'œil était
« juste, la lança à la tête de son adversaire, qui paraissait
« n'être rien moins qu'un émir. Le Sarrasin ne vit arriver
« cette arme formidable qu'en temps suffisant pour placer
« son léger bouclier entre la masse et sa tête ; mais la vio-
« lence du coup repoussa le bouclier sur son turban, et
« quoique cette arme défensive eût contribué à en amortir
« la force, il fut renversé de cheval. Cependant, avant que
« le Chrétien eût pu profiter de cette chute, l'agile Sarra-
« sin se releva, appela son cheval, qui arriva sur-le-champ
« près de lui ; il sauta en selle sans toucher l'étrier, et re-
« gagna l'avantage dont l'avait privé le chevalier du Léo-
« pard.

« Pendant ce temps, celui-ci avait ramassé sa masse
« d'armes, et le Sarrasin, se rappelant avec quelle force et
« quelle dextérité son ennemi s'en était servi, parut dé-
« sirer se tenir hors de portée d'une arme dont il venait
« si récemment d'éprouver la force, et montra l'intention
« de continuer le combat avec des armes qui lui étaient
« plus familières et dont il pouvait se servir de plus loin.
« Plantant sa longue javeline dans le sable à quelque dis-

« tance, il tendit avec beaucoup d'adresse un petit arc
« qu'il portait sur le dos, et, mettant son cheval au galop,
« il décrivit encore autour du Chrétien deux ou trois cer-
« cles d'une circonférence plus étendue que les premiers,
« et décocha six flèches contre lui avec un coup d'œil si
« sûr que, si son ennemi ne reçut pas un pareil nombre
« de blessures, il ne le dut qu'à la bonté de son armure.
« La septième parut en avoir frappé une partie moins à
« l'épreuve, car le chevalier du Léopard tomba tout à coup
« de cheval.

« Mais quelle fut la surprise du Sarrasin, quand, ayant
« mis pied à terre pour examiner dans quel état se trou-
« vait son ennemi renversé, il se sentit tout à coup saisi
« par l'Européen, qui avait eu recours à ce stratagème
« pour attirer son antagoniste à sa portée ! Dans cette lutte
« mortelle, sa présence d'esprit et son agilité le sauvèrent.
« Détachant à la hâte le ceinturon par lequel le chevalier
« du Léopard le retenait, et, se tirant ainsi de ses mains
« redoutables, il remonta sur son cheval, qui semblait
« suivre tous les mouvements de son maître avec l'intelli-
« gence d'une créature humaine, et s'éloigna de nouveau.
« Mais, dans cette dernière rencontre, le Sarrasin avait
« perdu son sabre et son carquois rempli de flèches, parce
« qu'étant attachés à son ceinturon, il avait été forcé de
« les abandonner. Son turban était aussi tombé pendant
« cette courte lutte. Ces désavantages parurent engager le
« Musulman à proposer une trêve. Il se rapprocha du
« Chrétien. . . . . . »

Plusieurs siècles après, nos soldats retrouvèrent en Égypte,

« chez les Mameluks la même valeur, la même manière de
« combattre, et ils eurent l'avantage, mais ils le durent aux
« progrès de l'art militaire, qui savait employer les masses.
« La supériorité individuelle restait toujours aux Arabes. »

Les croisades apportèrent nécessairement une grande modification dans l'équitation comme dans la race des chevaux d'Europe.

Bourgelat (1) parle, quoiqu'avec quelque doute, d'un cheval ramené de Palestine en France, où il fut la souche de la race limousine, et acheté ensuite pour l'Angleterre, à l'âge de plus de vingt ans, et dont on obtint des produits, bien qu'on *fût obligé de le hausser et porter en quelque sorte sur les cavales.*

L'auteur de l'ouvrage anglais *The Horse* pense que le fanatisme l'emportant sur la raison et l'intérêt, fit négliger les ressources qu'on aurait pu tirer de l'Orient pour l'amélioration des chevaux; il cite pourtant un couplet de vieille romance où l'on parle de deux coursiers achetés par Richard Cœur-de-Lion, dans l'île de Cypre.

> *Yn this worlde they hade no pere (equal);*
> *Dromedary nor destree*
> *Stede, Rabyte, (arabian) ne Cammele,*
> *Goeth none so swifte, without fayle*
> *For a thousand pownd of golde,*
> *Ne should the one be solde.*

Dans le monde ils n'avaient point de pareil,
Ni dromadaire, ni destrier,
Ni cheval de bataille, ni arabe, ni chameau;

---

(1) *Extérieur du cheval*, p. 527, 1818. Paris, 7ᵉ édition.

Le cerf n'est pas aussi vite ; ils n'avaient pas un défaut ;
Un millier de livres d'or
N'aurait pu payer l'un des deux.

Les années qui s'écoulèrent entre la première croisade et l'époque de la renaissance générale de tous les arts n'ont produit aucun livre connu sur l'équitation ; il est à présumer que l'on s'occupa de monter à cheval pratiquement, et sans aucun corps de doctrine. Les jeunes gens recevaient quelques conseils des hommes expérimentés, le tact et l'habitude faisaient le reste, et ce n'est point à dire pour cela que les cavaliers fussent rares ou sans habileté, car tel est de nos jours l'état de l'enseignement en Angleterre, où certes on obtient mieux que partout ailleurs du cheval ce qu'on veut en obtenir. Qu'on ne prenne pas cette phrase pour une déclaration effrénée d'Anglomanie, j'y reviendrai en temps et lieu.

Doubts have arisen, and opposite opinions have been supported, wheter the sportsman who had acquired the art from nature, habit, and pratice, is not in general, a more easy, graceful, expert, and courageous horseman, than the major part of those who have been in the trummel (and riding the great horse) of the most able and eminent professors.

Des doutes se sont élevés, et une diversité d'opinions a existé, pour décider si le *sportsman*, qui a acquis l'art de la nature, de l'habitude et de la pratique, n'est pas en général un homme de cheval plus aisé, plus gracieux, plus expert et plus courageux que la plupart de ceux qui ont été sous la férule (et montant le grand cheval) des professeurs les plus capables et les plus éminents.

(*Sporting Dict. Art. Horsemanship.*)

L'insouciance même dont François Ier est accusé à l'égard de l'équitation, dans un article de l'Encyclopédie, qui vraisemblablement est de Bourgelat, ne prouve-t-elle pas en faveur de cette vérité ?

« Cette partie essentielle de l'éducation de la noblesse « n'étoit, à notre honte, confiée qu'à des étrangers qui « accouroient en foule pour nous communiquer de très-« foibles lumières sur un art que nous n'avions point encore « envisagé comme un art, et que François Ier, le père et le « restaurateur des sciences et des lettres, avoit laissé dans le « néant, d'où il s'étoit efforcé de tirer tous les autres. »

(EXERCICES (*manéges*), tome 6, p. 247.)

Je crois que ce monarque, guerrier, homme de cheval, très-amateur de tous les exercices de corps, n'eût pas fait d'exception au préjudice de l'équitation, surtout à cette époque d'engouement extrême pour tout ce qui venait d'Italie, si on avait réellement senti le besoin d'écoles et d'académies pour former des cavaliers.

Quoi qu'il en soit, pendant cette fin du moyen âge, les hommes de cheval n'écrivaient point parce qu'ils ne savaient pas lire, les clercs ne s'occupaient guère d'un sujet qui leur était étranger (1), et sur lequel leurs ouvrages, si toutefois ils en ont laissé, ne peuvent nous donner que fort peu de lumières.

En un mot, l'équitation existait comme exercice, et non comme art. Un manuscrit du xvie siècle, dédié à Louis XII,

---

(1) Huzard possédait un manuscrit, peut-être original, d'un certain Jordanus Rufus, de Calabre, contemporain de l'empereur Frédéric II, et mort en 1250. Cet ouvrage était en latin et fort difficile à lire.

ne parle des chevaux rétifs ou méchants envers l'homme, que comme d'animaux malades, dont il indique le mode de traitement (*pour curer leurs vices*) ; c'est un traité d'hippiatrique et non d'équitation.

Le silence des auteurs et le manque de documents historiques nous amènent jusqu'à Pignatelli, gentilhomme italien, qui fonda, à Naples ou à Pise, la première école qui ait existé. Il ne paraît point que cet écuyer ait laissé aucun ouvrage, mais plusieurs de ses élèves ont transmis ses principes par leurs leçons et leurs ouvrages.

Vers la fin du xve siècle, *Benjamin de Hannibale* introduisit à la cour de France les rudimens de l'art de monter à cheval.

Henri VIII fit venir en Angleterre les deux frères *Alexander*, dont nous parle Newcastle.

Ils eurent pour collègues : Prospero Romano, Claudio Curtio, moins connus, quoique cités dans l'histoire de l'équitation de Bérenger.

Mais les plus célèbres furent : César Fiaschi, de Ferrare, Frédéric Grison, Napolitain ; Labroue, Gascon ; Pluvinel, Dauphinois ; peut-être Laurent Rusé sortait-il de la même école.

Nous avons, de la même époque : en Espagne, le capitaine Pedro de Aquilar, en 1572 ; D. Bernardo de Vargas Machucha, en 1600 ; en Allemagne, Engelhart, en 1588.

Il serait curieux sans doute d'étudier, de commenter ces auteurs qui, les premiers, tentèrent de fixer les règles de l'équitation ; ce travail serait pénible, minutieux, et n'aurait d'ailleurs d'intérêt que par un fini difficile à atteindre, mais ce serait la véritable histoire de l'équitation.

Il nous suffit ici de savoir que bientôt le génie particulier à chaque nation tendit à imprimer sa couleur à la méthode primitive de Pignatelli. Des académies se formèrent de toute part en France, en Allemagne, en Italie, en Espagne et même en Angleterre. La noblesse se livra avec ardeur à l'étude d'un art nouveau, dont la pratique était aussi ancienne que glorieuse. Les carrousels remplacèrent les tournois tombés peu à peu en désuétude, et que la mort funeste d'Henri II fit disparaître tout à fait.

Trois écoles distinctes ne tardèrent pas à se former; l'école italienne resta fidèle aux principes de Fiaschi (*fig.* 6) et de Grison; mais elle ne conserva pas longtemps sa supériorité, ou du moins sa renommée. Dans tous les genres, on peut reprocher au caractère italien de rechercher les subtilités; aussi cette méthode fut-elle pointilleuse, assujettissante pour le cheval, hérissée de petites difficultés pour le cavalier.

Fig. 6.—Fiaschi, d'après une vignette d'Aubry.

On y adoptait l'amble, appelé pas napolitain, allure que proscrivent toutes les académies. On y inventa le pilier unique placé au milieu du manége, et importé par Pluvinel en France où son usage n'a pas prévalu (1). On fit un usage immodéré de jambes, d'éperon, de main, de caveçon, de gaule, de gaule armée, de poinçon, etc., on inventa une multitude innombrable d'embouchures.

Les chevaux dressés à cette école étaient ordinairement mis fort régulièrement, et remplis de finesse et de précision, mais leur éducation était fort longue et ne réussissait pas avec tous les individus.

Tous les chevaux d'Italie, principalement les napolitains, en grande vogue alors, avaient une réputation de mauvais caractère, due probablement à la trop grande exigence des écuyers.

On doit dire toutefois que les hommes de cheval sont fort habiles en Italie, quoique fort rares. Plusieurs écuyers italiens, formés en France ou en Allemagne après la décadence des écoles de leur patrie, ont joui d'une réputation fort belle et fort méritée.

École espagnole.

Le voisinage des Maures et le souvenir qu'ils laissèrent en Espagne y influèrent sur l'équitation comme sur les autres arts et sur les mœurs. Le mors Pignatelli fut souvent remplacé par le mors arabe, tel que nous l'a dessiné Machucha en y ajoutant toutefois les jouettes et les chaînettes à la

---

(1) Ce pilier servait pour mettre à la longe le cheval nu ou monté. Newcastle s'en servait beaucoup. Voir les ouvrages de cet auteur anglais, de Grison, de Fiaschi, etc.

Pignatelli ; l'étrier conserva un peu de sa forme mauresque, et encore de nos jours, le *majo* ou élégant du midi de la péninsule offre dans sa pose, dans son costume, dans l'équipement de son genet (1), certaines réminiscences des Abencerrages ; il y a toutefois plus d'art et de moelleux, moins d'enlevé, moins d'énergie ; l'adresse remplace la vigueur tant chez l'homme que chez le cheval.

Fig. 7.
Portrait de Philippe IV, roi d'Espagne, peint d'après nature par Velasquez.

Les courbettes, le piaffer, le passage, le pas d'Espagne, constituent, dans l'esprit de cette école, le véritable type du beau et du brillant, et tel fut le goût national de l'Espagnol pour les chevaux de parade, que bientôt la race du pays se composa d'individus chez lesquels les qualités brillantes étaient naturelles ; aussi, le cheval andalous, pour ainsi dire dressé en naissant, fut-il recherché de toute l'Europe comme le premier cheval de manége, et la plus magnifique monture qu'un prince pût avoir.

---

(1) *Genet (ginete)* se dit, à ce qu'il paraît, et du cheval de selle le plus noble et de celui qui le monte dignement.

École allemande.

Les Allemands ne tardèrent pas non plus à quitter les errements de la méthode italienne. Leur caractère lent, patient, flegmatique, intelligent, s'attacha à travailler le moral du cheval. On voulut obtenir par l'habitude, par la

Fig 8.
Le Sage, la vraie assiette de l'homme à cheval, tirée de l'ouvrage du baron d'Eisenberg.

régularité, et par la répétition des choses simples plutôt que par la violence des moyens et la sévérité de l'assujettissement.

L'homme prit une position noble et régulière, mais raide et étudiée; le corps bien assis, mais un peu renversé en arrière, la poitrine effacée, les jambes raides, tendues en avant, le talon bas et le pied dans une direction telle, que la pointe regardait l'oreille du cheval (*fig.* 8).

La jambe ne sortait de cette attitude que pour châtier vigoureusement de l'éperon, ce que du reste on s'appliquait à rendre le plus rare possible.

La main travaillait beaucoup, mais avec fixité ; un dressage préparatoire, très-compliqué au moyen des caveçons, des fausses rênes, des *kinnband* et des piliers amenait par degrés l'encolure à une souplesse très-grande, et la tête à une position régulière et fixe. Le cheval dressé à l'allemande est franc, régulier, soumis et le plus propre peut-être de tous à supporter un mauvais cavalier comme à briller sous une main habile.

Du reste, la méthode allemande a changé plusieurs fois, et nous nous occuperons plus tard de ce qu'elle est actuellement.

Nous croyons devoir mettre sous les yeux du lecteur la manière déjà citée dont le capitaine Muller distingue les nations d'Europe, d'après leur manière de monter à cheval (*Journal des haras*, tome 4, p. 20) :

« 1° La race latine, composée des nations française, espa-
« gnole et italienne, dont la langue est dérivée du latin ;
« 2° la race germanique, dans laquelle il range les Alle-
« mands, les Hollandais, les Anglais, les Suédois et les
« Danois, dont les divers idiomes sont dérivés, suivant
« lui, du tudesque ; et 3° la race slave, dont les Russes, les
« Hongrois et les Polonais font partie, et qui ont des
« dialectes tirés de la langue slavonne.

« La race latine monte à cheval d'après la méthode de
« l'académie de Padoue, dont la célébrité remonte au
« xve siècle. Le corps du cavalier placé en selle, dit l'auteur,

« se divise en trois parties, dont deux mobiles. Les deux « premières sont le haut du corps et les jambes (1) ; celle du « milieu, qui s'étend depuis les hanches jusqu'au dessous « des genoux est immobile. Le cavalier en selle doit avoir « la tête droite, les épaules bien effacées et tombantes, les « coudes au corps, le buste droit, et penché plutôt en arrière « qu'en avant, les cuisses tournées en dedans et *postées* (2) « à plat sur la selle, les genoux aussi en dedans, dans la « direction de l'épaule du cheval ; à toutes les allures et « même au grand trot et au galop, le cavalier doit conser-« ver cette position. Quant à la manière de conduire les « chevaux et de se servir des aides, l'école franco-italienne « n'admet que les moyens les plus doux ; elle ne se sert « des éperons qu'après avoir vainement essayé de faire « obéir le cheval par la pression des jambes et des genoux, « elle défend même l'usage du fouet et de la voix. Cette « école, suivant l'auteur, donne plus de noblesse au cava-« lier, ses principes sont favorables au développement des « grâces, mais aux dépens de la solidité. En effet, tout « cavalier qui porte des étriers trop longs et les pieds en « dedans, n'a pour appui que le plat du genou et le gras « de la jambe, ce qui fait qu'un rien dérange l'équilibre « du cheval qui se défend (*fig.* 9).

« Les nations de race germanique portent les étriers

---

(1) Il y a ici erreur ou confusion dans la rédaction ; les trois parties sont : 1° le haut du corps ; 2° les cuisses, depuis le fémur jusqu'au genou ; 3° les jambes, depuis le genou jusqu'au talon.

(2) Lisez (probablement) posées.

« courts, ce qui place les jambes du cavalier plus en avant
« et les cuisses plus en arrière que les cavaliers de race
« latine. Aussi les cavaliers de l'école allemande ayant les
« pieds plus appuyés, le haut de leur corps est entière-
« ment libre, et ils galopent afin de se lier davantage au
« cheval, d'aider ses mouvements en les suivant et d'en
« sentir moins les contre-coups. Les cavaliers de race ger-

Fig. 9.

ÉCOLE LATINE. — M. de Nestier, écuyer ordinaire de la grande écurie du roi, montant le *Florido*, cheval espagnol.

« manique ayant beaucoup plus de force dans les jarrets
« que dans le plat des genoux et des jambes, ont la pointe
« du pied légèrement tournée en dehors, ce qui leur donne
« l'avantage inappréciable d'agir avec le gras de la jambe,
« méthode qui nuit, il est vrai, dit l'auteur, à la bonne
« grâce du cavalier, mais qui accroît sa solidité et ses

« moyens d'action sur le cheval. Les cavaliers d'origine
« germanique embouchent fort leurs chevaux et leur font
« sentir l'éperon en même temps que la jambe; ils em-
« ploient aussi quelquefois la voix, par exemple pour le
« saut du fossé ou de la barrière. L'animal, voyant toute
« résistance inutile, cède et devient en très-peu de temps
« d'une docilité et d'une souplesse extrêmes. Cette mé-
« thode use, dit-on, beaucoup les chevaux; mais, soit que
« les soins que les cavaliers leur donnent à l'écurie com-
« pensent ce surcroît de fatigue, soit que ces animaux s'ha-
« bituent, ainsi que nos chevaux de poste, à être conduits
« rudement, ils durent tout autant que les chevaux traités
« avec délicatesse (*fig.* 10).

Fig. 10.

ÉCOLE GERMANIQUE. — Chasseur *par force* avec la meute,
dessiné par Ridinger.

« Les peuples de race slave ont encore des principes
« d'équitation plus énergiques et plus puissants que ceux
« d'origine germanique : assis sur une selle dont les ar-
« cades élevées les éloignent trop du corps de leur cheval
« pour qu'ils puissent le presser avec les cuisses et les ge-
« noux, ils s'attachent beaucoup aux rênes et ont presque
« toujours les talons sous le ventre de leur monture, qu'ils
« conduisent avec une main de fer ; sans avertissement ils
« les enlèvent de force avec la bride et les éperons et les
« font partir de pied ferme au galop, les lancent en ar-
« rière, les retournent brusquement dans tous les sens sans
« marquer de temps d'arrêt, ni les soutenir avec les jambes.
« Ils arrêtent leurs coursiers sur cul au milieu de la course
« la plus rapide en les jetant sur les jarrets et tirant à eux
« violemment les rênes ; ils emploient la voix comme aide,
« soit pour lancer, soit pour arrêter le cheval ; ils se ser-
« vent aussi du fouet. Enchâssé entre le pommeau et la
« palette de la selle, qui s'élève d'un demi-pied en avant
« et en arrière de son buste, le cavalier slave, qui porte
« d'ailleurs des étriers fort courts, est si solidement assis
« qu'il est rare qu'il soit désarçonné.

« Les Slaves considèrent le trot comme une fausse al-
« lure ; ils ne font usage que du pas, du petit et du grand
« galop. Pour habituer le cheval à cette dernière allure,
« ils le mettent sur les hanches, tandis qu'ils emploient
« l'éperon, ce qui force l'animal à raccourcir son train en
« s'asseyant sur les jarrets. Par ces violents moyens, ils
« domptent en peu de jours leurs coursiers, résultat que
« n'obtiennent qu'avec peine et beaucoup de temps les ca-

« valiers des autres nations. A la vérité, cette méthode
« use très-vite les meilleurs chevaux ; mais aussi les plaines
« de l'Ukraine, de la Russie et de la Hongrie en nourris-
« sent plus que tout le reste de l'Europe.

« En résumé, pour briller dans un carrousel et dresser
« un cheval de parade, les principes de l'école franco-ita-
« lienne sont les meilleurs ; pour dresser un cheval de
« guerre et le lancer avec avantage dans une mêlée, la
« méthode germanique, qui participe de l'une et de l'autre
« école et n'a point leurs graves inconvénients, est celle
« qui semble préférable à l'auteur. Nous laissons ce grand
« point à décider aux écuyers. » (*Fig.* 11.)

Fig. 11.

ÉCOLE SLAVE. — Cheval hongrois dessiné par Pforr.

Cette classification, qui du reste se recommande par le
mérite et l'expérience bien connus de son auteur, peut

servir à nous fixer sur le génie de chaque école en particulier, bien qu'il ne soit pas d'obligation pour nous de partager entièrement les opinions d'un écuyer étranger, qu'une partialité bien naturelle doit faire pencher pour ce qui se fait en son pays.

Nous allons, en conséquence, continuer à examiner dans le même esprit que le capitaine Muller, quelles ont été les diverses phases de l'école allemande et de celles qui en dérivent.

Vinter, un des plus anciens écrivains allemands sur l'équitation, nous a laissé plusieurs ouvrages curieux sur l'art de monter et d'élever les chevaux. Sa manière rappelle encore beaucoup la méthode italienne. On reconnaît en lui les doctrines de Pignatelli, sous les élèves duquel il avait probablement étudié.

Après lui, les principes et les habitudes se modifièrent de plus en plus, et bientôt l'école germanique arriva à se subdiviser elle-même. Ainsi, l'Allemagne du Nord produisant plus de chevaux, devint plus pratique, plus militaire, et adopta en partie les doctrines avancées de Laguérinière. La Prusse prit quelque chose des habitudes slaves. Les écoles de Gœttingue, du Hanovre, de Postdam et de Berlin sont aujourd'hui les plus célèbres, quoiqu'il soit vrai de dire que la renommée de chaque manége dépend uniquement de l'écuyer qui le dirige et ne peut guère durer qu'autant que lui.

La Bavière paraît en être restée aux anciens principes raides et sévères de la vieille méthode allemande; l'Autriche a subi, en équitation comme en beaucoup d'autres choses, l'influence espagnole de ses souverains; et encore aujourd'hui, les principes enseignés au grand manége de Vienne portent la dénomination d'école espagnole, tandis que les cadets reçoivent une instruction appelée école de campagne.

Le Danemark a adopté une manière dure, sévère et terrible pour les chevaux, au dire des écuyers du Hanovre et de la Prusse; toutefois, ils reconnaissent dans l'école de Copenhague des cavaliers de mérite et des chevaux dont l'éducation est fort perfectionnée et tient même plutôt du dressage du cirque que de l'équitation proprement dite.

La Suède, pays qui produit peu de chevaux, n'a point fait école à part et a suivi entièrement les méthodes allemandes, tout en variant de temps en temps sur le choix des divers maîtres.

Le séjour prolongé de Saulnier à l'académie de La Haye, la considération dont il y fut entouré semblent nous prouver une certaine tendance chez l'école hollandaise à se rapprocher de nous.

École anglaise.

L'école anglaise a existé, et n'existe plus maintenant comme ensemble de doctrine, bien que la manière de nos voisins ait fait complétement révolution dans le monde hippique.

Cavendish, marquis et comte de Newcastle, écrivit et professa les principes de Pignatelli et de Pluvinel en les modifiant par des moyens à lui et où se révélait le caractère de l'école germanique.

Bérenger modifia dans le même esprit les méthodes françaises de son époque.

Du reste, les écuyers anglais furent assez rares et écrivirent peu, le génie de la nation se portant beaucoup plus vers la pratique et l'utilité immédiate que vers la théorie.

La méthode slave n'a pas eu ses écoles ou les a eues beaucoup plus tard, à cause du peu de rapports que les nations russes et polonaises entretenaient avec le reste de l'Europe à l'époque de la naissance de l'équitation et dans les deux siècles qui suivirent.

Voici, du reste, un document puisé dans le *Journal des Haras* sur le manége des écuyers de la garde impériale russe à Saint-Pétersbourg dans ces dernières années :

« Les écuries contiennent ordinairement cent chevaux,
« tant russes qu'anglais, destinés à être dressés par une
« méthode conforme au goût dominant du pays. On les
« travaille beaucoup sur les hanches, d'après le cavalier
« espagnol perfectionné de Klatte ; il en résulte que ces
« chevaux finissent par ne plus pouvoir déployer la liberté
« d'épaules dont ils étaient doués, et que rarement on
« trouve en eux de bons trotteurs ; ceux desquels on obtient
« le plus de souplesse et de docilité passent de cet établis-
« sement dans les écuries de l'Empereur. »

Un pareil tableau est évidemment l'ouvrage d'un critique prévenu et malveillant, je décline donc tout à fait la responsabilité d'un pareil témoignage, regrettant du reste plus qu'on ne saurait croire, de ne pouvoir rendre compte par moi-même et d'après mes propres observations, de l'état actuel de l'équitation chez les diverses puissances de l'Europe.

Un assez grand nombre d'écuyers polonais ont servi dans nos armées, ou professé dans nos manéges ; la plupart se sont distingués par un grand tact et beaucoup d'expérience; une qualité bien précieuse se faisait surtout remarquer en eux, celle d'homme de cheval : nous expliquerons tout à l'heure le véritable sens que l'on doit donner à cette expression.

École française.

Nous avons vu Labroue et Pluvinel, comme Newcastle en Angleterre, placer leurs élèves debout et sur l'enfourchure, les *jarrets tendus de toute la force,* et ne portant pas sur les fesses que *l'on a mal à propos crues être faites pour s'asseoir.* Les selles étaient à peu près ce que sont de nos jours les selles à piquer (1) ou selles de sauteur. Le caveçon pour dresser, la bride seule, sans filet, avec un mors très-long de branches, mais assez doux d'embouchure, malgré les bizarres et innombrables variétés des canons, des éperons énormes, un maniement assez haut, brillant, mais sans grande finesse, et surtout sans aucune rapidité. C'est à peu près l'équitation qu'il nous faudrait pratiquer aujourd'hui, si nous en étions réduits à nos espèces percheronnes et boulonaises. Aussi voyons-nous Pluvinel faire un éloge de la vitesse qui contraste singulièrement avec l'esprit des

---

(1) Quelques personnes disent *selles à piquet* ; c'est une faute. Selle à piquer, c'est-à-dire sur laquelle on peut piquer hardiment et à merci un cheval dangereux sans crainte d'être désarçonné par aucun bond, ni aucune défense.

conseils qu'il donne d'ailleurs, et surtout avec la tournure des cavaliers dont il nous a laissé le portrait.

« ..... *Si les mouvements sont vigoureux, avec force et légèreté, sensibilité, grâce et vitesse :*

« *On peut aisément remarquer en cette longueur (celle de la passade), la vitesse et vigueur du cheval.* »

Il s'occupait surtout de la grâce et de la régularité de la position ; presqu'à chaque page, il recommande au jeune roi Louis XIII de se rendre bel homme de cheval, il lui présente M. de Bellegarde comme modèle, et lui cite les noms des plus beaux cavaliers de son temps. Aussi les chroniqueurs, entre autres Tallemant des Réaux, nous parlent-ils de la magnifique tournure à cheval du roi, et nullement de ses prouesses dans les difficultés de cet art.

Le sieur de Beaurepère, gentilhomme de la province d'Anjou, écuyer du roi, publia, en 1665, le modèle du cavalier français, ouvrage où sont répétés les principes de Pluvinel avec un éloge de la méthode encore nouvelle du marquis de Newcastle. Rien ne paraît changé, ni dans la position du cavalier, ni dans l'équipement du cheval, ni dans ce qu'on devait en exiger.

M. Delcampe, écuyer du roi, écrivit, en 1690, une paraphrase des leçons qu'on avait professées avant lui.

« Lorsque les écoliers des Grecs avaient quelque dispute
« entre eux, elle était terminée lorsque l'un d'eux pouvait
« dire avec vérité : « Le maître l'a dit. »

Nous verrons plus tard, combien l'abus de cette fameuse maxime ($\alpha \dot{\upsilon} \tau o \varsigma\ \ddot{\epsilon} \phi \eta$) et le respect traditionnel pour les grands maîtres ont nui à l'équitation comme à bien d'autres sciences.

4.

Solleysel, écuyer, sieur de Clapier, montrait à monter à cheval à la noblesse, suivant son expression, à peu près à la même époque.

Il n'a cependant pas écrit sur l'équitation. Son *Parfait Maréchal*, que nous aurons à citer plus d'une fois, est le premier ouvrage régulier que nous ayons sur l'art vétérinaire.

L'hippiatrique n'existait pas à cette époque, et les écuyers étaient obligés de suppléer par leur expérience pratique, à l'ignorance des maréchaux.

Là tout se bornait, du reste, pour les uns comme pour les autres, à une certaine quantité de recettes ou de formules que l'on administrait à peu près au hasard (1).

Garsault s'occupa moins d'équitation que d'élevage, il aida Colbert à fonder en France l'administration des haras.

Vers la même époque, vécut un homme assez peu connu, et qui mériterait de l'être davantage, c'est Gaspard Saunier. Il n'était point gentilhomme, ce qui était alors, comme on sait, un désavantage plus grand qu'aujourd'hui; il signait cependant quelquefois de Saunier, *parce que*, dit son biographe, *plusieurs écuyers se regardent comme nobles à cause de leur profession.*

---

(1) Alors c'était l'écuyer qui guidait le maréchal ; depuis que Bourgelat, écuyer, a créé les écoles vétérinaires et que les académies sont tombées, les hippiatres tendent à remplacer les écuyers dans l'art de gouverner et d'élever les chevaux ; cet état de choses n'est pas un progrès. Il faudrait que les attributions des uns et des autres fussent parfaitement séparées et distinctes ; il n'est plus possible aujourd'hui qu'un même homme réunisse les deux spécialités. L'hippiatrique est une science, la science hippique en est une autre.

Fils d'un écuyer du duc De Lude, grand maître de l'artillerie de France, Saunier fut successivement écuyer et vétérinaire à Versailles et chez quelques grands seigneurs ; employé à fonder des haras royaux et particuliers, attaché aux remontes et aux vivres. Un duel le força de s'expatrier, et son exil devait être long ; car il avait dit à madame de Maintenon : vous avez oublié, madame, le temps où vous veniez manger la soupe de mon père, et l'homme qu'il avait tué était un parent de madame de Maintenon. Aussi ne revit-il jamais la France ; il pratiqua la médecine vétérinaire et même la médecine humaine dans les armées, fut écuyer à Cologne, à la Haye, à Leyde, et mourut pensionné dans cette dernière ville, dans des sentiments très-religieux, à quatre-vingt-trois ans, trente-quatre ans après avoir épousé la veuve d'un M. Pélisson, probablement parent du célèbre ami de Fouquet.

Il dut à cette existence agitée, des connaissances fort variées dans son art ; aussi trouve-t-on dans ses ouvrages un intérêt que n'offrent pas les auteurs qui précèdent. Ce n'est point un professeur qui explique ses doctrines, c'est un vieillard qui raconte ce qu'il a vu.

Il nous parle de la difficulté qu'éprouvaient Jacques Ier et les seigneurs de sa suite, à suivre les chasses de Louis XIV dans la forêt de Fontainebleau, *à la mode anglaise, en petites bottines, selles rases, et leurs chevaux avec le simple bridon.*

Il dit que les chevaux d'Espagne ne produisent pas bien hors de leur pays, que les étalons barbes et arabes sont bien supérieurs, *mais que tout le monde ne veut pas y mettre autant d'argent que les Anglais.*

Il rapporte que les meilleurs chevaux du manége de Versailles, mis en route pour faire la campagne de Mons, eurent bien de la peine à s'accoutumer à ce nouveau travail, *faisant des bronchades et paraissant avoir à peine la force de se soutenir,* parce qu'ils ne trouvaient *plus le terrain uni comme dans le manége,* il en conclut que les chevaux dressés pour le manége doivent l'être aussi pour la campagne. Cette opinion est encore appuyée par le récit d'une aventure où il n'échappa à une troupe de partisans qu'en franchissant haies et fossés pour rentrer par une autre porte dans la ville assiégée d'où il était sorti.

Plus loin, c'est Louis XIV réparant la faute qu'il fit faire à Garsault en le forçant à faire saillir une jument pleine qui avorta quelques jours après.

En un mot, comme écuyer, comme homme de cheval, comme éleveur, Saunier peut instruire, intéresser, amuser. Il fut un de ceux qui affranchit l'école française des caveçons, des piliers, des bardelles et autres pratiques particulières à la méthode italienne.

Peu d'années après le temps où florissait Gaspar Saunier, en 1729, parut l'école de cavalerie de M. Robichon, sieur de la Guerinière, écuyer du roi. Ce livre, un des plus célèbres, fait loi dans nos écoles actuelles et même à l'étranger.

Il a continué l'ouvrage de Saunier en simplifiant les moyens de dressage ; il va jusqu'à recommander pour les chevaux de chasse de les habituer à tourner à faux et à serpenter au galop sans changer de pied.

Saunier est le premier écuyer qui parle des chevaux de

chasse et de course ; Laguerinière est le premier qui s'occupe des attelages.

Montfaucon de Rogles, écuyer du dauphin, fils de Louis XV, en 1750, continua l'école de Laguerinière.

Dupaty de Clam (1), ancien mousquetaire, membre de l'académie de Bordeaux, essaya le premier d'appliquer à l'étude de l'équitation l'anatomie, la mécanique, la géométrie et la physique ; qu'il me soit permis de dire qu'il s'est un peu abusé s'il a cru réussir complétement. Ses ouvrages ne manquent ni d'attrait ni d'utilité, mais il a partagé avec beaucoup d'écuyers et d'hippologues qui l'ont suivi et imité, une erreur bien grave, celle de croire expliquer la mécanique animale par la rigueur des raisonnements mathématiques.

Du reste, s'il a commis quelques fautes, elles n'ont pas échappé à Thiroux ; ce dernier le qualifie du titre de « un de nos plus forts amateurs, » injure polie, et la plus violente que puisse lancer un praticien à un homme que sa position n'a jamais mis à même de professer pour vivre.

Charles Thiroux, élève d'Arnofe (2), que l'on ne connaît du reste que par les ouvrages de son disciple, possédait, à ce qu'il paraît, avant la Révolution, un manége aux Madelonnettes. Il avait obtenu son privilége du prince de Lambesc,

---

(1) Les écrits de Dupaty de Clam datent de 1778.

(2) Il est sans contredit d'autres écuyers de mérite dont nous eussions pu citer les noms ou les ouvrages, tels que de Nestier, de Boisdeffre, de Bohan, Mottin de la Balme, etc. ; mais il ne s'agissait pas ici d'une monographie des écuyers ; j'ai dû me contenter de citer ceux qui ont le plus contribué, suivant moi, à perfectionner l'équitation, ou, du moins, à modifier la physionomie de cet art à telle ou telle époque.

grand écuyer de Louis XVI, à la condition de ne pas faire sortir ses élèves; et il enseignait l'équitation principalement aux familles de robe. Une magnifique cavalcade, malheureusement illicite, fit fermer l'établissement et rendit le directeur très-partisan des doctrines révolutionnaires; aussi devons-nous à cette circonstance un ouvrage d'équitation fort divertissant. L'auteur annonce partout l'intention bien formelle d'instruire avec plus de soin le domestique que le maître, il a soin de dire : J'écris pour tous, de peur d'être confondu avec l'infâme Pluvinel qui osait se glorifier d'avoir mis un jeune tyran à cheval; il compte sur l'austérité des mœurs républicaines pour faire retaper tous les chapeaux à la française; il *jouit* de la *capilotade* républicaine qu'il a vu faire des statues de nos rois, mais comme il est honnête homme avant tout, il ne peut s'empêcher de regretter le cheval de Louis XIII, victime comme ceux de Séjan, de la fureur populaire.

Ses opinions hippiques sont aussi curieuses que ses principes politiques.

« Je ne crois pas, dit-il, m'en faire accroire en avouant
« que je sais conduire en guides; eh bien ! je n'ai jamais
« mené un cabriolet, même à la campagne, sans désirer que
« ce genre de voiture fût défendu.

« Les Anglais qui, jusqu'à cette époque (l'an vii de la
« République française), ne savent pas plus mener les che-
« vaux que les atteler, mais qui pourront apprendre........,
« etc. » (Il s'agit ici de flétrir énergiquement la manière stupide et folle dont nos voisins mènent quatre chevaux en grandes guides.)

« Les courses ne sont utiles, ni en paix ni en guerre,
« ni en trève......., etc., etc. »

Il veut métamorphoser chaque écurie en un petit haras, composant chaque attelage d'un cheval et d'une jument qui travailleront et se multiplieront dans un état de mariage aussi heureux que moral.

Au milieu de tout cela, comme chez Lafontaine, mais avec moins d'esprit, on voit percer le bon homme; il nous apprend qu'il fut toujours l'amant de sa femme et l'ami de ses enfants, cela devait être vrai; et, ce qui était vrai aussi, c'est que Thiroux était réellement bon écuyer : malgré sa petite taille (1^m60), il montait sûrement et élégamment les plus grands chevaux; aucun cheval ne paraissait dans son manége qu'il ne l'essayât lui-même le premier. La partie de son livre, qui traite du manége, est savante et bien traitée, quoiqu'un peu obscure et mal écrite.

Nous arrêterons à la révolution de 1789 cet aperçu historique de l'équitation française. Un jugement porté sur les écuyers de l'Empire et de la Restauration, ou sur leurs principes, ne serait plus de l'art, mais de la polémique.

Nous allons revenir sur notre sujet, reprendre l'histoire de l'équitation européenne non plus par nation, mais par époque, observer les changements opérés par les mœurs, la manière de faire la guerre, ou les variations de l'espèce chevaline; nous tâcherons de conclure par une étude exacte et consciencieuse des besoins et des goûts de notre époque, et de baser sur cette étude nos idées sur ce que doit être l'équitation actuelle.

Ici se représente l'écueil que j'avais évité tout à l'heure

à savoir, la nécessité de citer des personnes vivantes, d'attaquer certaines opinions et par conséquent certains hommes.

Je ne reculerai pas devant l'expression de la vérité quelle qu'elle soit, sans chercher autre chose que la plus scrupuleuse impartialité ; toute observation, louangeuse ou critique, tombera sur des faits et sur des choses, jamais sur un individu ; et je déclare ne faire aucune allusion détournée ou non.

Je ne réponds ensuite d'aucune des interprétations qu'on voudra prêter à mes paroles pour me faire l'ami ou l'ennemi de tel ou tel écuyer ou de telle ou telle coterie.

APERÇU HISTORIQUE

SUR LES DIVERSES PHASES DE L'ÉQUITATION,

SES ÉPOQUES DE PROGRÈS, DE DÉCADENCE OU DE MODIFICATION.

Dans les premiers temps, l'équitation a été une question de force et d'intrépidité. Les chevaux étaient sauvages et farouches ; l'homme, qui essayait de les soumettre, ne pouvait entreprendre une pareille tâche qu'avec une grande vigueur corporelle, une agilité extrême et un goût naturel pour les obstacles et le péril.

La domestication du cheval est naturellement une idée empruntée à la chasse, puis appliquée à l'agriculture, ou *vice versâ*, et le premier cavalier se place à côté du premier pasteur dans l'échelle historique des civilisations.

Le cheval était alors petit, comme nous le retrouvons partout à l'état sauvage, quelles que soient les conditions de son existence. L'homme en état de se livrer à un exercice aussi violent et aussi dangereux était nécessairement fort agile, par conséquent d'une stature vigoureuse et d'un certain poids. Castor sur son cheval serait à peu près exactement représenté par un homme de cinq pieds six pouces montant un cheval de Tarbes de la taille ordinaire à cette race ; et cela est si vrai que le statuaire s'en est fait une règle tirée des chefs-d'œuvre de l'antiquité.

Dans un tel état de choses, le cheval, commandé par le poids, effrayé par une force presque égale à la sienne, et qu'un emploi judicieux faisait triompher de tous ses efforts, obéissait sans réserve ; le cavalier dominait entièrement sa monture, mais il ne savait ni calmer son effroi ou son ardeur, ni ménager ses moyens ; il y avait beaucoup de force mal employée ou perdue : partant peu de vitesse, peu de durée, enfin peu de résultat en comparaison de ce que l'art et une étude judicieuse de la nature nous font obtenir sans danger et sans peine aujourd'hui.

Cet inconvénient fut le premier qui sauta aux yeux des hommes d'observation et d'expérience ; et il paraît que les Grecs étaient déjà au niveau de cette époque de progrès, car Xénophon indique des moyens pleins de sagesse et de gradation, mais sans recommander en général la patience et la modération, tandis que Labroue ne cesse presqu'à chaque page de gourmander énergiquement la brutalité de ses contemporains, tout en indiquant lui-même des châtiments fort rigoureux.

Il y eut donc réellement une régénération dans l'équitation comme dans tous les arts à l'époque de la Renaissance.

Les écoles italienne et espagnole se bornèrent uniquement, comme but, à enseigner ce qu'il fallait pour le duel ou le combat singulier.

Tout ce qui en équitation sort du domaine de l'escrime à cheval leur est étranger.

Les figures de manége ne sont dans les ouvrages de ce temps que des moyens, ou de joindre, ou d'éviter son adversaire dans le plus petit espace, et avec le plus de promptitude possible ; je ne parle pas des airs de luxe et de coquetterie qui, du reste, rentraient dans le même genre de maniement. Ainsi la volte de deux pistes est le moyen de ne jamais être pris de flanc ou par derrière, la demi-volte, la passade, la pirouette, vous ramènent en face de l'adversaire que vous avez devancé ou qui vous poursuit et sur lequel vous voulez reprendre l'offensive.

Ce que j'appelle airs de luxe et de coquetterie sont la pesade, la courbette, le mézair, le galop gaillard, qui donnent au cavalier une apparence d'habileté consommée, et au cheval une tournure martiale et brillante. Ceci soit entendu dans le sens des partisans de ces choses-là, et non par rapport à la mode qui s'en moque aujourd'hui.

D'autres airs n'avaient de but que d'exercer et de prouver la solidité; tels que la *croupade*, la *balottade*, la *capriole*, *un pas et un saut*, etc.

L'introduction des armes à feu dans les armées allongea les distances, allégea les poids en faisant rejeter les armures ; la vitesse devint alors un moyen d'attaque ou de défense, et, déjà là, nous voyons l'artiste opposé au praticien. Le cavalier veut un cheval pour se battre comme on se bat de son temps ; l'écuyer fait de l'art pour l'art, il veut instruire cheval et cavalier d'après les leçons qui lui ont été transmises, et non pour le but que l'on se propose en lui demandant des conseils ; c'est le producteur qui veut imposer ses goûts au consommateur, lutte qui fait aujourd'hui la difficulté de la question chevaline.

Cette guerre existait déjà vive et acharnée du temps de

Louis XIV. Ouvrez Newcastle et Solleysel, vous y verrez que l'art avait ses détracteurs :

« *Quant au cheval dressé qu'ils appellent danseur et badin,*
« *s'ils avaient quelques duels ou s'ils allaient à la guerre, ils*
« *reconnaîtraient leur faute, car ces chevaux-là vont aussi bien à*
« *la soldade et à passades comme par haut, etc.* »

Le *Parfait Maréchal* contient tout un chapitre comme quoi *le manège bien réglé ne peut user ni ruiner les chevaux comme quelques gens le veulent dire.*

Saunier et Laguerinière furent des novateurs ; ils ajoutèrent et retranchèrent aux leçons qu'on donnait de leur temps, tout en déplorant le temps passé et la décadence du présent ; mais dans les changements raisonnables qu'ils introduisirent, ils ne voulurent pas rendre justice aux choses ; ils s'attribuèrent présomptueusement tout le mérite de l'invention, tandis qu'ils n'avaient fait que comprendre le besoin de l'époque et l'imminence d'une révolution ; cette révolution était l'établissement régulier des courses et la création du pur-sang en Angleterre.

Voici un chapitre assez curieux de Solleysel sur l'entraînement des chevaux de course :

MÉTHODE POUR NOURRIR ET PRÉPARER LES CHEVAUX,
EN SORTE QU'ILS PUISSENT FOURNIR DES COURSES EXTRAORDINAIRES.

« En Angleterre, ils ont des chevaux destinés seulement
« pour faire de grandes courses ; ils sont si curieux de ce
« divertissement, qu'ils les nourrissent exprès pour cela,
« et leurs chevaux qui sont naturellement de grande

« haleine et qui ont une extrême vitesse, sont mis en un
« tel estat par cette sorte de préparation, qu'ils fournissent
« et font des courses incroyables, non pas au petit et au
« grand galop comme les nostres, mais à toutes jambes ; en
« sorte que ceux qui ne l'ont jamais veu, ont peine à se
« persuader comme un cheval peut résister à la violence
« de leurs courses pendant cinq et six milles, et on en
« voit beaucoup en ce païs-là, fournir des carrières de cette
« longueur.

« Je n'ay jamais mis en pratique cette méthode, je l'ay
« insérée à la fin de ce livre, sur la bonne foy d'un brave
« cavalier, qui m'a assuré l'avoir eue en Angleterre d'un
« homme qui ne faisoit autre profession que de préparer
« et entretenir des chevaux de course, lesquels ne sont
« point chargez de graisse ny de trop de chair, mais sont
« si vigoureux et si pleins de cœur, qu'on n'en voit point
« de pareils : Si la curiosité vous pousse à l'éprouver, j'es-
« père qu'en observant exactement ce qui suit, vous en
« aurez contentement.

« Pour choisir un cheval de course, il le faut long de
« corps, nerveux, de grande ressource, et fort viste, lequel
« outre la bonne haleine doit avoir l'esperon fin, et estre
« grand mangeur. Le cheval, avec tout cela, doit estre
« anglois, barbe ou au moins de légère taille, la jambe
« assez menüe, mais le nerf détaché de l'os, court-jointé,
« et le pied bien fait, les pieds larges n'ont jamais réüssi à
« ce métier.

« Pour préparer le cheval de course, il ne luy faut point
« donner d'avoine ny de foin : mais luy faire faire du pain

« moitié orge, moitié fèves, le faisant bien cuire en forme
« de gâteau plat, et n'en donner jamais au cheval qu'il ne
« soit rassis, et plûtôt dur que tendre, trois livres à midy
« et trois livres au soir suffisent pour son ordinaire, et cela
« au lieu d'avoine, de la gerbée de froment au lieu de foin,
« de l'eau tiède à boire, où vous mettrez sur un sceau une
« jointée de farine de fèves et d'orge, le tenir bien couvert
« avec un drap et une couverture, dans une écurie où il n'y ait
« aucun jour, bonne litière nuit et jour, et toujours couvert;
« l'ayant nourry quatre jours de la sorte, le cinquième au
« matin, l'ayant tenu bridé pendant trois heures, donnez
« luy des pilulles composées d'une livre de beurre frais, qui
« n'ait pas esté lavé, c'est-à-dire, d'abord que la cresme
« est changée en beurre, sans le laver, mêlez parmy vingt-
« cinq ou trente gousses d'ail concassées, du tout faites
« pilulles grosses comme des grosses noix, que vous ferez
« avaller au cheval, avec pinte de vin blanc, puis le tenir
« trois heures bridé, la teste fort haute, ensuite le traiter à
« l'ordinaire avec son pain, son eau, et de la paille médio-
« crement, car il ne le faut pas engraisser, mais au contraire
« en l'amaigrissant, luy augmenter l'haleine et la vigueur.

« Le septième jour, c'est-à-dire, un jour franc après
« la prise des pilulles, promenez-le au matin une heure
« avant soleil levé, et une heure après soleil couché, au pas
« et au galop. Si le cheval demeuroit trop gras, il le faut
« promener une heure après soleil levé, et une heure avant
« soleil couché, puis le ramener à l'écurie, l'essuyer et le
« bien couvrir, et le nourrir à son ordinaire, et continuer
« à le promener tous les jours, et luy donner tous les cin-

« quièmes jours les pilules de beurre, observant le jour de
« la prise, ny le lendemain de le point promener.

« Quand il aura pris trois prises de pilules, c'est-à-dire,
« quinze jours après qu'on l'a commencé, il le faut pro-
« mener au matin deux heures, et autant au soir au galop,
« à toute bride, et au pas, pour luy laisser reprendre
« haleine de temps en temps, observant toujours de
« ne le point courre les jours des pilules, ny le lende-
« main ; il le faut ramener en main, au petit pas, bien
« couvert, le bien essuyer, le frottant jusqu'à ce qu'il soit
« sec, l'attacher la teste haute, le laisser bridé trois heures,
« puis luy donner à boire de son eau plus que tiède, puis
« le nourrir à l'ordinaire : il le faut nourrir un mois entier
« de cette méthode, prenant les pilules toujours après les
« quatre jours, et les cinq ou six derniers jours du mois,
« le courre tant qu'on juge que son haleine peut fournir,
« le galopant pour le laisser souffler, ne le travaillant
« néanmoins que deux heures au matin, et deux heures au
« soir, le ramenant au petit pas, en main, bien couvert
« d'un drap et d'une couverture, puis l'essuyant et le
« faisant boire comme j'ay enseigné.

« Au bout de tout ce temps, si la fiente est encore
« gluante ou humide, il n'est pas bien préparé, il faut
« continuër jusqu'à ce que la fiente s'émie sans aucune
« humidité; lors le cheval sera en état de faire les courses
« que vous voudrez.

« Un jour avant de faire la course, il sera bridé toute la
« nuit : à deux heures au matin, luy faire avaler trois
« chopines de vin d'Espagne, dans lequel on aura délayé

« vingt ou vingt-cinq jaunes d'œufs, le rebrider deux heures
« entières après la prise, puis le monter au petit galop
« d'abord, puis à toute bride, autant que son haleine pourra
« fournir, ensuite au petit galop, pour prendre haleine,
« et après à toute bride, et cela pendant trois heures, le
« bien couvrir, le ramener au petit pas, le bien essuyer,
« puis le laisser trois heures bridé, la teste haute, et après
« luy donner son eau, mais il la faut plus chaude qu'il la
« pourra boire, puis le traiter à l'ordinaire.

« Le jour de la course, il faut qu'il ait avalé le vin d'Es-
« pagne et les jaunes d'œufs deux heures avant la course
« et qu'il ait esté bridé six heures avant de prendre du vin
« d'Espagne.

« Vous notterez que le jour avant la course et le jour
« d'icelle il ne doit manger que la moitié de son pain à
« chaque repas, et la moitié de la paille qu'on avait coû-
« tume de lui donner.

« Les jours que les chevaux ne font pas les courses, et
« lorsqu'on ne s'en sert pas à cela, il les faut toujours
« nourrir et promener comme j'ay dit, hors que depuis
« qu'ils sont préparez, on ne donne les pilules qu'au bout
« de huit jours seulement.

« Si le cheval étoit dégoûté et fort resserré, pendant cette
« préparation ou après, il faut lui donner de bons lave-
« ments avec deux pintes de lait et une chopine d'huile
« d'olive, le tout tiède.

« On ne doit courre ces chevaux qu'avec des filets fort
« menus, afin de ne leur ôter l'haleine, comme feroit un
« de nos mors, se courber sur le col en courant pour em-

« pêcher que le vent ne vous prenne, avoir des habits fort
« joints au corps ; point de casaque volante, un bonnet au
« lieu de chapeau, de petits éperons fort aigus, et picoter
« le cheval aux flancs, les grands coups arrestent les che-
« vaux, et ne les font pas courre ; point de croupière ni
« poitrail, une selle fort légère, et le cavalier aussi.

« Voilà ce que ce cavalier m'a appris de la course des che-
« vaux anglais. En voilà assez pour satisfaire la curiosité de
« ceux qui auront envie de préparer des chevaux, comme on
« le pratique en Angleterre ; pour moy j'aime mieux dresser
« un cheval pour la guerre, ou pour le manége, que de le
« préparer à de pareilles courses, où le soin et la peine
« sont plus grands que le plaisir qu'on en retire. Adieu. »

L'arrivée de Jacques II en France, ses chasses à Fontainebleau, sur lesquelles Saunier a fait des observations que nous avons citées, contribuèrent à nous faire connaître et apprécier les chevaux anglais et par conséquent les avantages de la vitesse. Tallemant des Réaux (1) nous parle de la vitesse des attelages du roi d'Angleterre comme d'une chose bien connue de son temps.

Le comte de Grammont allant porter à la cour la nouvelle de la victoire des lignes d'Arras par ordre de *Turenne*, « *montait un cheval anglais fort leste,* mais il eut

---

(1) Je ne puis citer textuellement de souvenir, mais peu importe. Il s'agit d'une espèce d'imbécile (Français) qui, mené dans une de ces voitures du roi d'Angleterre dont la vitesse *était connue* et qu'on voulait lui faire remarquer, et interrogé sur la distance qu'il croyait avoir parcourue, répond : « Oh ! nous devons bien, à ce train-là, être au moins *à trois ou quatre lieues d'ici.* » Pardon de ce quolibet, mais il prouve que déjà en Angleterre on savait marcher.

« besoin de toute son adresse pour échapper à des cava-
« liers Cravates qui le poursuivaient avec l'avantage du
« terrain : *car les chevaux anglais qui vont vite comme le vent
« en terrain uni se démêlent assez mal des mauvais chemins.* »

(HAMILTON, *Mémoires de Grammont.*)

C'est donc réellement la nécessité où tout le monde fut de se servir de chevaux vites qui changea l'équitation.

Les écuyers restèrent malheureusement en retard du mouvement : au lieu de le diriger, ils s'opposèrent au goût qui se manifestait de toutes parts d'accélérer les charges à la guerre, les débuchés à la chasse, les étapes à cheval et en voiture, dans les voyages. En France surtout, où l'ignorance et l'incurie des éleveurs tendaient à laisser aux chevaux français leur infériorité déjà bien connue au milieu d'une amélioration générale, la passion des chevaux étrangers et le mépris d'un art suranné amenèrent une prompte décadence.

Pendant longtemps le luxe des maisons princières, le rigoureux maintien des anciens usages, cette âme de l'étiquette, chose plus utile qu'on ne croit généralement, et, il faut le dire, le talent incontestable de plusieurs écuyers des écuries du roi, retardèrent la chute du vieux système jusqu'à la révolution de 1789 qui engloutit les manéges comme tant d'autres choses.

Les efforts de l'Empire et des gouvernements qui ont suivi ne pouvaient aboutir qu'à une restauration incomplète et inutile. En réunissant des débris sur lesquels avait passé le torrent des années et des infortunes, on ne pouvait rétablir qu'imparfaitement ce qui avait été, et ce qui avait été, déjà insuffisant pour ce temps-là, l'eût été bien plus encore de nos jours, puisque le siècle a avancé dans la même voie.

Si en effet les courses de la plaine des Sablons excitèrent si fort la bile de Thiroux et montrèrent par conséquent le peu de cas que l'on faisait de ses leçons, que peuvent espérer ses successeurs actuels en prêchant les mêmes principes, en soutenant les mêmes idées, aujourd'hui qu'on s'en trouve encore plus éloigné, puisque les courses sont plus répandues et le besoin d'aller vite plus généralement senti ?

Quels sont les véritables exigences du moment ? Précisément les mêmes en France qu'en Angleterre, les courses, la chasse, la guerre, les voyages à cheval, la conduite des voitures de toute espèce.

Quels sont les moyens employés en Angleterre pour arriver à ce but ? Il n'y en a point de direct, le goût des chevaux est universel, tout le monde sans exception en use plus ou moins, et chez une nation singulièrement bien organisée pour l'étude de la nature et les exercices du corps, il doit se former naturellement des hommes de cheval d'un grand mérite et en nombre suffisant. Les armées seules ont leurs écoles et leurs instructeurs; partout ailleurs il n'y a point de maîtres, et tout le monde apprend parce que tout le monde pratique et veut savoir (1).

---

(1) Un homme fort distingué, M. Dittmer, mort directeur général des haras, riait beaucoup de cette bêtise, que nous répétions en nous promenant aux Champs-Elysées : les mathématiques nous apprennent, au

Notre pays n'offre pas les mêmes éléments de prospérité hippique. Le plaisir de monter à cheval n'est senti chez nous que dans la première jeunesse, et encore rarement avec assez de vivacité pour qu'on lui sacrifie aucune autre jouissance. Il n'est pas exact de dire que la modicité des fortunes entrave le goût des chevaux, car on s'y adonne en Angleterre avec moins de fortune relativement qu'en France; la vérité est que l'exercice du cheval est là une passion ou plutôt un besoin ; ce n'est ici qu'un superflu luxueux.

L'existence d'une grande quantité de chevaux propres à la guerre étant une nécessité, il est indispensable de faire naître, de réveiller, si on veut, chez les particuliers, le désir d'en posséder et de s'en servir : car il n'existe pas d'autre mobile à mettre en jeu pour arriver au résultat sur lequel tous les hommes compétents sont d'accord, celui d'une nombreuse population chevaline. Les dépenses nécessaires pour cela ne peuvent être faites qu'en y décidant la nation tout entière par l'attrait d'un luxe utile et d'un exercice aussi noble que salutaire.

Cela posé, il est facile de voir que jusqu'à présent les éléments de succès n'existent pas en France comme en Angle-

---

chapitre des probabilités, qu'avec dix doigts et deux guides, on ne saurait arriver qu'à un nombre limité de combinaisons : eh bien ! cela est faux; on resterait dix heures à examiner tous les cochers qui passent, on n'en trouverait pas deux tenant leurs guides de la même manière.

En Angleterre, tous ceux qui mènent une voiture ont la même position de main et de guides, et cependant il n'y a pas d'écoles, mais il y a une tradition.

terre, les chasses à courre ne sont ni aussi suivies, ni aussi difficiles, elles ne sont pas possibles partout. Les encouragements donnés aux courses n'ont pas réagi sur la masse, il n'y a pas d'excitation naturelle pour le goût du cheval, il n'y a pas d'occasions de s'exercer. Force est donc de recourir à la science, à défaut d'une pratique universelle qui développerait toutes les capacités. Le peu d'hommes nés avec la volonté d'apprendre à monter à cheval sont obligés de se grouper autour des quelques gens capables de les aider de leur expérience, et de suppléer par des théories aux exemples nombreux que fournit journellement aux novices une nation entière de cavaliers. Il faut en France une école, une méthode, un corps de science.

Nous ne nous occupons point ici de créer des manéges, publics ou particuliers; nous ne raisonnons qu'au point de vue purement scientifique, nous cherchons quel doit être l'enseignement sans penser qui s'en charge, qui le dirige, s'il est libre ou forcé, sans mentionner, en un mot, aucun moyen d'exécution.

L'état actuel de la science nous présente deux systèmes.

Le premier est le système français connu sous le nom d'*Ecole de Versailles*, et dont nous avons déjà parlé; son caractère principal était la grâce et la finesse; la position de l'homme était aisée et agréable; la jambe tombait naturellement de son propre poids. Du reste, beaucoup de vague dans l'exposé des principes, peu de moyens indiqués. On arrivait après beaucoup de temps à des résultats fort élémentaires; il y avait peu de difficultés résolues; les chevaux n'étaient point gâtés, mais ils restaient à peu près ce que la nature les avait faits. Quant au cavalier, peu d'entrain, de l'assiette, de la fixité dans les défenses, mais ignorance complète de la manière d'employer le cheval dans le plus grand développement de ses moyens.

Le second est le système allemand ou l'école d'Eyrer à Gœttingue; d'après cette méthode, le cavalier, plus près de son cheval, aussi bien placé, mais instruit avec beaucoup de détails et de précision, des effets de main et de jambes, obtient beaucoup plus de ses chevaux, en les fatiguant moins; il les dresse, les façonne, et peut les rendre doux, fermes et commodes, même pour une main inhabile; meilleure pour le cavalier, et surtout pour le cheval, elle se recommande par les résultats qu'on a obtenus de son application dans l'armée hanovrienne.

Il existe bien encore un troisième système, n'en déplaise à certains hommes obstinés qui, soit aveuglement routinier, soit même parti pris à l'avance, persistent à nier un fait avéré et incontestable, je veux parler du système de M. Baucher.

Cet écuyer, dont je ne connais précisément ni les premières études, ni les premiers maîtres, a formé un corps de doctrine dont les applications, pour ce qui lui est personnel du moins, ont des résultats magnifiques, peut-être inimitables.

Ceux qui ont travaillé d'après ses conseils ont tous profité en quelque chose, plus ou moins. Le bénéfice est incontestable pour tous : car, lorsqu'on s'est fourvoyé, ce qui du reste est arrivé souvent, il a toujours été possible de remédier au mal, de se corriger et de se retrouver ensuite plus habile et plus instruit qu'auparavant.

Les récriminations qui se sont élevées contre cette école ont toujours porté avec elles le cachet de la prévention, de la mauvaise foi ou de l'ignorance. On a prétendu qu'elle manquait de logique et de connaissance de la nature ; les résultats complets qu'on a obtenus, en les supposant aussi rares qu'on le voudra, prouvent victorieusement le contraire : car l'application de principes faux ne peut jamais arriver, même une seule fois par hasard, à un succès véritable. On a dit encore qu'elle n'était pas nouvelle, que ce n'était que l'exhumation des théories surannées des écoles italienne et allemande ; d'autres ont soutenu que tout ce que ce soi-disant novateur avait donné comme de lui n'était qu'un plagiat, et qu'on le retrouvait dans tous les bons auteurs. Je ne parle pas ici de certains discuteurs privilégiés qui ont réuni ces trois opinions, affirmant que la méthode était nouvelle et mauvaise, empruntée aux écrivains tombés en désuétude et contenue dans les ouvrages qui doivent faire loi.

Pour moi, qui crois, à tort ou à raison, avoir acquis par quatre années d'études spéciales une certaine connaissance de cette méthode, je me suis imposé la tâche de parcourir tous les vieux auteurs connus, et je n'y ai point trouvé les principes de M. Baucher, ni rien qui y fût analogue : car ce n'est pas quelque ressemblance vague et fortuite dans la position du cavalier, dans les moyens employés ou les instruments dont on se sert, qui prouve l'identité essentielle entre deux systèmes.

Ce que je sais des méthodes allemandes m'a également convaincu de l'impossibilité de les confondre avec celle qui nous occupe.

Des hommes capables et qui ont étudié longtemps en Allemagne partagent mon opinion en ce point, et le certifieraient au besoin.

Peu importerait, au reste, que l'on doive à une invention, à une importation, à une résurrection, une chose bonne et utile : or cela est ainsi, et je ne m'efforcerai pas de le démontrer ici, parce que ce livre n'est ni un ouvrage de polémique, ni une apologie, ni même un traité spécial d'équitation.

Quoi qu'il en soit, M. Baucher, par l'éclat de ses succès, et par ce fait seul, qu'il annonçait devoir renverser tout ce qui existait avant lui, a dû nécessairement soulever contre lui beaucoup de préventions et de jalousies ; comme il ne s'agit point ici de l'homme, je ferai en peu de mots l'analyse de sa méthode, telle du moins que je crois la comprendre.

Le principe fondamental est que la masse du cheval et du cavalier ne peut être dirigée, sans qu'un mouvement préalable ait eu lieu. Par mouvement, on ne doit pas entendre ici un changement de lieu, opéré par le cheval, au moyen de ses extrémités, mais l'action par laquelle il se prépare à une locomotion quelconque, en disposant son équilibre d'une manière convenable. Le résultat de ce mouvement du corps du cheval, avant que le cheval ait changé de place ou d'allure, Baucher l'appelle : *position*.

Le cavalier donne donc *l'action* au cheval au moyen des

jambes, action qu'ensuite il contient ou dirige à son gré. De là cet énoncé : les jambes et la main. On disait avant : la main et les jambes. Il y a donc changement total ; l'expérience dira : changement utile.

Il est superflu de dire ici qu'un grand nombre d'écuyers, de cavaliers, avaient bien pu sentir et pratiquer cet effet particulier d'accord entre les aides, mais, comme cela n'avait point été professé, c'est donc un fait nouveau acquis, ou à la science, ou à l'instruction.

Un autre principe est que l'effet des rênes n'est pas unique, c'est-à-dire que la même puissance de traction opérée en arrière par la main a des effets qui varient suivant diverses circonstances, sans parler des qualités de l'embouchure que nous supposons constante.

L'équilibre du cheval, c'est-à-dire la manière dont le poids total se répartit sur les extrémités dans l'instant donné, la facilité avec laquelle il peut varier cet équilibre dans tel ou tel sens, la position de la tête, plus ou moins inclinée à l'horizon, le plus ou moins de raideur habituelle dans l'encolure, sont autant de causes modifiant le résultat d'une pression imprimée sur les barres par la main du cavalier.

La conformation des barres et la sûreté de l'embouchure ne sauraient avoir l'importance qu'on leur donnait avant de connaître aussi clairement toutes ces autres circonstances capables d'en déterminer l'effet.

Cela posé : la même pression arrêtera court, et en place, le cheval souple et docile, tandis que tel autre évitera la sujétion imposée en battant à la main, en s'armant du mors, ou en s'arrêtant sur les épaules le nez en l'air, par un mouvement brusque, disgracieux, désagréable.

Soient ces deux mêmes chevaux dans un état pareil d'excitation, tel que le produit le désir de regagner l'écurie, de devancer un camarade, ou l'action des jambes, le premier prendra des mouvements plus élevés, une sorte de cadence ; le second cherchera à forcer la main en avant, on se traversera.

Ce résultat était connu, mais ce qui ne l'était pas, c'était le moyen de donner à ces deux chevaux la même docilité, c'est-à-dire la même manière de faire ; on arrivait bien plus ou moins imparfaitement, à force de tact, à faire une bonne bouche, mais cette expression même prouvait l'ignorance où l'on était de la vérité, puisqu'on cherchait à appliquer le remède là où n'était pas le mal.

Il restait donc à trouver le grand problème, l'assouplissement successif de toutes les parties, et, quoi qu'on ait dit, jamais cette question n'avait été résolue complétement et d'une manière analytique : elle l'a été par M. Baucher. Le demi-temps d'arrêt, moyen presque toujours illusoire et dont le nom seul démontre le vague et l'incertitude, est remplacé par une manœuvre savante de la main qui, restant fixe, attend les mouvements du cheval en lui opposant toujours une force égale à celle qu'il emploie pour se soustraire à l'indication du cavalier, et cède immédiatement après l'obéissance.

L'animal placé entre une gêne dont il est lui-même la seule cause, et un bien-être qu'il peut toujours obtenir par sa docilité, prend bientôt l'habitude d'une obéissance exacte, entière et subite.

Ce qui a lieu pour la main a lieu également pour l'effet des jambes, et par conséquent pour l'effet combiné de ce double moyen. On comprend alors que le cavalier intelligent, discret et doué de tact, peut arriver à commander les grands mouvements de la masse et les mouvements de détail; il dispose de l'avant-main, de l'arrière-main, de l'encolure et de toutes ces parties à la fois, arrête ou mobilise l'ensemble ou une portion à son gré, il n'a plus à s'occuper que du mouvement préparatoire et non du mouvement effectif qui en résulte. *C'est ce qui a été appelé donner la position avant le mouvement, et faire agir le cheval à l'aide de forces transmises au lieu de ses forces instinctives qui sont anéanties.*

Maintenant je dois le dire, cette position respective du cheval et du cavalier, dans laquelle le premier joue un rôle entièrement passif sous le rapport de la volonté, et est en quelque sorte une machine, dont le second dirige à son gré tous les ressorts, n'est pas l'équitation tout entière :

Premièrement cet état d'harmonie complète n'a pas lieu constamment, il faut des circonstances particulièrement favorables pour le rencontrer, et lorsqu'on l'obtient, il ne peut durer que peu de temps; les forces de l'homme et du cheval sont bientôt épuisées. C'est, au reste, la solution complète du problème de la reprise de manége ou du travail de cirque, comme on voudra l'appeler. Aussi n'y a-t-il là-dessus aucune discussion entre les hommes compétents et consciencieux.

A côté de cet état de perfection duquel on peut tout obtenir, il est une foule de piéges et d'écueils où tombent à coup sûr tous ceux qui veulent ce résultat sans posséder toutes les conditions de tact et d'à-propos nécessaires. De là tant de défenses terribles, d'accidents fâcheux, de chevaux rendus rétifs, le tout parce qu'on voulait à toute force arriver à un résultat d'une perfection impossible, au lieu de se contenter comme autrefois d'une médiocrité tolérable ; ceci est l'abus et ne détruit pas le mérite de l'invention fondamentale.

Quels que soient donc le mérite personnel du professeur, l'aptitude ou les progrès de ses élèves, la bonne foi ou la partialité de ses partisans et de ses adversaires, toujours est-il que sa méthode est neuve, excellente dans ses applications, et doit être mise au premier rang parmi les trois principaux systèmes d'équitation que l'art actuel met à notre disposition.

Il y a plus, un homme aujourd'hui qui voudrait professer sans posséder une connaissance approfondie de la méthode Baucher serait aussi déplacé dans le monde hippique qu'un astronome qui refuserait de tenir compte des découvertes de Newton, et s'en tiendrait aux systèmes de Ptolémée ou de Copernic.

Les trois écoles que nous venons de définir peuvent-elles nous fournir un mode d'enseignement qui réponde aux exigences de notre époque ? Non : toutes trois sacrifient aux travaux de l'académie le véritable but de la question, qui est l'usage général du cheval ; toutes trois ont répété qu'il n'y a pas de science à aller vite, qu'en dehors du manége il n'y a que routine et audace, et qu'un homme instruit aux difficultés du dedans en sait plus qu'il n'en faut pour briller dehors, parce que qui peut le plus peut le moins : là est l'erreur, aller dehors n'est pas moins, n'est pas plus qu'aller dedans, c'est autre chose.

Dompter un cheval, le rendre doux, agréable, commode, exécuter sur lui avec précision, justesse et aisance, des figures compliquées et des mouvements difficiles, c'est un mérite.

Développer un cheval dans toute l'extension et la rapidité de ses moyens, le mener avec vitesse et sûreté au travers d'obstacles de toute nature, dans un terrain inconnu; ménager ses ressources, maîtriser ses résistances ou son effroi; lui inspirer de la confiance en ses propres forces et en votre sagesse, obtenir, en un mot, de sa vigueur et de son moral, un parti que l'on n'aurait osé espérer, c'est un mérite aussi, c'est de plus un genre d'équitation en rapport avec les idées actuelles, car enfin nous avons des courses, des chasses, nous pouvons avoir la guerre, et nous n'avons malheureusement plus de tournois ni de carrousels.

L'équitation du dehors n'a pas encore eu ses écoles, même en Angleterre; il faut qu'elle en ait en France, il est de la mission des écuyers de nos jours de faire entrer dans leur domaine les courses, les chasses et la conduite des attelages.

D'après cette idée, l'enseignement de l'équitation se partagera en deux parties principales : monter à cheval, mener les voitures.

L'enseignement de la première se partagera en trois sections :

    1° Éléments ;

    2° Dehors ou allures rapides;

    3° Manége ou haute école.

L'équitation élémentaire aura pour but de former le cavalier; elle prend l'homme tout à fait neuf et étranger au cheval, le familiarise avec cet animal, l'accoutume à ses mouvements, lui apprend à se laisser porter d'abord, puis à diriger, à connaître, à sentir les diverses allures, à les déterminer, à les allonger, à les raccourcir.

Quoique mon intention ne soit pas d'écrire ici un cours d'équitation, je crois cependant devoir donner quelques détails pour fixer les idées sur la marche à suivre dans l'instruction des élèves.

Quoiqu'on puisse commencer à monter à cheval sur toute espèce de selle, je préférerais la selle française ordinaire; les commençants y tiennent plus facilement, ils y contractent une position régulière et une grande solidité. C'est d'ailleurs la meilleure selle pour le travail de manége et de haute école; et pour acquérir une égale habitude de la selle française et de la selle anglaise, il est plus avantageux de commencer par la première : elle est en outre plus commode sans étriers, et les premières leçons doivent se donner ainsi pour fixer l'assiette.

Le commençant sera placé en bridon sur un cheval sage, mais non pas dressé; je choisirais de préférence un carrossier doux et lent, insensible aux aides, et aussi dur que l'élève pourra le supporter sans fatigue excessive et sans danger de chute : peu importe pour cette phase de l'éducation que la leçon se donne dedans ou dehors, à des allures plus ou moins vives, plus ou moins raccourcies. On ne doit s'attacher qu'à enhardir le cavalier, à lui donner une position fixe et aisée, à l'habituer aux mouvements du cheval, et à ne pas le gêner par l'emploi indiscret des aides. Pour atteindre ce dernier but, on lui donne successivement, et avec la gradation nécessaire, des chevaux de plus en plus susceptibles et incommodes, en évitant ceux d'un caractère entreprenant et sujets à profiter des fautes.

L'usage des aides n'est enseigné d'une manière suivie qu'à la seconde période de l'éducation, c'est-à-dire lorsque l'élève a acquis une tenue suffisante et ne craint plus de tomber, à moins d'un saut de gaîté, d'un écart ou d'une défense : il monte alors des chevaux instruits et dressés ; on lui apprend à se rendre compte des effets des rênes et des jambes ; on le met tantôt en bride, tantôt en filet, avec ou sans étriers alternativement ou à peu près. C'est alors que le dedans devient nécessaire.

L'usage des figures de manége simples, mais exécutées avec précision, est indispensable. C'est le seul moyen qu'a le professeur de s'assurer de la manière dont l'élève se rend compte de ses ressources et de sa puissance.

Le pas, le trot, le galop, l'épaule en dedans, la tête et la croupe au mur, le saut de barre à une hauteur modérée et le travail des sauteurs, forment la base des leçons élémentaires.

Le professeur ne s'attache qu'à faire des hommes solides, hardis, qui laissent aller les chevaux, les calment ou les poussent en avant, au besoin, sans les taquiner ni leur rien demander au delà des allures naturelles et du maniement le plus simple.

SECONDE PÉRIODE DE L'INSTRUCTION.

LEÇONS DE VITESSE.

Lorsque le cavalier a suffisamment l'habitude de tous les mouvements du cheval, on lui enseigne à le diriger, à le déployer, à s'en servir enfin. Je ne veux plus alors que la selle anglaise, les grandes routes, ou les plaines ouvertes ; il faut donner l'habitude du grand air et la confiance dans la vitesse, chose plus longue et plus difficile qu'on ne le croit généralement. Les cavaliers expérimentés eux-mêmes sont quelque temps à se retrouver dehors lorsqu'ils ont pratiqué pendant longtemps dans le manége sans en sortir. Le même effet se produit sur les chevaux, souvent au grand préjudice de ceux qui les montent.

L'habitude d'aller vite étant prise, il faut donner celle de quitter les routes et d'aller à travers champs, sans direction indiquée. Les chevaux comme les cavaliers hésitent et se retiennent les premières fois qu'ils se voient abandonnés dans l'espace.

On exerce les élèves à déployer leurs chevaux au grand trot, en les faisant courir l'un contre l'autre, dans des conditions égales autant que possible ; on s'efforce de faire passer sous leurs yeux tous les exemples en même temps que les conseils ; on développe leur tact et leur intelligence, leur adresse, leur énergie, tout en leur faisant sentir les avantages du sang-froid, de la prudence et de la décision. Ces leçons n'ont été mises en pratique dans aucune école, mais je plaindrais sincèrement l'écuyer qui ne verrait là-dedans qu'une question d'audace et de fatigue, et qui ne pourrait plus guider ses élèves dans cette voie par aucun principe.

Le galop de vitesse est pareillement enseigné dehors et suivant les principes de l'entraînement, de l'hygiène et des règlements de course en vigueur en Angleterre et en France. Des luttes de peu de durée, sur un terrain approprié avec des chevaux sûrs, ont bientôt donné à des jeunes gens un à-propos et un entrain qu'ils ne perdent plus et qui les sauvent de grands accidents.

Des simulacres de chasse, c'est-à-dire des courses à travers des terrains plus ou moins accidentés et dont la difficulté est proportionnée aux chevaux dont on dispose, complètent l'éducation d'un homme de cheval. Dans cette seconde partie de l'enseignement, on peut comprendre le dressage des jeunes chevaux, je ne veux pas dire des poulains : l'éducation de ces derniers comporte certaines conditions particulières à l'élevage et qui sont du domaine de la troisième partie de cet ouvrage.

TROISIÈME ET DERNIÈRE PÉRIODE DE L'ENSEIGNEMENT.

MANÉGE, HAUTE ÉCOLE.

Comme nous l'avons déjà dit, la marche à cheval est le but ; l'art n'est que le moyen. Mais, comme il faut toujours s'efforcer de passer un but pour être certain d'y parvenir, il est nécessaire que des hommes se consacrent spécialement à l'étude des plus minutieuses difficultés, afin de répandre les connaissances indispensables au vulgaire. C'est ainsi que la chimie la plus savante et la plus abstraite n'a jamais d'autre but véritable que de prêter le secours de ses découvertes aux besoins de la médecine et de l'industrie.

L'écuyer ou celui qui veut le devenir étudie les ressorts du cheval dans leurs détails les plus intimes, en cherchant une précision et une régularité excessives. Le travail du manége est à la fois pour lui et une étude et une preuve de son savoir. Tel travail qui n'offre absolument aucun intérêt au vulgaire, puisqu'on n'y voit ni utilité réelle, ni même aucune grâce et aucun brillant, est souvent précieux pour celui qui est parvenu à l'exécuter : il y voit, ou une difficulté vaincue, ou la solution d'un problème dont l'application sera tôt ou tard universelle.

Un cheval magnifique exécutant avec noblesse les airs relevés;

Un cheval médiocre ou défectueux, amené à travailler régulièrement;

Un cheval jadis farouche et dangereux, aujourd'hui calme et soumis, sont autant de titres de gloire pour un écuyer et de droits à la confiance publique.

Mais, je le répète, un écuyer n'est complet comme cavalier qu'autant qu'il exécute à cheval tout ce qui est du domaine de l'équitation largement comprise.

Il n'est complet comme professeur que lorsqu'il fait des élèves comme lui propres à tout.

Ici je me vois obligé à une digression assez longue.

Un de mes amis, véritablement écuyer dans toute l'acception de ce mot, a voulu, après la lecture de mon manuscrit, me faire part d'une observation qu'il trouvait très importante.

Je ne le nommerai point, afin de suivre entièrement la décision que j'ai prise de ne citer aucune personne vivante dans ce livre ; mais, comme son opinion est d'un grand poids pour tous ceux qui le connaissent, et surtout pour moi, j'ai cru indispensable de citer ici son opinion et d'y répondre.

Selon lui, il manquait quelque chose à mon ouvrage : la conclusion. En d'autres termes, j'avais parlé de tout et de tous ; j'avais énuméré et décrit toutes les manières de faire, mais de celle que je préférais, de la mienne, en un mot, il n'en était pas question. Ceux dont la critique pourrait n'être pas bienveillante ne manqueraient pas de dire : Il ne veut pas se prononcer, il n'ose pas émettre son système, et qui sait même s'il en a un ? etc., etc.

Ceci s'appliquait à l'équitation, car c'est là principalement la spécialité de la personne dont il s'agit.

Bien qu'il soit bon connaisseur en chevaux, qu'il n'ait jamais eu besoin de personne pour se monter lui-même, bien qu'on recherche souvent et avec raison ses conseils lorsqu'on a à acheter ou à juger un cheval, cependant son expérience en ce genre est au-dessous, à ses propres yeux plus encore qu'à ceux des autres, de son talent pour dresser des chevaux ou pour former des cavaliers.

De tout ce qu'il me dit à ce sujet, et qu'il est inutile de

rapporter ici, je conclus qu'il trouvait une lacune et que cette lacune était un traité complet d'équitation ; il aurait voulu voir, au lieu d'un simple aperçu, au lieu de vagues données sur ma manière de voir en général, un exposé bien suivi et bien mis en ordre de principes adoptés ou inventés, dont la série serait indispensable, selon moi, pour arriver à former complétement un cavalier.

Je ne songeai pas un instant à discuter une pareille objection. Lorsque j'avais accepté la direction de l'école des haras royaux, mon véritable but avait été d'expérimenter mon système d'instruction aussi bien pour l'équitation proprement dite que pour les connaissances générales. Le cours complet avait été professé, rédigé : il n'était donc pas impossible de l'écrire avec tous les développements nécessaires.

Je vais expliquer les motifs qui m'en ont empêché.

D'abord une semblable addition eût été difficile à intercaler, à cause de sa longueur ; de plus, il fallait sortir entièrement du point de vue où je m'étais placé. Mon but était d'exposer l'ensemble de tout ce que l'on fait et de tout ce qu'on peut faire du cheval, et non de diriger d'une manière fixe et invariable l'homme qui désire entrer dans la carrière difficile et ingrate d'écuyer et d'éleveur.

J'ai cru que j'avais à prouver que tout ce qui concerne le cheval en dehors de l'art vétérinaire est une science, et une science réelle, étendue, difficile. Pour cela, j'ai fait un livre, non que je croie ce livre bon, mais à coup sûr il peut servir de cadre à un plus habile, pour y placer des principes plus justes et dont l'ensemble sera alors la science, la vérité.

Mais, dans cette science comme dans bien d'autres, la théorie n'est rien sans la pratique, comme la pratique est peu de chose sans la théorie raisonnée. Or, comme on n'apprend point à monter à cheval dans un livre ni avec un livre, je n'ai pas cru devoir donner ici un traité d'équitation, parce que son utilité serait complétement nulle sans une application immédiate et simultanée.

J'ai bien, il est vrai, posé çà et là quelques principes et même donné, principalement au sujet des attelages, comme on le verra plus tard, des explications assez étendues, mais cela ne m'est arrivé que là où les ouvrages écrits manquaient totalement et où l'étudiant ne pouvait se renseigner par aucune lecture ; je me suis borné alors à mettre sur le papier les choses qu'il n'aurait pu voir qu'à force d'expérience et de pratique, et encore je ne sais où, je ne sais quand.

Dans la troisième partie, celle qui traite spécialement de la production, il me faudra donner, à l'article du dressage, des principes particuliers, exposer une méthode que je crois nouvelle, parce que je ne l'ai vu pratiquer nulle part ; je l'ai adoptée et modifiée moi-même à force d'expérience et de tâtonnements ; mais encore je suis obligé, pour être compris, de ne m'adresser qu'à des hommes déjà experts en équitation, ou du moins auxquels l'usage du cheval est très-familier.

Il y a plus, pour l'éleveur l'éducation est complétée sitôt que le cheval est sage, confiant, docile, sans vice. De là à un cheval qui, aux yeux d'un écuyer, fasse honneur à l'homme qui l'a dressé, il y a une distance énorme, celle qui sépare l'homme de l'art d'un bon praticien ordinaire.

Là donc encore manque la place d'un traité complet d'équitation, et d'autant plus qu'il me faudrait une place très-grande : car, si je faisais un traité d'équitation, je ne voudrais pas encourir moi-même le reproche que je fais aux traités qui existent; ce reproche, le voici : chacun s'étant borné volontairement, ou à son insu, à une spécialité plus ou moins rétrécie, a omis tout ce qui était en dehors de cette spécialité, ou en a mal parlé, avec négligence, avec inexactitude, ou avec un esprit de dénigration ridicule : c'est ainsi que Thiroux a dit « que les courses n'é- « taient bonnes ni en paix, ni en guerre, ni en trêve. » Il se met en fureur à la nouvelle qu'une poulinière de douze ans, de pur sang, a été achetée douze cent cinquante francs: or, il serait niais aujourd'hui de réfuter pareilles critiques.

Nos écuyers écrivains ne veulent accorder aucune des concessions réclamées par telle ou telle spécialité autre que la leur.

De là des dissentiments fâcheux entre des hommes d'un mérite reconnu, des erreurs même échappées au talent, à l'expérience, et dans lesquelles se sont obstinés de bons esprits, de nobles consciences, au grand préjudice de l'art et de la considération des hommes du métier.

Le public, la foule ignorante, voyant les maîtres se quereller avec acharnement, a ri des animosités et des dissentiments, a appris des uns à mépriser les autres, a cru pouvoir se passer de tous, et une routine aveugle a remplacé généralement l'étude.

Je dis une routine; si encore c'était une routine, car routine comporte habitude, usage, pratique ; mais aujourd'hui on veut monter ou atteler un cheval la première fois qu'on touche cet animal.

Un livre d'équitation ne sera à l'abri d'une pareille critique que lorsqu'il dira, avec ordre et avec détail, tout ce qu'on peut dire en équitation, et alors ce livre sera long ; reste à savoir s'il sera utile, et je dis que la lecture n'en sera profitable à personne, parce qu'aucun lecteur ne pourra de lui-même y choisir les passages qui s'appliquent à lui, à sa manière de voir, à son degré de force, en un mot, au point de vue auquel il est placé. Il est dans les arts des choses qu'on n'écrit pas ; il y a plus, il est dans les arts des choses qu'on ne lit pas, parce que l'auteur, ne pouvant changer de point de vue selon le lecteur, et surtout selon les variations du lecteur, il est dans la destinée que l'un ne soit presque jamais compris de l'autre.

S'il en était autrement, il n'y aurait pas de bons ou de mauvais professeurs, c'est-à-dire plus ou moins doués du talent de transmettre la science à ceux qui l'ignorent ; il suffirait d'un bon livre et d'un simple lecteur, et même le lecteur serait avantageusement remplacé par un exemplaire confié à chaque élève.

Le mot anglais *lecture*, pour signifier un cours oral, cesserait d'être la plus impropre des expressions.

Que peut donc être aujourd'hui un livre d'équitation ? en voici évidemment le plan. Un professeur chargé d'un cours pratique note chaque jour ce qu'il fait, rédige ses leçons avec toutes les particularités désirables, et son livre est fait. A qui peut-il servir ? à tout lecteur ? non, ce n'est qu'un programme à l'aide duquel votre élève, qui vous connaît, que vous avez muni de vos instructions, pourra vous remplacer, mais le but du livre n'est pas rempli.

Pour un homme véritablement expert, chaque spécialité est un travail facile :

Former cent cavaliers, les mettre à même d'exécuter convenablement l'école d'escadron sur des chevaux de troupe ;

Envoyer en Angleterre ou en Irlande un jeune homme hardi *faire bien* à la queue des *fox hounds, do well ;*

Exhiber une reprise de haute école, où cavaliers et chevaux travaillent tolérablement juste ;

La difficulté n'est pas là, pourvu que les moyens ne manquent pas. Si vous avez pour vous la bonne volonté des élèves ou la discipline militaire, avec un peu de temps le succès est certain.

Rédiger votre cours, c'est encore facile, mais qu'est-ce qu'on va demander à votre livre ? Ce sera d'intéresser, d'instruire, de persuader vos lecteurs, et, pour savoir quels seront vos lecteurs, voyons quel état on fait de nos jours de l'équitation.

L'équitation est arrivée à un point de décadence tel qu'on ne peut pas descendre plus bas, à moins que le spectacle d'un homme à cheval marchant sur une route ne soit devenue chose complétement incroyable et fabuleuse.

Je veux bien qu'on me jette à la tête le *laudator temporis acti :* toujours est-il que j'ai vu, dans ma jeunesse, des hommes âgés (ils auraient aujourd'hui plus de cent ans) monter avec facilité et aisance ; et cependant ils avaient renoncé depuis longtemps à l'exercice du cheval, ils ne montaient qu'accidentellement et par besoin ; le lendemain, ils éprouvaient de la fatigue et des courbatures, mais on n'avait vu en eux ni embarras, ni hésitation, ils ne se préoccupaient point du cheval qu'ils montaient; fût-il fin ou vif, ils en tiraient un parti convenable.

Ces hommes n'avaient pas été des écuyers de profession, ni des officiers de cavalerie, pas même des amateurs de chevaux, mais ils avaient de l'école ; et qu'on ne se figure pas que je croie à l'excellence *des principes particuliers qu'on leur avait inculqués*, c'était simplement ce qui restait d'une école réglée, c'est-à-dire d'une suite plus ou moins longue de leçons reçues.

De ces hommes-là, j'en ai vu qui sortaient de Sorrèze ou d'ailleurs, comme j'en ai vu qui avaient été élevés à Versailles ; bien probablement ils n'avaient pas tous été formés par des maîtres du premier mérite, mais tous ils avaient reçu une instruction, et pour eux l'usage du cheval n'était ni une action insolite ni un péril.

La génération suivante, celle qui aurait aujourd'hui quatre-vingts ans, ou un peu plus, était, elle aussi, bien supérieure à nous. De ceux qui la composaient, les uns, anciens militaires, avaient passé par la rude école des guerres de l'Empire ; les autres, dans leur jeunesse, sous la République, avaient profité des restes d'organisation que le vandalisme n'avait pu détruire.

Ainsi Thiroux, le républicain Thiroux, était resté écuyer et partisan des écoles réglées absolument comme M. de Robespierre était demeuré fidèle à la poudre et aux ailes de pigeon, nonobstant les sans-culotte, les droits de l'homme et la guillotine.

Sous la Restauration, Versailles et même le manége royal de Paris nous avaient encore conservé quelque pratique du cheval. Versailles, l'éclat des noms de MM. d'Abzac et de Goursac, avaient encore quelque ombre d'influence sur l'esprit de ceux qui montaient à cheval. Le semblant de régularité du manége royal tenait les autres établissements de Paris dans une sorte d'émulation d'où résultait quelque tenue, quelque étude.

Tout cela s'est effacé graduellement, et la décadence a marché d'une manière régulière et continue.

Une singulière coïncidence de causes entièrement contraires a agi simultanément dans le même sens pour précipiter encore la ruine de l'équitation ; et remarquez bien ici, car je ne cesserai de le répéter, la perte que je constate n'est pas la perte de la science, mais la perte de la pratique. Ce ne sont pas de précieuses traditions que je regrette, car je ne crois pas à ces précieuses traditions, c'est seulement l'habitude que l'on avait de passer régulièrement une heure ou deux à monter à peu près raisonnablement des chevaux plus ou moins mauvais, sous un maître plus ou moins routinier.

On me dira que cela était peu de chose : je dirai que ce peu de chose était tout, puisque c'était le moyen d'arriver, et d'ailleurs l'homme qui n'a plus rien n'a pas besoin d'avoir perdu des trésors pour que l'on conçoive l'amertume de ses regrets.

Les deux causes de décadence que je signale sont la

création des courses et l'invention d'une nouvelle méthode d'équitation dont j'ai déjà parlé.

Tant que les courses ont été complétement nulles, elles n'ont pas produit de très-fâcheux résultats, elles ont été nulles ou à peu près, jusqu'à la révolution de juillet.

Il y avait peu de prix, ces prix étaient gagnés souvent par des chevaux de demi-sang, ou même moins bien nés encore; presque tous étaient sans valeur, vendus à vil prix, après leur succès comme après leur défaite. Ceux qui arrivaient dans les haras étaient en si petit nombre, que leurs productions ne suffisaient pas pour imprimer un changement sensible dans l'ensemble de notre production chevaline.

Mais, sitôt que cette institution eut pris un grand développement et que le goût fut devenu plus général, les choses changèrent. D'abord on introduisit en France un bien plus grand nombre d'étalons pur sang, les hippodromes se multiplièrent, les prix créés de tous côtés poussèrent énergiquement à la production, et le cheval de pur sang, qui était naguère une rareté, devint chose familière et usuelle.

Etalon, le cheval de pur sang influa sur toutes les espèces. On eut des poulains de demi-sang, de trois quarts de sang, etc., etc...

Rebut des hippodromes, le *Racer* émérite arriva, de son côté, dans nos écuries de service.

Tous animaux plus vites, plus susceptibles, plus rudes, plus violents que les *Andalous*, les vrais *Navarins* ou les soi-disant *Arabes*, dont les élèves de manége avaient pratiqué les dernières années et surmené les derniers pas.

Il faut observer ici que les courses sont assurément une fort bonne chose, lorsqu'elles fournissent le moyen de donner aux races communes plus de vitesse, plus de figure et plus de fonds, et lorsque ce moyen est employé judicieusement ; mais, comme nous ne sommes pas plus forts en élevage qu'en équitation, nos chevaux de course, mal nés, mal faits, mal élevés, mal accouplés, durent nécessairement introduire chez les autres espèces le sang, dans des proportions si singulières, qu'il en résulta une multitude d'animaux décousus, dégingandés, trop susceptibles pour leur masse, trop lourds pour leurs membres, tellement peu faits pour marcher, qu'ils ne pouvaient jamais en avoir la volonté, tous animaux de nature à désespérer les cavaliers.

Que firent les écuyers à l'aspect de ce surcroît de besogne ? nous donnèrent-ils, à nous autres jeunes gens, les moyens de calmer ou de réduire ces animaux inconnus dont la brusquerie nous étonnait ?

Nullement, ils se raidirent dans leurs immuables principes (ils appelaient cela des principes !), se drapèrent majestueusement à la manière de Jérémie et se préparèrent à mourir.

Leurs élèves se partagèrent en deux classes : les fidèles, qui, en haine du pur-sang, se condamnèrent à un suicide pédestre ; et les novateurs, qui, aussi parjures que téméraires, se risquèrent sur le pur-sang avec ou sans la botte à l'écuyère ; peu en moururent, mais ce qui ne survécut pas, ce sont les écoles.

Vint alors sur la scène du monde un homme du plus grand talent, qui ressuscita les prouesses de nos plus grands écuyers, qui les surpassa de beaucoup et qui laissera un nom immortel dans les fastes de l'équitation, si toutefois il n'est pas dans la destinée des écuyers, comme dans la destinée des acteurs, de ne se survivre que dans la mémoire de ceux-là seuls qui les ont vus.

On lit *Virgile*, on ignore *Roscius*. Qu'est-ce qui reste aujourd'hui de Talma pour les hommes de trente ans ?

On crut la vieille école ressuscitée, on espéra de nouveaux progrès; en un mot, il y eut sensation générale, c'est-à-dire applaudissements, critiques, jalousies, coteries, etc.; on aurait pu rire énormément des scènes que l'esprit de parti enfanta parmi les partisans du dedans et ceux du dehors, entre les zélateurs de la vieille école et les adeptes de la nouvelle science (*sic*).

Mais le sujet de la querelle était trop peu familier aux masses, pour qu'on pût faire paraître avec avantage sur le théâtre ces nouveaux ridicules.

Toujours est-il que bientôt on n'en parla plus, c'est-à-dire beaucoup moins : pourquoi ? c'est que la nouvelle école érudite avait bravement entrepris de remonter le courant; elle redoublait ses tours de force en rétrécissant les espaces, pendant que le caprice de la mode et l'allongement des espèces demandaient des moyens plus larges et une exécution plus rapide; elle préconisait des effets de précision, de tact et de justesse, à des hommes qui n'avaient même pas l'idée de l'adhérence; elle arrivait avec tout un système d'étude, de réflexion et de patience, à une époque où l'idée de prendre douze leçons effrayait.

Il faut le dire encore, quelques hommes laborieux essayèrent de demander à la nouvelle théorie les moyens de résoudre les exigences que nécessitait l'introduction du pur-sang dans les races; ils périrent, dit-on, à la peine. Était-ce leur faute? moi je crois que oui, mais, quant à démontrer une opinion aussi paradoxale, je ne veux pas le tenter. Pour me faire croire de tous, il faudrait me faire comprendre de quelques-uns, et sur peu qui le pourraient, moins encore le voudraient.

Toujours est-il que l'équitation des manéges est morte, bien morte, car ce sont de ces choses qui ne vivent que par le nombre, et quelques individus de mérite et d'opiniâtreté, répandus çà et là, ne comptent pas. Il est vrai encore que ces choses-là meurent et peuvent revivre.

A nous maintenant l'équitation du dehors, de ces gens qui ne veulent pas travailler dans les manéges et ne veulent pas pratiquer davantage en plein champ, car il ne faut pas croire que la haine de la demi-volte et du contre-changement de main de deux pistes entraîne jusqu'au *full cry*, au saut de *fence*, au *furious speed*; non, on trouve qu'il est ridicule de se casser le cou; on arrive, à force de prudence, à ne pas se mettre à l'eau sans savoir nager.

Jamais les chevaux sages n'ont été aussi en vogue; on en demande partout à tout le monde, à toutes les races, à toutes les méthodes, il n'est pas de frénétique amateur du *turf* qui n'envoie son hack dans un manége borgne, pour le faire *mettre dans la main*.

De plus le goût des courses n'engendre pas de cavaliers: il n'est pas besoin de monter à cheval pour engager ses produits dans un *criterium* ou pour risquer, à *La Marche*, la vie de son jockey, moins on a de chevaux de selle et de voiture, plus on peut nourrir de chevaux de course.

Les chevaux ne sont plus que des cartes, tel est l'état actuel du monde hippique ; je ne parle pas de l'armée.

Nous reviendrons plus tard sur un état de choses aussi incompatible avec tout espoir de prospérité hippique. J'ai voulu démontrer seulement ici qu'un traité d'équitation était chose inutile, inopportune, impossible.

En effet, un ouvrage élémentaire serait très-souvent l'extrait ou la copie de ceux qui existent ; un commentaire critique sur ceux qui se rapprochent le plus de mes idées, serait compris des auteurs et non des lecteurs auxquels s'adresserait le travail ; de plus, un ouvrage élémentaire n'est utile qu'à ceux qui étudient, et on n'étudie point, puisqu'il n'y a point d'école, et que, s'il y avait des écoles, il n'y aurait peut-être point d'écoliers.

Un livre savant, qui parlerait des hautes difficultés de l'équitation, ne serait pas intelligible pour la plupart des lecteurs et n'apprendrait rien à ceux qui en savent autant, ou plus que moi.

Enfin, dans tout le cours de mes leçons professées au haras du Pin, je n'ai pas senti la nécessité de rédiger mes leçons de manége, chaque conseil ayant une utilité d'application qui ne survit pas au moment où on parle.

Plus tard, lorsqu'après avoir exposé les moyens que je crois propres à créer de bons chevaux, j'aurai à expliquer comment il faut les mettre à exécution, il me faudra signaler les causes de notre indigence déplorable en matière hippique.

II.   7

Au nombre de ces causes, j'inscrirai l'ignorance et l'ineptie de nos cavaliers ; de là, la nécessité de faire des cavaliers, de là, la nécessité d'établir des écoles et peut-être le moyen de les créer et de les entretenir.

Si jamais les projets dont je donnerai le plan devaient être réalisés, je ne reculerais pas plus devant l'exécution que devant la théorie, et si quelque chose me manquait pour démontrer que la raison est de mon côté, ce ne serait ni le zèle, ni la volonté.

DU CHOIX DES CHEVAUX

POUR LES DIVERS EMPLOIS SOUS L'HOMME.

De toutes les qualités bonnes ou mauvaises que peut présenter le cheval montré à un acquéreur, la taille est celle qui frappe d'abord la vue et qu'il est le plus facile d'apprécier. C'est aussi par là que nous commencerons à examiner le cheval à acheter.

Chez tous les animaux ainsi que chez l'homme les dimensions extrêmes dans un sens comme dans l'autre sont une imperfection notable.

La physiologie nous apprend que les proportions colossales des géants sont un résultat particulier du vice scrofuleux.

Les nains sont ordinairement aussi faibles et aussi souffrants que le fait supposer l'exiguité de leur aspect.

Entre ces deux limites tous les individus qui s'éloignent du type ordinaire et moyen indiquent, par le manque de proportions de leur stature, qu'ils sont pour ainsi dire une infraction à la loi naturelle.

Ainsi l'homme grand a en général les jambes trop longues ; l'homme petit les a trop courtes avec le buste trop long. La grosseur de la tête est presque uniforme chez tous les hommes.

Les peintres ont un moyen d'assigner à un homme sa véritable taille dans leurs tableaux sans mettre à côté de lui aucun objet de comparaison et sans recourir aux lois rigoureuses de la perspective, c'est de donner à la tête le neuvième, le huitième, ou le septième de la longueur totale du corps.

La taille n'est en aucune manière un indice de supériorité d'organisation, quoique l'excessive petitesse soit un défaut capital.

La véritable puissance, soit intellectuelle, soit morale, s'est toujours rencontrée dans des corps vigoureusement charpentés, où la vigueur des organes était garantie par la justesse des proportions.

Sans nous laisser entraîner à la démonstration d'un fait parfaitement incontestable en physiologie, disons que pour le cheval comme pour l'homme il n'y a de bonne taille que la taille moyenne.

Les extrêmes de la taille du cheval mesuré au garrot et à la potence, c'est-à-dire sans tenir compte de la courbe de l'épaule, sont de 5 pieds 4 pouces à 4 pieds 5 pouces (de 1^{m}733, à 1^{m}437).

En dehors de ces limites il est géant ou pony.

On montrait, il y a quelques années, en Angleterre, un cheval de 20 mains, ou 80 pouces, ou 6 pieds 8 pouces, mesure anglaise, environ 6 pieds de France (2 mètres); il avait tous les défauts d'organisation que présente l'excès de taille chez l'homme : jambes énormes, ensemble gauche et disgracieux, flanc levreté, articulations défectueuses, tempérament lymphatique, etc.

La taille moyenne peut être assignée au cheval de deux manières : en consultant ce qui arrive d'ordinaire chez les espèces abandonnées à elles-mêmes et aux lois de la nature; ou en observant nos races civilisées et perfectionnées.

Dans le premier cas, la taille moyenne, et par conséquent la taille réelle du cheval, est de 4 pieds 7 pouces (1^m491) à 8 pouces et demi (1^m53).

Parmi les élèves des meilleurs haras de l'Europe, les mieux proportionnés et les plus vigoureux n'ont pas plus de 4 pieds 11 pouces ou cinq pieds (1^m597) et pas moins de 4 pieds 8 pouces (1^m514).

Tous les chevaux de qualités extraordinaires se sont toujours trouvés dans ces dimensions, sauf un petit nombre très-exceptionnel; et la plupart se sont rapprochés de la limite inférieure.

Je ne saurais trop appuyer sur cette préférence à donner aux petits chevaux, dans un temps où la manie des grandes tailles est portée à un excès ridicule. Les hommes les plus petits se plaisent souvent à monter les chevaux les plus hauts et même les plus épais. La mode des voitures basses au point de toucher la terre a eu pour résultat de faire rechercher encore plus peut-être les grands chevaux pour les attelages : le goût du jour veut qu'ils dominent la voiture.

Cet excès a plusieurs inconvénients : celui de faire mépriser et vendre à vil prix des chevaux dont la taille moyenne seule annonce le mérite; celui d'exciter les éleveurs à négliger toute qualité pour ne produire que de grands chevaux, dans l'espoir qu'un mauvais poulain très-haut se vendra plus qu'un bon de taille ordinaire; celui enfin de renverser toutes les idées raisonnables sur la proportion qui doit exister entre le cheval et le cavalier. J'ai dit que dans l'antiquité l'art faisait l'homme trop grand, et le cheval trop petit; dans les exigences du goût actuel, la mode veut le cheval trop grand. Il est utile de donner ici, une fois pour toutes, une mesure facile à apprécier et qui puisse nous guider toujours. L'étude de la nature nous apprend que la hauteur du cheval au garrot étant d'ordinaire comprise entre 5 pieds 4 pouces et 4 pieds 5 pouces, et la taille de l'homme entre 5 pieds 9 pouces et 4 pieds 9 pouces (1^{m}867) et (1^{m}543), nous pouvons en conclure qu'on peut approximativement assigner à un cavalier un cheval ayant 5 pouces de moins que lui (1).

L'équitation nous dit de choisir, pour chaque individu, un cheval tel qu'il puisse rencontrer sur la selle son maximum de solidité et sa plus belle position. Ces conditions se rencontrent lorsque la ligne droite GG' qui réunirait les deux genoux de l'homme en selle serait exactement le diamètre horizontal de l'ellipse que forme la coupe du cheval (*fig.* 12).

La figure 12 représente la coupe du corps du cheval par un plan vertical, perpendiculaire à son axe et passant par la région occupée par le cavalier.

La ligne A B est sensiblement le diamètre horizontal de cette ellipse irrégulière.

Dans le n° 1, cette ligne AB se confond avec la ligne des genoux G G'.

---

(1) La taille de la femme, comparée à celle de l'homme dans les mêmes conditions, est également plus basse de cinq pouces.

Les genoux sont alors facilement fixés, et la cuisse peut adhérer dans toute sa longueur.

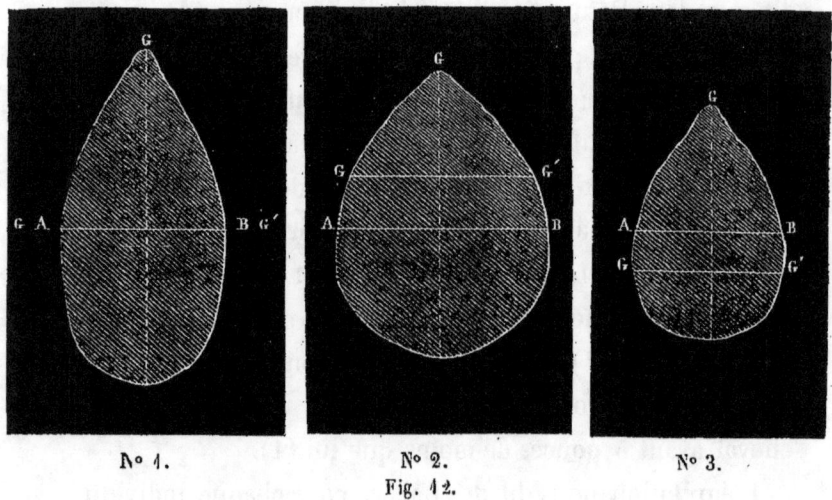

N° 1.   N° 2.   N° 3.
Fig. 12.

Si la ligne GG' se rencontre plus haut (n° 2), ce qui est le cas du cheval trop grand pour son cavalier, ce dernier n'a plus de solidité, parce que son enveloppe n'est pas suffisante ; les cuisses tendent à remonter ; les jambes se plaquent involontairement aux flancs du cheval, l'éperon est sans cesse en contact avec le poil ; il ne peut y avoir ni sûreté ni bonne grâce.

Cette même ligne se trouvant plus bas (n° 3), ce qui est le cas du cheval trop petit, il y a moins de solidité encore, le cavalier ne pouvant fixer les genoux qu'en remontant les cuisses et en s'accroupissant à cheval : il n'y a alors aucune tenue possible ; la jambe est trop loin et ne peut arriver que par à-coup ; partant plus d'à-propos ni de justesse. L'aspect d'un cheval écrasé par un homme dont les jambes touchent à terre est de plus désagréable et ridicule.

Or, il est ordinaire qu'un homme et un cheval également bien proportionnés rencontrent cette harmonie de taille précisément dans cette différence de cinq pouces que semble nous indiquer elle-même la nature.

On peut donc poser cette règle générale, que tout cavalier doit chercher pour lui-même un cheval ayant au garrot cinq pouces de moins que sa propre taille.

Nous n'entendons point dire par là que le cavalier doive se borner à monter les chevaux de cette proportion, car, indépendamment de l'excessive variété des individus, variété qui nous présente toutes les anomalies imaginables, on doit s'exercer à monter toute espèce de chevaux, ceux qui sont trop petits pour acquérir l'habitude si difficile de s'y accommoder, et les plus grands, parce qu'il est plus embarrassant qu'on ne croit de se trouver à cheval plus loin du sol qu'à l'ordinaire.

C'est dans le choix du cheval de haute école que cette condition d'harmonie entre les tailles de l'homme et du cheval a le plus d'importance, parce qu'il s'agit ici spécialement de grâce et de justesse.

Il est donc d'autant plus difficile à un homme de haute taille de se choisir un cheval d'école, qu'il est plus rare, comme on sait, de trouver dans un individu grand une agilité universelle; le cheval de manége est le danseur de son espèce, comme le *racer* en est le lévrier; or on sait que les danseurs célèbres ont rarement atteint une taille élevée.

L'écuyer grand est presque toujours forcé de sacrifier la grâce et la facilité de ses moyens à la nécessité de trouver d'heureuses qualités dans son cheval, et la difficulté augmente encore en raison de son poids.

De là vient sans doute que l'on a vu encore moins d'hommes d'une haute et puissante stature marquer dans les fastes de l'équitation du manége que dans les chasses, les courses au clocher et autres carrières hippiques.

Le type du véritable cheval de manége dans les conditions ordinaires aura donc quatre pieds dix pouces au plus; et quant au minimum, il n'y en a guère d'autre à assigner que la taille du cavalier auquel il est destiné.

La conformation à désirer est la plus régulière; mais il faut d'abord s'entendre sur le sens exact de cette expression. La construction d'une machine est assujettie à un ensemble de conditions parfaitement appréciable pour nous, puisque c'est un ouvrage sorti de la main de l'homme; mais la mécanique animale a des secrets qui ne nous sont jamais entièrement dévoilés. Le cheval que tel connaisseur appelle régulier ne paraît pas tel à un autre, et la conformation la plus parfaite en apparence ne comporte souvent pas l'harmonie véritable.

Écoutez Newcastle, livre Ier, chapitre IV :

« *Les chevaux raccourcis semblent être les meilleurs pour le*
« *manége; d'autant que par l'art nous les forçons à se raccour-*
« *cir : car nous les arrêtons, reculons et mettons ensemble; or,*
« *un cheval court est plus tôt mis ensemble qu'un long. J'ai*
« *pourtant vu des chevaux longs aller aussy bien que les courts,*
« *tellement que cela n'y fait rien.*

« *D'autres disent qu'un cheval chargé du devant doit néces-*
« *sairement être pesant à la main ; — en quoi par leur permis-*
« *sion ils se trompent grandement ; car j'ai connu des chevaux*
« *presque aussy pesants du devant comme des taureaux, qui ne*

« *laissoient pas d'être plus légers à la main que ceux qui l'a-*
« *voient extrêmement délié.* »

De cela et de plusieurs autres passages qu'on trouvera dans la lecture, d'ailleurs instructive, des anciens auteurs, il est facile de conclure qu'il n'est pas généralement possible de rien augurer de positif à l'inspection d'un cheval sur ses ressources pour le manége. Beaucoup qui promettent ne répondent pas à ce qu'on attendait, et quelques-uns réussissent en dépit des raisonnements les plus sensés; il existe cependant quelques données dont on peut se guider jusqu'à un certain point à défaut de règles fixes et de lois positives.

La perfection du manége consistant dans l'à-propos des mouvements et dans la facilité avec laquelle on passe d'un mouvement à un autre sans brusquerie, ni contre-temps; la conformation la plus favorable sera celle qui comportera le mieux toutes les conditions de retour, c'est-à-dire, l'arrêt comme le départ, les allures les plus hautes avec une certaine capacité d'extension, un grand développement de forces avec la possibilité de cesser immédiatement leur emploi.

Il faut pour cela une grande égalité dans toutes les parties, c'est-à-dire que nous serons obligés de proscrire une grande force dans un organe, si la même puissance ne se retrouve pas dans l'organe opposé. Ainsi un poitrail large et une poitrine profonde deviendraient un défaut avec un arrière-main un peu faible, et cet arrière-main serait suffisant dans un autre individu moins robuste par devant, en un mot une médiocrité uniforme sera souvent préférable à l'exagération non-seulement des défauts, mais encore de certaines qualités : c'est ainsi que nous entendrons ici la régularité de conformation, et ceci ne s'appliquera qu'au cheval de manége seulement, comme nous le verrons plus tard.

En voici, je crois, assez de dit sur la construction du cheval; l'expérience fera le reste et donnera des leçons que les paroles ne peuvent qu'imparfaitement suppléer.

Ayant donc fait la part de ce que le raisonnement peut nous apprendre et des exceptions nombreuses que la nature nous présente à tous moments, comme pour se jouer de nos efforts; ayant, en un mot, dit comment nous voulons que la machine soit faite, disons de quoi nous voulons qu'elle soit faite; car c'est la seule manière d'exprimer l'existence ou l'absence des qualités que présente un cheval, quelle que soit d'ailleurs sa conformation.

Le défaut absolu d'énergie se rencontre assez fréquemment chez les animaux dont la charpente est la plus belle et la plus régulière. De là un désappointement assez singulier pour les prétendus connaisseurs, dont l'esprit mathématique et borné veut asservir la nature à des règles à soi, au lieu de l'étudier dans les types qu'elle vous présente.

Tout cheval sans énergie aucune ne vaut absolument rien pour le manége. Cet exercice même n'est pas propre à développer les individus qu'une grande jeunesse et un mauvais régime rendent mous et lâches.

La froideur, qui n'exclut pas toujours un certain degré d'énergie, est cependant encore un défaut chez le cheval de manége lorsqu'elle n'est pas le résultat d'une éducation parfaite. Le cheval froid est souvent disposé à se défendre avec humeur quand on veut le réveiller ; et, dans tous les cas, la vigueur des moyens à employer pour en tirer parti fatigue le cavalier et nuit à la précision et à la grâce.

L'activité et la pétulance, au contraire, se calment toujours assez : c'est une question de temps et d'habileté, et les qualités réelles qu'annonce à coup sûr un excès d'énergie se retrouvent infailliblement.

Nous savons assez déjà de ce qui regarde l'origine des chevaux et l'influence de la race pour déterminer dans quelles espèces doivent se choisir les chevaux de manége.

Ainsi, le cheval arabe bien choisi conviendra presque toujours ; le cheval espagnol, le navarrin et le limousin tels qu'ils étaient autrefois et tels qu'ils n'existent plus, se recommandent plutôt par l'absence de défauts que par la réalité de leur mérite. L'impossibilité où ils sont de se livrer à des mouvements allongés et rapides fait toute leur valeur ; ils ne sont bons que négativement : la véritable équitation doit donc les repousser, au lieu de les prôner, comme on le faisait autrefois.

Le cheval de pur sang anglais se prête facilement à toutes les exigences du manége, pourvu que sa conformation ne soit pas spécialement disposée pour la course. Ainsi, parmi les vainqueurs célèbres sur le turf, quelques uns paraissent impropres à toute autre chose qu'à la course, à cause du développement prodigieux de leurs leviers et de l'allongement général de toute la machine.

Tels sont, par exemple, en Angleterre : *Bay-Middleton, Queen-of-Trumps, Lottery,* etc., et chez nous *Oak-Stick, Fortunatus, Quoniam* et beaucoup d'autres fils de *Royal-Oak* ;

d'autres, au contraire, tels que *Whalebone, Glaucus, Plenipotentiary, Paradox, Félix, Pick-Pocket* paraissaient aussi propres à briller dans une reprise de manége que sur un hippodrome ; et les expériences tentées à diverses époques et suivant différentes méthodes ont fait trouver plus de chevaux dressables dans la première catégorie que de sujets rebelles dans la seconde.

Le cheval de pur sang anglais est donc éminemment propre au manége (*fig. 13*),

Fig. 43. — Cheval de pur sang propre au manége.

sauf les exceptions.

Fig. 14. — Cheval de pur sang impropre au manége.

Le cheval de demi-sang l'est moins à cause de sa masse, qui lui rend les mouvements étudiés plus difficiles. J'ai vu, dans ces dernières années, consacrer au manége un certain nombre de chevaux assez beaux et assez bons du reste, mais que leur grand développement rendait peu propres à l'éducation du dedans. On sacrifiait trop au goût actuel, qui tend à faire choisir au cavalier des chevaux plus grands et plus lourds que sa taille ne le comporte.

Peu de cavaliers font aujourd'hui l'acquisition d'un cheval pour le destiner uniquement au manége, et leur nombre diminuera encore de jour en jour.

Il ne peut plus y avoir de chevaux d'école que dans les académies bien montées, s'il y en avait, ou chez les princes pour les revues et parades.

Dans une école, la robe importe peu. Cependant s'il était possible de tenir à cette condition pour un cheval de manége, les robes simples, mais éclatantes, sont les préférables, puisqu'après tout une reprise de haute école est une affaire de cérémonie et d'apparat. On peut même accepter les robes bizarres, pourvu qu'elles offrent une certaine apparence de régularité : ainsi, quatre balzanes pareilles, quelque hautes chaussées qu'elles soient, une belle face, des robes pies ou tigrées, font bien dans une *foule* (1). Quant aux sauteurs, plus ils frappent l'œil, mieux cela vaut.

Le cheval de parade doit être voyant sans jamais être bizarre; ainsi, un prince peut à la rigueur paraître en public sur un cheval isabelle; mais le bai clair, l'alezan doré, surtout le gris, sont bien plus convenables. Toute robe mélangée ou bizarre doit être proscrite pour un pareil usage.

Les soins à donner au cheval de manége sont entièrement différents de ce qui convient pour la plupart des autres destinations. C'est, en effet, de tous les chevaux de service celui dont le régime est le plus contraire aux vues de la nature, excepté peut-être celui que l'on consacre aux travaux intérieurs des mines de houille.

---

(1) Terme de manége qui désigne la réunion de plusieurs cavaliers travaillant à la fois, mais chacun pour son compte.

Le cheval d'école, réduit à ne connaître d'autre séjour que l'écurie ou le manége, doit être sujet à toutes les maladies que comporte une vie sédentaire : le moindre mal qui lui arrive est de devenir trop gras. Cet inconvénient frappe peu chez nous, parce qu'en général les hommes de cheval français ne savent point ce que c'est qu'une bonne condition et ne distinguent pas l'obésité de l'embonpoint qui résulte de la santé et qui comporte la vigueur.

Le travail des écoles et des académies est en général régulier et peu fatigant. Les chevaux ont donc besoin d'une quantité médiocre de nourriture; les individus délicats et sujets à manquer d'appétit sont moins impropres à ce travail qu'à tout autre. Il est donc nécessaire de veiller continuellement à prévenir l'obésité, et cela, plutôt par l'exercice que par l'abstinence.

En Allemagne, où cependant on a l'habitude de tenir les chevaux trop gras, les chevaux de manége sont promenés dehors de temps en temps, dans le double but de leur faire prendre l'air et de leur rendre du décidé dans les allures. Je crois indispensable d'ajouter à ces promenades des galops et des suées comme aux chevaux de courses, à certaines époques de l'année.

On croit généralement le terrain doux et uni du manége favorable aux pieds délicats : c'est une grave erreur. La poussière dessèche la corne, le défaut d'exercice atrophie la fourchette, et tous les accidents qu'on espérait pallier se remontrent avec une nouvelle gravité; l'exercice dehors sur les routes durcies et à travers champs peut seul conserver les pieds des chevaux d'école.

Du reste, la modération habituelle du travail et la régularité des repas et du régime sont très-favorables à la longévité des chevaux ; ils vivent fort longtemps dans les écoles bien tenues ; il est vrai qu'on n'y admet guère que des animaux d'une origine assez bonne, quoiqu'à l'insu la plupart du temps de ceux qui les choisissent.

On ne saurait trop s'étonner de voir une foule d'écuyers de mérite passer leur vie à choisir, à essayer, à acheter, à consommer des chevaux, sans avoir recueilli aucune observation pratique sur la race ou l'origine des chevaux qu'ils ont gouvernés ; ils affectent souvent d'ignorer d'où vient l'animal qu'ils achètent à l'éleveur. Est-ce indifférence, préjugé, ou crainte qu'on n'attribue en partie au mérite du cheval, au détriment de leur habilité, les résultats que son éducation fera un jour valoir ? Toujours est-il que là a été une des causes, en France, de notre peu de succès en matière d'élevage ; il en est de même de toute interruption de rapport entre l'éleveur et le consommateur.

On a toujours préféré dans les manéges les chevaux entiers : c'est un reste du vieil usage qui n'admettait pas les juments au service. La castration était alors moins nécessaire et moins générale. Entier, hongre ou jument, tout est acceptable dans une bonne académie ; ainsi, je n'exige pas, pour chevaux d'écoles, des chevaux entiers, mais je n'approuve pas leur proscription, à laquelle du reste les manéges particuliers sont contraints par des exigences de position et d'intérêt. Il faut des chevaux entiers pour former les jeunes gens. Autrement, l'idée seule de monter un cheval entier trouble et déconcerte un cavalier déjà solide et expérimenté : j'en ai vu de fâcheux exemples.

Choix d'un cheval de guerre.

Les qualités nécessaires à un cheval destiné au service militaire le rapprochent, jusqu'à un certain point, du cheval d'école. Il y a cependant une différence essentielle dans l'ensemble des conditions à exiger, sans parler de ce qui est indispensable pour l'un, et inutile, ou même nuisible, pour l'autre.

Ainsi, comme le cheval de manége, un bon cheval d'escadron doit être sûr, souple, obéissant, capable de se plier immédiatement aux mouvements les plus variés et les plus soudainement exigés; mais son maniement n'est pas le même. Une excessive facilité dans les changements d'équilibre peut devenir, non-seulement une perfection inutile, mais encore un inconvénient dangereux. Sans parler de l'impossibilité de rencontrer chez tous les militaires le tact d'un bon écuyer, cet écuyer lui-même ne peut plus agir, dans une mêlée, les rênes dans une main, le sabre dans l'autre et avec un équipement militaire, comme dans son manége. Il faut donc, comme on disait autrefois, que le cheval puisse *souffrir un coup de main*. Sans nous appesantir davantage sur tous ces détails d'équitation civile et militaire, nous voyons qu'un excès de susceptibilité, et par conséquent de sang, peut faire refuser pour la guerre un bon cheval de manége.

La taille du cavalier est à considérer ici, comme dans

le cas de l'article précédent, mais avec cette différence que l'on doit ici sacrifier encore davantage la solidité à la figure, par conséquent descendre de quelques centimètres. Le cheval de cuirassier ne doit pas avoir généralement plus de 4 pieds 11 pouces, quel que soit l'homme qui est appelé à le monter.

On doit avoir égard, en outre, au poids obligatoire de l'équipement, des armes et autres charges accessoires ; d'où il résulte ordinairement que le cheval de guerre le plus léger a plus à porter que le *hunter* du plus pesant gentilhomme de l'Angleterre.

Ce chargement pourrait-il ou devrait-il être diminué : ceci est une question qui n'est point de mon ressort. Nous considérons le cheval de troupe d'après le service qu'il a à faire, et non d'après les modifications qu'on pourrait introduire dans l'armement de nos troupes, dans le choix des hommes désignés pour la cavalerie, etc. (1).

On distingue quatre espèces de chevaux de guerre :

La cavalerie de réserve. . . . { Carabiniers. / Cuirassiers.

La cavalerie de ligne. . . . . { Dragons. / Lanciers.

La cavalerie légère. . . . . . { Hussards. / Chasseurs.

L'artillerie et le train des équipages.

---

(1) On sait qu'on n'admet pas dans la cavalerie au-dessous d'une certaine taille (1m68). On trouverait cependant parmi les plus petits de bons hommes de cheval qui, pesant moins, auraient l'avantage de ne point charger leurs chevaux et de pouvoir en monter de plus faibles.

8.

Pour ne pas empiéter ici dans le domaine d'une spécialité qui n'est pas la nôtre, nous ne nous arrêterons pas ici à détailler les attributions de l'officier de remonte. Nous dirons seulement que, pour les deux premières espèces de cavalerie, le type voulu est un cheval de selle fort, et pour le train un cheval de carrosse un peu trapu, mais avec une grande facilité pour les allures vives. Cette observation exclut nécessairement de la cavalerie les produits des étalons carrossiers proprement dits, et de l'artillerie les fils des chevaux de gros traits. Du reste, cette question sera traitée dans la troisième partie.

Quant à la cavalerie légère, il est une question qui divise les hommes du métier les plus compétents en apparence. Faut-il des chevaux légers ou des chevaux forts pour les hussards et les chasseurs? Suivant les uns, un cheval de race, petit et de peu de volume, est plus léger, plus maniable, résiste mieux aux fatigues et surtout aux privations; en un mot, il sert mieux, dure plus longtemps et a moins à craindre les causes de destruction d'une campagne, et l'on cite la cavalerie hongroise.

D'autres préfèrent un cheval doublé, écrasé, de moins de sang, comme plus flegmatique, plus calme, plus facile à conduire pour la plupart des cavaliers, plus solide au choc, en un mot ayant des qualités qui le rendent préférable au cheval léger et énergique.

Ce serait aux hommes du métier, qui ont pour eux l'expérience des campagnes, à décider; mais cette décision est importante pour les éleveurs, afin qu'ils puissent se conformer aux intentions du consommateur. Ils n'ont pas à choisir le cheval de troupe, mais ils ont à savoir quel est celui qu'ils doivent présenter à l'officier de remonte.

Cette question nous occupera plus tard.

Une dernière observation, que nous devons également ajourner, est le bas prix auquel doivent, de toute nécessité, être acquis les chevaux de guerre, surtout ceux de troupe; elle est essentielle quant à la spéculation de l'élevage; mais, mentionnée ici, elle nous apprend que le cheval de troupe n'est et ne peut être qu'un cheval de selle inférieur, au-dessous de la moyenne des exigences du commerce et du luxe.

DES DIVERSES SPÉCIALITÉS DE SERVICE

AUXQUELLES PEUT ÊTRE CONSACRÉ LE CHEVAL DE SELLE PROPREMENT DIT.

Notre but, en commençant par donner quelques détails sur le choix d'un cheval de manége et de guerre, a été de nous affranchir immédiatement de tout ce qui pourrait entraver notre marche ou nous gêner dans notre manière d'envisager le sujet qui nous occupe.

Voulant donner une idée de tous les services que le cheval peut rendre, et la manière la plus convenable de l'y consacrer, nous ne pouvions, sous peine d'être incomplet, omettre le manége et la guerre ; mais entrer dans tous les détails nécessaires à ce sujet, c'eût été nous engager dans de longues digressions ou dans des obstacles insurmontables.

En effet, les académies n'existant plus et ne pouvant plus être recréées sur le même pied qu'autrefois à cause des changements survenus dans les goûts et les exigences, il faudrait tout refaire à nouveau. Pour les principes qui devraient présider à l'établissement de cette grande et utile institution, dire l'esprit dans lequel on devrait créer et diriger est une tâche devant laquelle nous ne reculerions pas, si le temps était venu, mais qui sortirait quant à présent de notre cadre.

Quant au cheval de guerre, il est difficile d'en parler

complétement sans attaquer diverses questions d'hygiène, d'équitation, d'art militaire, d'hippiatrique, de commerce et de finance. Des intérêts de personnes, de corporations, de polémique se trouvant mêlés à tout ce qui pourrait appeler notre attention comme science et théorie purement spéculative, je pense qu'on me saura gré de la réserve avec laquelle je m'abstiens de toute observation sur ce qui n'est pas de mon ressort. Je veux encore me rendre justice en déclinant ma compétence sur toute question dans laquelle je ne me reconnais pas de connaissances spéciales. La question chevaline est tellement différente dans ce qui regarde purement l'art militaire et dans ce qui touche au grand art de la production en général, que nul ne doit prétendre à une égale aptitude à ces deux branches si distinctes.

Parmi les hommes qui montent à cheval assez fréquemment pour s'en être fait une habitude, le temps qu'ils ont consacré à cet exercice, leurs divers degrés d'aptitude ou d'application, doivent nécessairement former diverses sortes de cavaliers, qu'il est utile de distinguer.

Ainsi, nous avons l'écuyer de manége, le chasseur, le coureur de courses plates, le coureur de *steeple-chase,* le cavalier militaire, etc.

Il est impossible de donner d'une manière absolue la prédominance de telle ou telle spécialité sur telle ou telle autre, encore moins de créer une hiérarchie équestre.

Celui qui réussit également bien dans plusieurs genres différents est évidemment supérieur à celui qui n'excelle que dans un seul.

Mais comme il ne s'agit pas ici de résoudre des questions d'amour-propre et de classer les individus existants ou à venir suivant leur plus ou moins de mérite particulier, je crois devoir prendre la question de plus haut.

L'équitation n'est pas une science positive, car il n'y a de science positive et exacte que les mathématiques. C'est une science conjecturale si on veut, comme la médecine, c'est un art si on veut encore, je ne tiens pas au terme; toujours est-il que, s'il y a des principes à poser, des règles à établir, l'intelligence de ces principes et de ces règles ne peut s'obtenir qu'au moyen d'une pratique, disons-mieux, d'une habitude dans laquelle l'instinct entre pour au moins autant que le raisonnement.

Je ne veux pas dire pour cela que la réflexion et même une grande rectitude d'esprit ne soient fort utiles dans l'étude de l'équitation; mais je soutiens que ce n'est qu'à cheval et les rênes à la main que l'on peut faire quelques progrès réels.

On apprend seul, on apprend avec un maître, et on arrive à un résultat quelconque, en dépit de toutes les opinions répandues dans le monde sur la véritable manière d'apprendre à monter à cheval.

Les uns ne veulent *d'autre maître que la nature;* d'autres demandent à grands cris des écoles régulières, des examens, des brevets de capacités, des grades, etc.; ceux-ci prennent telle méthode; ceux-là vantent tel maître, les vieux principes, la nouvelle science, que sais-je; on reconnaît un tel pour écuyer, cet autre est déclaré casse-cou, etc. *C'est tout au plus un cavalier, ce n'est qu'un homme de cheval* (sic).

Il n'y a que notre école pour arriver, hors ceci point de salut, etc.

Ici, comme en bien d'autres circonstances, l'esprit de parti et de coterie éloigne de la vérité, et on doit se rappeler l'historiette des élèves de David, jouant à la balle sur un vieux panneau de boiserie : « C'est un Vatteau ! c'est un Vatteau ! »

« Mais, leur disait le maître, il n'y en a pas un parmi « vous qui devienne jamais un Vatteau. »

La vérité est que le travail, la réflexion et les bons conseils font arriver tous ceux qui pratiquent; mais, à égalité de zèle, tous n'arrivent pas au même degré.

Il faut une qualité spéciale; c'est celle d'homme de cheval. L'homme de cheval a du goût pour l'étude parce qu'elle lui réussit, et il réussit en raison même de l'attrait qu'elle lui inspire, cette double réaction de cause et de résultat se rencontre si souvent !

Pour tout expliquer en peu de mots, lorsque l'on dit : Un *tel est homme de cheval*, c'est comme lorsqu'on dit : un *tel est musicien;* cela signifie : un tel est bien doué et enclin à profiter de ses bonnes dispositions.

Après cela, qu'est-ce qui caractérise l'homme de cheval? c'est le goût, le tact, le don précieux de distinguer, ce qui est bien, ce qui est juste, harmonieux, et là s'arrête la possibilité de définir.

Il y a des hommes dont l'aspect fait frémir quand il sont à cheval; ils donnent des à-coups, font tout mal à-propos, désespèrent leur cheval, et croient bien faire ; c'est, en musique, l'homme qui joue faux sans s'en apercevoir, espèce terrible !

Ils ne tombent pas, et l'on est tenté de s'en plaindre.

Il y a des hommes savants qui rendent tous les chevaux rétifs et ne voient de remède aux défenses qu'ils provoquent que les coups d'éperons, l'emploi du caveçon, les attaques, en un mot, toute la collection des moyens irritants, coërcitifs; ils sont à côté de la vérité, *ils jouent faux.*

Un palefrenier sage, qui, sans principes, *sans école,* monte un poulain en bridon, le porte en avant et le rend sage, sans brusquerie et sans crise, celui-là fait bien, *il joue juste.*

Quelques lecteurs me comprendront, et un bien plus grand nombre croiront me comprendre; reste à savoir s'ils seraient du même avis que moi sur tel ou tel cavalier travaillant devant nous, sur tel ou tel moyen d'exécution.

Qui aurait raison? Peu importe, il me suffit d'établir qu'il existe réellement une *vérité, un bien et un mal faire,* dont on a d'autant plus nettement la conscience que l'on se trouve mieux doué pour l'art qui nous occupe. Après cela, on définit ses pensées, on explique ses théories, on rend compte de ce qu'on fait, plus ou moins clairement, d'une manière plus ou moins profitable à ceux qu'on veut instruire.

―――

Indépendamment du manége et de la guerre, le cheval de selle s'emploie aux voyages ou à la promenade, à la chasse et à la course.

Une distance à parcourir sur une route est le problème donné dans le premier cas. Les principales conditions peu-

— 124 —

vent être la longueur du trajet, la vitesse, l'agrément que l'on recherche dans cet exercice.

Le premier emploi du cheval de route remonte nécessairement à l'époque barbare où l'on voyageait sans hôtel-

Fig. 45

Cheval de route capable de faire route aux trois allures en entremêlant de pas les divers temps de trot et de galop, afin de le reposer.

leries, presque sans routes frayées, et en parcourant de fort longues distances. Walter Scott, le plus exact comme le plus pittoresque des historiens, nous représente, dans *Ivanhoë*, des chevaliers voyageant sur des haquenées ou palefrois pendant que des écuyers ou varlets tiennent en main les destriers, trop fatigants et trop précieux pour être montés en route.

Fig. 16.
Cheval de route capable de faire route au trot seulement et au pas.

Le marchand de bœufs dont C. Vernet nous faisait, il y a déjà bien des années, de si piquantes caricatures, était la dernière et peu élégante image d'une civilisation arriérée et que détruisent chaque jour, les routes, les diligences, les chemins de fer.

Mais dans ce temps-là, un pas sûr, un trot doux, un amble régulier ou un entrepas rapide, faisaient le grand mérite du cheval de voyage. On l'appelait alors palefroy, haquenée, *guilledin* ou *gelding* (1), *hack* ou *roadster*.

---

(1) Autrefois *gelding* en anglais voulait dire cheval d'amble hongre. Au-

De jour en jour, le fermier renonce au bidet pour le tilbury et change son *pas relevé* contre un trotteur.

Fig. 47.

Cheval de route devant voyager au galop seulement et au pas.

« Le cheval de route! dit l'auteur de *The horse,* est plus
« difficile à rencontrer parfait que le hunter lui-même ou le
« cheval de course. Il y a beaucoup de raisons pour cela.
« Le prix du *hackney* ou cheval à toute main est si bas que
« celui qui en a un bon ne s'en défera pas pour si peu,
« et ce n'est que par hasard qu'on peut s'en procurer.
« De plus, il y a tel défaut qu'on peut passer dans le *hunter*

---

jourd'hui, cela signifie simplement cheval hongre, quelles que soient d'ailleurs sa forme et ses qualités.

« et que ne doit pas avoir le cheval de route. Le *hunter* peut
« faire des écarts, être maladroit dans son pas ou même
« dans son trot ; il peut avoir des bleimes ou des échauf-
« fements de fourchette ; mais s'il est susceptible d'un bon
« train, s'il a de l'haleine et du fond, on peut s'en con-
« tenter, même en faire grand cas ; mais le *hackney*, pour
« qu'il mérite d'être acheté, doit avoir deux bonnes jambes
« de devant et deux bonnes jambes de derrière ; il doit être
« sain dans ses pieds, d'un caractère froid, point peureux,
« tranquille dans toutes les positions où il se trouve, léger
« à la main et jamais disposé à dire ses prières, etc. »

Tel était, ou tel devait être l'ancien cheval de route, du temps où chacun n'avait d'autres voies de transport possibles que son cheval, où la rareté des villes, ou au moins des hôtelleries, forçait à de longues traites. On avait vingt lieues à parcourir, il fallait à tout prix arriver, et l'on sacrifiait à sa sûreté ce qu'il y a de plus précieux au monde, le temps. Le bon cheval de pas ou d'amble, bien lent, mais robuste et sûr avec une grosse et forte selle normande, des valises, des fontes, en un mot, tout un attirail de campagne, c'était ce qu'il fallait alors, et pour le cavalier, c'était la pose droite, tranquille et bien assise.

Pluvinel et le postillon d'aujourd'hui sont l'écuyer et le voyageur de la même époque.

Mais, de nos jours, les exigences ne sont plus les mêmes ; excepté pour les troupes, le voyage à cheval est un accident ; les commis voyageurs vont en voiture, souvent même en poste ; et il n'est presque pas de parties de la France, où une distance de vingt lieues ne puisse être habituellement parcourue avec plus de sûreté, plus de vitesse et moins de fatigues que sur un seul et même cheval.

Fig. 48.

Roadster, cheval de route proprement dit. Ses allures sont lentes, mais sûres; il peut aller longtemps au même train.

Il ne s'agit donc plus de passer tout son temps à cheval à une allure tranquille, afin de recommencer chaque jour pendant longtemps, mais bien de se débarrasser le plus promptement possible d'une distance de quelques lieues, dix ou douze, par exemple ; c'est alors que tout doit être disposé, cheval, équipement, équitation pour la plus grande célérité.

Nous pouvons pardonner au cheval de route trop d'ardeur, même ce qu'on appelle du caractère ; puisque nous n'avons plus à le conduire pendant une journée entière. Si le voyage ne se répète pas constamment, il n'a pas besoin non plus de cette perfection d'organes et de santé indispensable dans le cheval de guerre et de voyage ; mais il lui faut de l'haleine ; non pas de la vitesse, mais du train, soit au trot, soit au galop. On le monte à l'anglaise, on l'équipe de même.

Le cheval que nous venons de décrire rapidement n'est donc plus le *roadster ;* c'est ce que les Anglais appellent aujourd'hui le *hack,* ou cheval de promenade ; et en effet, toute distance parcourue en quelques heures sur une route, sans efforts, ni hâte extraordinaire, doit être considérée comme une véritable promenade.

Nous allons commencer ici à expliquer ce que l'on doit véritablement entendre par le mot *type,* qui joue un si grand rôle dans le langage des hommes de cheval, parce qu'il est pittoresque et semble dire beaucoup en peu de lettres.

Certains chevaux, dans leur conformation individuelle, offrent un ensemble net, caractérisé, spécial, que l'on comprend facilement, et qu'on a bientôt pris l'habitude de saisir et de se graver dans la mémoire.

Cette appréciation délicate et sentie des diverses physionomies de conformation est la partie artistique de la science ; c'est le goût, faculté singulière qui échappe à l'analyse, et que les études les plus solides ne développent pas toujours. Tout homme qui a du coup d'œil arrive bientôt à se faire un type à lui, un modèle particulier de perfection. On reconnaît à l'avance les chevaux qui lui plairont, et sur lesquels son choix s'arrêtera de préférence.

Cela suffit pour faire comprendre ce que c'est que le type individuel.

Les diverses races, les diverses spécialités de service, peuvent avoir, par conséquent, aussi leurs types principaux; et la même disposition de l'esprit servira à les faire reconnaître et apprécier.

Là est un écueil dangereux pour ceux qui étudient, parce que l'art ne s'apprend ni ne s'écrit : le goût de chacun se forme par ses propres observations et non par les instructions du maître.

Certes, rien de plus facile que de se tracer un modèle imaginaire de perfection, ou le portrait fidèle d'un beau et bon cheval de chasse, par exemple, et de le donner comme type. Mais alors celui qui étudie cherchera malgré lui l'idéal de la beauté dans la ressemblance avec ce modèle, et non dans l'ensemble des conditions de perfection : car, si l'individu auquel il pense est parfait, il en est d'autres aussi parfaits que lui, et fort différents : ce n'est donc point par l'étude d'une belle individualité, mais par l'étude de l'espèce entière bien observée, que se forme le coup d'œil du connaisseur; et c'est lorsqu'on a acquis de l'expérience qu'on se forme les types, en raison précisément de cette même expérience.

Nous pourrions en dire autant sur ce que quelques-uns veulent appeler les types des espèces.

Présenter isolément un cheval comme le type de l'espèce hanovrienne, par exemple, c'est mettre dans l'erreur tous les hommes novices auxquels on s'adresse. Le souvenir même de cet individu servira à fausser les idées, parce que ce cheval rassemblant en lui tous les caractères de sa race sans exception diffère justement à cause de cela de la plupart de ses compatriotes, qui les offrent en plus ou moins grande quantité, mais généralement pas tous, ni à un degré aussi marqué. Une race ne s'étudie que par la vue du plus grand nombre possible des individus qui la composent.

Appliquons au choix du *roadster* et du *hack* les conclusions que nous a fournies cette digression nécessaire.

On comprendra facilement que, le cheval de route ayant une destination très-spéciale, et pour laquelle une foule de conditions se trouvent impérieusement demandées, tous les individus propres à ce service offrent nécessairement beaucoup de points de ressemblance, et même une certaine uniformité.

Fortement membré, court de reins, près de terre, assez développé d'encolure, doué d'une certaine énergie, et n'ayant toutefois pas assez de sang pour que son caractère s'en ressente, un *roadster* ne différera guère d'un autre *roadster* que par sa taille, qui devra être proportionnée au poids du cavalier ; le volume est presque entièrement en raison de sa taille, à cause des exigences de la conformation spéciale. On peut donc donner jusqu'à un certain point un type de *roadster*.

Le *hack*, au contraire, va varier à l'infini, non-seulement en raison du poids du cavalier, mais à cause des diverses manières de monter, de gouverner, d'apprécier un cheval.

Soit, par exemple, une distance de dix lieues à parcourir en trois heures et demie, tâche raisonnable pour un homme à cheval dans les cas ordinaires de la vie. Dix cavaliers expérimentés entreprendront cette route chacun d'une manière différente, et arriveront dans le même laps de temps, et dans des conditions pareilles quant à la fatigue du cheval.

Le pas, le trot et le galop, dans leurs divers degrés d'extension, peuvent se combiner à l'infini pour arriver à ce résultat d'une distance de dix lieues parcourues en trois heures et demie, et parmi toutes ces méthodes, il en est une qui convient mieux à chaque cheval en particulier. Chaque cavalier préférera donc pour son usage le cheval à qui sa méthode est la plus favorable.

Un bon *hack* sera donc pour l'un un trotteur, ayant plus de vitesse que de fond (*fig.* 16); pour l'autre, un cheval de pur sang, dépourvu de train (*fig.* 17), mais pouvant fournir avec aisance un galop raccourci; pour un troisième, un cheval ayant trois bonnes allures, etc , etc. (*fig.* 15).

Je ne parle pas ici de toutes les différences d'allures, de conformation, de légèreté, qui pourront encore modifier le choix du cavalier. Il est certes possible de tout dire, de tout expliquer, mais il n'est pas possible de tout écrire, et, même dans un livre destiné à l'enseignement d'un métier, il faut craindre de fatiguer l'attention, il faut laisser le lecteur s'instruire par sa propre expérience.

Il nous suffira donc ici d'avoir donné une idée du cheval de selle ordinaire et d'avoir mis sur la voie des moyens à employer pour le conduire.

Le cheval de guerre, le cheval de manége, le cheval de

route et le *hack* ou cheval de promenade, peuvent se monter par les principes de l'équitation ancienne, c'est-à-dire, par cette manière qui ne s'occupe que de solidité, de belle prestance et d'une certaine délicatesse d'exécution, mais qui semble avoir négligé tout à fait l'étude du cheval allant vite, et des moyens de le suivre dans ses mouvements les plus rapides, de les développer, de les régler, de les approprier à nos besoins ou à nos caprices.

Pour mieux démontrer que cette méthode vieille et surannée n'est plus réellement aujourd'hui que la moitié de l'art véritable, il est nécessaire de jeter un coup d'œil sur l'état actuel de notre civilisation européenne.

En France, plus encore en Allemagne, mais surtout en Angleterre, les hommes que leur fortune et leur position mettent à même de faire du cheval un objet de luxe se sont livrés à deux espèces de divertissement fort célèbres aujourd'hui : les chasses et les courses.

Il ne s'agit pas ici de donner un cours à l'usage de ceux qui voudraient s'initier dans les mœurs et usages du *high life*, mais il est indispensable de parler de *Sport*, et, sans nous arrêter à définir ce mot anglais que tout homme de cheval doit comprendre parfaitement, nous allons examiner comment le goût d'un divertissement futile et dispendieux, tant qu'on voudra, peut contribuer à la richesse d'un pays.

LES CHASSES A COURRE.

At puer Ascanius, mediis in vallibus, acri
Gaudet equo, jamque hos cursu, jam præterit illos,
Spumantemque dari pecora inter inertia votis
Optat aprum, aut fulvum descendere monte leonem.

VIRGILE, *Énéide*, liv. IV.

Au milieu de la plaine, le jeune Ascagne, ivre de joie, presse un coursier pétulant, court, vole et devance tour à tour les plus ardents chasseurs. Que ne peut-il, dans son impatience, rencontrer parmi ces troupeaux timides un sanglier furieux ! Que ne voit-il descendre des hauteurs un lion rugissant !

Trad. de M. DE GUERLE.

L'exercice de la chasse doit succéder aux travaux de la guerre, il doit même les précéder ; savoir manier les chevaux et les armes, sont des talents communs au chasseur, au guerrier. L'habitude au mouvement, à la fatigue, l'adresse, la légèreté du corps, si nécessaires pour soutenir et même pour seconder le courage, se prennent à la chasse et se portent à la guerre ; c'est l'école agréable d'un art nécessaire ; c'est encore le seul amusement qui fasse diversion entière aux affaires ; c'est le seul délassement sans mollesse, le seul qui donne un plaisir vif, sans longueur, sans mélange et sans satiété.

BUFFON, *Histoire naturelle du cerf.*

La destruction des animaux nuisibles et la recherche du gibier furent un des premiers besoins de l'homme, et probablement bientôt un plaisir, puis un art, et, sans nous arrêter à tracer un aperçu historique des diverses phases par où est successivement passé cet exercice, arrivons à l'époque de la vénerie.

Il s'agissait moins alors de garantir ses récoltes et ses troupeaux, ou de s'assurer des moyens de subsistance, que de signaler sa science, son adresse; de développer un grand luxe de valets, de chevaux, de chiens, en un mot, de cumuler les jouissances du mouvement, du faste, de la magnificence et souvent même du danger.

La mort de l'animal chassé ne fut, dès lors, qu'un accessoire secondaire; chasser méthodiquement fut le but; poursuivre l'animal, suivre et appuyer les chiens fut le plaisir. Les armes furent prohibées, et on *força* tous les animaux, excepté le loup, à cause de sa vitesse, et le sanglier, à cause de la fureur de ses abois. Tout le monde connaît la colère de Dorante :

. . . . . A-t-on jamais parlé de pistolet, bon Dieu !
Pour courre un cerf.
MOLIÈRE, *les Fâcheux*.

La chasse eut à subir de grandes modifications depuis la naissance de l'art de la vénérie jusqu'à nos jours.

Du temps où l'on poursuivait le sanglier avec l'épieu dans des forêts immenses et non percées, la chasse se menait lentement avec des chiens très-forts, de peu de pied et de beaucoup de gorge, afin qu'on pût les entendre et les suivre facilement; il fallait alors des chevaux dociles et souples pour aborder sans danger l'animal qui faisait tête : peu importait la vitesse ou le fond, ce qui est la même chose, comme nous le démontrerons plus tard (1).

Les défrichements, le percement des forêts, agrandirent bientôt les débuchés; et dans certaines contrées, en Angleterre, par exemple, où la campagne est entièrement

---

(1) Cette idée, que les bonnes gens, amis des vieilles routines, traitent d'absurdité, est déjà à l'état de paradoxe et ne tardera pas à être axiome.

déboisée, la chasse fut réduite à une course à vue, où toute la question est de suivre l'animal à toute bride à la queue des chiens. Adieu l'art de la vénerie ! Mais ce qui devait faire le désespoir des Phœbus et des Fouilloux tourna au profit des cavaliers et de leurs chevaux. Il ne s'agit plus de prendre les grands devants au petit galop lorsqu'on entendait les chiens engagés dans un épais fourré, ou de les appuyer au pas dans de jeunes taillis : il fallut piquer hardiment et droit devant soi, vite et longtemps, quel que fût le terrain, franchissant les obstacles de toute nature. Haleine, force, agilité, vitesse, franchise, furent autant de qualités qui devinrent indispensables au cheval de chasse ; et pour être digne ou capable de le monter, il fallut de la vigueur, du sang-froid et de l'audace, toutes choses dont on pouvait fort bien se passer, comme on sait, pour suivre dans les manéges les leçons érudites de l'équitation ancienne.

La chasse anglaise est donc essentiellement utile pour la prospérité chevaline. C'est le goût passionné de nos voisins pour cet exercice qui leur a assuré en matière hippique cette suprématie que nous leur envions et que malheureusement nous leur envierons toujours.

C'est surtout pour le cheval que la chasse est l'image de la guerre. Le *hunter* est le meilleur cheval de troupe qu'on puisse se figurer, à quelques exceptions près, et sauf quelques observations qu'il serait niais de consigner ici, et que nos lecteurs comprendraient en un jour de chasse et à la vue d'une manœuvre de cavalerie, sans qu'on leur fasse l'injure de leur détailler le pourquoi et le comment.

S'occuper du *hunter* anglais, soit comme cavalier, soit comme producteur, c'est donc s'occuper, jusqu'à un certain point, du cheval de guerre, n'en déplaise à quelques vieux détracteurs de la cavalerie anglaise. Depuis *Boussanelle*, qui nous rapporte que les chevaux pris à Fontenoy, Sanfeld, Corbak, etc., ne purent servir en France, fait qui prouve moins contre les chevaux anglais que contre nos cavaliers, on a soigneusement répété et on répète encore qu'en Espagne la cavalerie anglaise a souvent été battue à cause du défaut de souplesse de ses chevaux ; j'ai ouï dire qu'à Waterloo les chevaux anglais avaient manqué d'haleine au bout de quelques charges. Ces historiettes à moitié fausses, à moitié explicables par d'autres causes, ne sont plus bonnes aujourd'hui qu'à amuser les loisirs de ceux qui les racontent et qui ont fini par les croire. Il est misérable de pousser l'amour-propre national jusqu'à nier l'évidence, surtout lorsqu'on n'a pas besoin de mentir pour vanter sa gloire. La cavalerie anglaise est mieux montée que la nôtre, parce que le cheval de troupe anglais est plus près du *hunter* que le nôtre.

On se tromperait étrangement, si l'on entendait par *hunter* un type particulier, un modèle donné de conformation ; tout cheval est *hunter* lorsqu'il va vite et longtemps et avec sûreté à travers le pays. Nous donnons ici le portrait de plusieurs chevaux de chasse, célèbres et fort différents de tournure, comme on peut le voir (*fig.* 19, 20, 21, 22, 23) :

Fig. 49.

Flora, célèbre jument de chasse de la vieille race anglaise, propriété de lord Darlington. Elle fit un saut extraordinaire, franchissant une haie de quatre pieds avec un fossé derrière de sept aunes trois quarts de large à partir du pied de la haie (près de sept mètres). RICHARD LAWRENCE.

Il en est de pur sang, de demi-sang, de trois quarts de sang, en un mot, de toutes les origines, pourvu qu'ils aient assez d'haleine pour se tenir dans le groupe de ceux qui font bien.

Nous observerons ici en passant que, pour nos chasses de France, le hunter anglais peut n'être pas toujours nécessaire, peut même n'être pas celui qui convient le mieux. Ainsi, dans telle contrée très-boisée, et où le terrain n'est pas praticable, le veneur préfère un cheval froid et tranquille, petit de taille, afin de passer facilement sous bois ; bon trotteur pour suivre habituellement les chiens à cette allure, tout en pouvant fournir un

Fig. 20.

Noble, *hunter* bien connu dans le comté de Kent. Portrait publié en 1810.
Ce cheval doit, suivant toute probabilité, avoir beaucoup de sang arabe.

débuché plus rapide, au galop, mais surtout d'une constitution solide, afin de se bien nourrir et de recommencer souvent la même besogne. Mais toutes ces appréciations sont du domaine spécial de la vénerie, et fort faciles du reste, lorsqu'on est devenu homme de cheval et qu'on veut se livrer au plaisir de la chasse.

Revenons à l'institution sociale des chasses telle qu'elle existe aujourd'hui en Angleterre.

Nous avons dit qu'il n'y avait point de bois, et que, par conséquent, on pouvait presque toujours chasser à vue ; le gibier n'est qu'un accessoire obligé, et souvent on est contraint d'entretenir un cerf qui se chasse pendant

Fig. 24.

Minister, fameux *hunter* (portrait publié en 1798), du comté de Wilts, fils de *Minister*, à M. Vernon, et d'une sœur de la mère d'*Exciseman*. — Modèle remarquable en ce qu'il s'éloigne considérablement du type du pur sang.

une saison entière, ou de nourrir des renards qu'on lâche au moment du lancer ; coutume qui, du reste, ne porte préjudice, ni aux difficultés de la chasse, ni à la gloire des *sporstmen*.

Voici la définition du *hunter* dans un livre de sport anglais, écrit il y a une cinquantaine d'années :

« Un *hunter* est un cheval ou jument de force et de
« qualités supérieures, destiné uniquement au plaisir de la

« chasse. Les prétentions de tout *sportsman* ont fait appeler
« *hunter* bien des chevaux indignes de ce nom. La nature

Fig. 22.

Clinker (publié en 1827), cheval de *steeple-chase* souvent monté par le célèbre
capitaine Ross. Malgré sa force, il paraît être très-près du pur sang.

« des chiens que l'on suit fait varier le *hunter*. Ainsi, un
« demi-sang sans train et sans moyens est un *hunter* avec
« des chiens de lièvres (*harriers*), et n'est plus qu'un bidet
« (*roadster*) derrière un cerf ou un renard. Il y a trente
« ans, un cheval ordinaire s'appelait un *hunter*, aujour-
« d'hui que le train est augmenté, un demi-sang peut
« suivre, mais un cheval de sang peut seul accompagner
« les chiens.

« Ce qu'on appelle aujourd'hui (1804) un *hunter* est

« de trois quarts ou de sept huitièmes de sang ; le *racer* lui-
« même, quand il n'est pas vainqueur, quitte le *turf* pour

Fig. 23.

Cupid, cheval bai de la plus grande beauté et d'une symmétrie rare, réunissant, dit-on, de singuliers avantages, car il était également bon comme *hunter*, *hack* et *charger*.

« le *hunting-stable*. Un cheval de tête destiné à servir
« habituellement, avec des chiens vites, doit être bien né
« du côté du père et du côté de la mère, avoir cinq ans
« au moins, et pas plus de taille que 15 mains 1 pouce
« ou 16 mains (1). Autrement, dans une contrée lourde

---

(1) Une main, ou *hand*, est de 4 pouces anglais ; 16 mains ou 64 pouces anglais font environ cinq pieds français. Nous donnerons, au reste, un tableau comparatif des mesures les plus usitées.

« ou montagneuse, il s'épuiserait lui-même. Il doit être
« fort de construction et de constitution, court dans ses
« jointures, bien appuyé dans ses pâturons, l'œil vif et
« plein d'action. Sa tête est légère, ses naseaux ouverts,
« son encolure longue et serrée, son poitrail ample, sa
« poitrine profonde, son garrot élevé, le dos droit, le
« rein court, les flancs pleins et ronds, la dernière fausse-
« côte bien près de la hanche, la croupe forte, la queue
« bien attachée et portée en ligne droite, les cuisses
« charnues; le grasset très-développé ; beaucoup de dis-
« tance de la hanche aux jarrets ; très-peu du jarret au
« fanon; les pâturons plutôt courts que longs; la corne
« noire et solide; ajoutez à cela du courage, un bon tem-
« pérament et de la souplesse.

« Mais tant de perfections se rencontrent rarement,
« et on est obligé de pardonner beaucoup dans le choix
« d'un *hunter*.

« Après avoir expliqué, continue le même auteur, les
« conditions importantes pour le choix d'un cheval de
« chasse, indiquons les moyens de le conserver, car on
« sait qu'il n'existe pas d'atteinte plus grave au caractère
« d'un *sportsman* de profession que la possession d'un
« bon cheval en mauvaise condition. Après la vitesse et
« le fond, la première qualité d'un hunter est de sau-
« ter, soit de pied ferme, soit en course. Sans cela sa va-
« leur est singulièrement réduite, tandis qu'avec cette
« qualité il n'a plus de prix.

« Une grande erreur est de précipiter un cheval sur
« la barre comme on le fait souvent à Londres. Un jeune

« cheval ainsi mené peut s'alarmer et devenir incapable
« de sauter pour toute sa vie. Il est rare qu'un cheval
« bien né saute mal en courant et qu'il reste derrière
« un obstacle, lorsqu'il voit la meute de l'autre côté ;
« il n'a besoin, pour cela, d'autres leçons que celles de
« l'expérience. Mais, pour le saut de pied ferme, il faut
« accoutumer le cheval à la barre avant de le lancer avec
« les chiens ; cette barre ne doit point avoir moins de
« 3 pieds anglais (1), autrement le cheval apprendrait à
« la toucher ou à l'enjamber, ce qui est une mauvaise
« habitude. On ne doit point lui permettre de prendre
« d'élan, mais bien lui apprendre à s'asseoir et à lever les
« jambes de devant graduellement et ensemble (2).

« Rien de plus ridicule que d'entortiller la barre de
« tiges de genêt épineux dans le but de rendre le saut
« plus net; on n'obtient alors qu'un saut de frayeur et d'a-
« gitation au lieu du saut froid et sûr, digne du véritable
« hunter. Un cheval ne peut bien aborder un saut de
« pied ferme, si on ne le laisse prendre ses mesures et
« calculer la hauteur ou l'espace qu'il lui faut parcourir,
« autrement la pétulance, l'impatience et l'inhumanité
« causent des chutes, des malheurs et des désastres.

« La meilleure manière de garnir une barre est de l'en-
« velopper de paille, que l'on maintient avec une espèce
« de filet à pêcher.

---

(1) Trois pieds anglais valent 2 pieds 9 pouces 9 lignes de France ou environ 0^m,914 de nouvelle mesure.

(2) Les anciens employaient le saut de barre de pied ferme pour former les chevaux à la courbette.

« La puissance et la résistance d'un hunter bien en-
« traîné est incalculable. Les annales du sport parlent
« d'un daim lancé par la meute de Sa Majesté Britanni-
« que, lequel se fit chasser pendant quatre heures vingt
« minutes. Le terrain était semé de cavaliers hors d'état
« de continuer. Un cheval tomba mort sur le terrain
« même, un autre avant de gagner l'écurie, sept pendant
« la semaine suivante. Les hôtelleries étaient pleines de
« chevaux plus ou moins dangereusement malades. »

Pour bien apprécier la valeur de ce tour de force, il faut penser que la chasse des Anglais est une course à vue, sans défauts, ni revue, ni aucune occasion de s'arrêter, ou même de ralentir sa vitesse : c'est donc une marche de quatre heures vingt minutes de presque tout le train d'un cheval à travers un terrain quelconque, et au milieu d'obstacles de toute espèce.

Le livre *The horse*, fort en vogue en Angleterre, et publié en 1832, donne exactement la même description du cheval de chasse; seulement il demande encore plus de vitesse, et il observe que tel cheval a été bon sur le *turf* avec de mauvais pieds, ce qui est impossible à un *hunter*.

Il nous parle de feu le duc de Richemont, vieux et si goutteux, qu'il fallait le porter sur son cheval; il ne pouvait tenir ses rênes qu'en les passant dans ses bras. Ainsi placé, les deux bras croisés sur sa poitrine, il descendait au grand galop la colline de Bowhill, près de Goodwood, aussi rapide qu'un toit, à la queue des chiens, avec toute l'ardeur de la jeunesse.

J'ai vu moi-même, dans le comté de Kildare, le pays de chasse le plus difficile, dit-on, d'Irlande et d'Angleterre, un vieux colonel, amputé du bras gauche, et si haut qu'il lui restait à peine assez de bras pour maintenir une cravache sous son aisselle, courir le terrain à la queue des chiens, avec les plus hardis chasseurs, et dans un rang où les meilleurs cavaliers de France auraient eu beaucoup de peine à se maintenir.

Mais la tradition la plus étonnante dont j'aie entendu parler est celle-ci qui paraît fort authentique dans le comté de Kildare. Un vieux gentilhomme devenu aveugle ne voulut point renoncer à un exercice qui l'avait amusé toute sa vie et où il s'était acquis une réputation flatteuse. Il se fit mettre à cheval et suivit les chiens accompagné d'un domestique qui le guidait et criait à chaque obstacle pour le prévenir : *bank* (ressaut de terrain à pic à sauter de haut en bas ou de bas en haut), *brook* (fossé plein d'eau courante), *wall* (mur), *fence* (barrière), *jump and jump* (sauter et sauter) : double fossé avec le déblai placé entre deux, de manière que le cheval saute de bas en haut, puis de haut en bas, n'ayant souvent pour poser les pieds qu'une largeur de trois ou quatre pieds : cet obstacle est très-fréquent en Irlande. Cet essai réussit, et le *sportsman* aveugle chassa pendant plusieurs saisons. Souvent le domestique, moins bien monté que le maître, tombait et restait dans un fossé. Alors ce dernier continuait, guidé par l'instinct de son cheval, par le bruit des autres chasseurs ou la voix des chiens. A sa mort, son dernier *hunter* fut acheté par un gentilhomme que j'ai connu ; c'était un cheval borgne.

Le goût de la chasse, du *full cry*, est si populaire chez nos voisins, que le passage d'un renard poursuivi par un équipage met en émoi tout le voisinage. Le laboureur dételle un de ses chevaux, saute dessus et suit jusqu'à ce que l'animal soit essoufflé.

Pat (c'est le sobriquet du paysan irlandais en général) aime beaucoup à suivre les chasses ; il monte n'importe quoi, mais il arrive toujours beaucoup mieux qu'on ne pourrait le croire, à en juger par l'extérieur du cheval et du cavalier. Ce dernier a fort peu d'habits, jamais de bas ni de souliers, mais ordinairement un chapeau. Le cheval n'a pour lui que du sang.

D'autres suivent à pied, à âne même, ou se placent aux endroits difficiles pour admirer les bons cavaliers ou huer les maladroits, et la réputation de chacun s'établit ainsi dans toute la contrée. Mais là la voix publique est juste, le cavalier qui est en scène à affaire à un public connaisseur, et non à des badauds ; j'ai vu applaudir tel cavalier qui relevait bravement son cheval abattu et reprenait sa course sans avoir été ébranlé. J'ai vu siffler celui dont le cheval eût bien fait sans la maladresse de son maître.

Les chevaux n'ont pas moins de goût pour la chasse que les hommes. Comme presque tous les chevaux ont été essayés à la queue des chiens et n'ont été consacrés à d'autres services que faute de moyens pour celui-là, leur instinct les porte naturellement à se lancer à la suite des *hunters* qu'ils rencontrent.

Un cheval de chasse auquel on avait mis le feu quelques jours avant s'élança à la voix des chiens hors de sa *box* par le dessus de sa porte qu'on avait laissé ouvert. Cet espace n'avait pas plus de 3 pieds carrés, et était à 4 pieds (anglais) de terre, le cheval avait 16 mains (1) de haut et était de force à porter 15 stones (2), il ne laissa aucune trace de son passage.

Quelle force, quelle adresse, quelle volonté ne fallait-il pas à ce précieux animal !

Soit passion et attrait du plaisir seulement, soit conscience éclairée de l'influence prodigieuse des chasses sur la production chevaline, toutes les mesures sont prises en Angleterre par l'ensemble de la nation pour avoir les plus belles chasses et y faire participer le plus de monde possible.

Indépendamment des équipages entretenus à grands frais par les grands seigneurs, il s'est formé partout où besoin était des *hunting societys*, qui fournissent par souscription à l'entretien des renards ou des cerfs, des chiens, des piqueurs et de leurs chevaux.

Dans beaucoup de régiments de cavalerie et même d'infanterie, les officiers montent un équipage, s'ils se trouvent en garnison dans une *hunting country* (pays propre à la chasse à courre).

Le piqueur s'appelle *Whiper in ;* son costume de rigueur est la botte à revers, la redingote écarlate et la toque de velours noir.

---

(1) Cinq pieds de France.
(2) Un stone vaut 14 livres anglaises, 12 de France : par conséquent 15 stones font 180 livres ou 90 kilogrammes.

Le gentleman a l'habit écarlate et le chapeau, car la tenue est de tradition et de rigueur. On n'est pas assez convaincu chez nous de l'importance du costume et de la tenue. Un homme qui se respecte n'oserait pas en Angleterre paraître derrière des chiens de souscription dans l'accoutrement que ne dédaignent pas chez nous des gens fort honorables aux chasses des princes.

Le *Whiper in* a un fouet de chasse et une espèce de cornet, signe de sa profession et que porte seul avec lui le gentilhomme maître des chiens. Les autres chasseurs portent une cravache ou mieux le fouet de chasse sans monture.

Dans quelques comtés on attache le chapeau avec un ruban noir pour le ramasser sans descendre de cheval; mais ce n'est usité que dans les contrées où il se trouve beaucoup de haies à sauter.

L'équipement du cheval est une selle ordinaire un peu longue pour moins fatiguer le cheval, avec la place d'un fer de rechange sous le panneau; la bride, quelquefois un filet seul, point de martingale, même à anneau, qui gênerait pour sauter; souvent une martingale à poitrail afin d'empêcher la selle de couler en arrière sur des chevaux fortement entraînés, dont le garrot est haut, la poitrine profonde, et le ventre relevé.

Le mode de chasse anglais diffère un peu suivant la nature de telle ou telle contrée.

Ainsi, par exemple, en Irlande, dans le comté de Kildare, il y a peu de murs, peu de haies, presque point de barrières, mais beaucoup de doubles fossés garnis quelquefois de haies, des ressauts de terrain appelés *banks*, et des endroits dangereux tels que des fondrières, des marais, etc. Dans le comté de Roscommon il y a énormément de murs en pierres sèches à sauter. C'est de là que viennent les *hunters* irlandais les plus estimés et en plus grand nombre. C'est un pays d'élevage. On vante beaucoup l'intrépidité des chasseurs de Kilkenny et de Tipperary.

Dans le Nord de l'Angleterre, on rencontre des haies fort difficiles en ce qu'elles s'élèvent à douze ou quinze pieds, le bas seul est résistant et ne peut être enfoncé. Il faut que le cheval s'élève au-dessus de la partie solide et fasse plier le haut; le cavalier écarte les branches avec ses mains. Ces pays sont désignés par les sportsmen sous le nom de *slow country*; les chevaux qui y font le mieux sont ceux qui ont le plus de force, de poids et de sûreté avec moins de sang et de train. Les cavaliers lourds peuvent encore s'y faire une réputation. Ils préfèrent alors les *hunters* de l'ancienne race irlandaise, car il paraît que là aussi on anima la race par l'emploi du pur sang, et en gagnant de la vitesse, on a perdu certaines autres qualités.

Melton Mawbray dans le Leicershire est le rendez-vous des chasseurs au renard les plus fashionnables. Le terrain n'offre guère que des sauts en largeur, tels que brooks et rivières. Aussi peut-on y déployer une excessive vitesse; les chevaux de sang y sont fort prisés, et il est difficile d'y bien chasser avec un poids de plus de 65 kilogrammes.

Les animaux que l'on chasse de préférence, en Angleterre, sont le lièvre, le cerf et surtout le renard.

1° Le *hare hunting* remonte, dit-on, à 2,000 ans avant

notre ère. Cette chasse est usitée partout où le manque de *cover*, ou remises, ne permet de chasser ni le cerf ni le renard; elle mène quelquefois à 5 ou 6 milles (1), en ligne droite dans les pays découverts. Les chiens qu'on y emploie sont inférieurs aux chiens du renard; il y a moins de vitesse, par conséquent, moins de difficultés et moins de plaisir.

2° La chasse au cerf est plus vive que celle du lièvre, moins estimée pourtant que celle du renard. D'ordinaire, le cerf fait partie de l'équipage, et on tâche de le garder pendant toute la saison; comme les *hunters*, il subit un entraînement, et après la chasse, il est saigné et soigné comme il convient.

3° Le *fox hunting* est la chasse par excellence, probablement à cause de la facilité qu'ont les chiens à tenir sa piste. Il y a peu de défauts, par conséquent plus de vitesse et d'entrain.

Les renards sont soignés, entretenus et protégés pour les plaisirs publics; dans certains comtés, ils sont gardés dans des tonneaux et subissent une espèce d'entraînement.

La chasse au lièvre, avec les levriers, n'est plus le même sport; on s'y rend sans prétention, en tenue de promenade, et souvent sur des *hacks*.

L'amateur de chasse, en Angleterre, trouve ordinaire-

---

(1) Le mille anglais est de 1,609 mètres.
Le mille irlandais est de 3,555 mètres, autant que je puis me rappeler.

ment dans toute *hunting country* l'occasion de chasser, au moins trois fois par semaine, jamais le dimanche.

Un bon hunter peut faire deux chasses par semaine, d'ordinaire il n'en fait qu'une. D'autres plus délicats n'en supportent que trois en quinze jours; le prix d'un cheval de chasse est, toutes choses égales, d'ailleurs, en raison du poids qu'il peut porter. Ainsi, tandis qu'un homme de 120 livres passera partout sur un cheval de 50 guinées, et même moins, un cavalier de 100 kilogrammes devra mettre au moins 200 souverains à son *hunter*.

On en a vu de 1,100 louis.

La saison des chasses cesse avec l'hiver. La chasse de Pâques sert de clôture, aux environs de Londres, et elle est destinée surtout aux plaisirs de ceux à qui leur profession n'a pas permis de se livrer l'hiver au divertissement national des Anglais.

Ce peu de mots suffisent, je crois, pour donner une idée des chasses anglaises si indignes du véritable veneur, et d'une importance si capitale aux yeux de ceux qui savent voir de haut la question chevaline.

En effet, nos chasses de France peuvent se faire sur toute espèce de cheval, en quelque condition qu'il soit, ou à peu près.

Un homme qui connaît la chasse et le pays où il se trouve arrivera sans peine à l'*halali* sur un bidet de poste, ou au moins un cheval de selle ordinaire. Le *fox hunting* exige, non-seulement un cheval de choix, mais encore ce cheval préparé plusieurs mois à l'avance. Quelles ressources n'y a-t-il donc pas pour la guerre dans un pays où toute la population sait faire naître et distinguer les chevaux d'une vigueur exceptionnelle, et de plus les mettre en état d'exécuter le maximum de ce qui est en eux ! Je ne saurais m'empêcher de le répéter ici, puisque le point de vue militaire est peut-être le plus important pour nous dans la question chevaline, c'est la chasse à courre qui fait les chevaux de guerre. Tout cheval de troupe n'a pas besoin d'être un hunter. Mais, lorsque l'homme veut obtenir quelque chose de la nature, il lui faut chercher plus pour obtenir moins. En essayant d'élever cent hunters, on en obtiendra dix ; les autres seront de bons chevaux de guerre, sauf certaines qualités particulières ; en voulant produire cent chevaux de troupe, vingt peut-être seront bons pour l'escadron, et les autres, à rien.

Pour terminer enfin ce chapitre des chasses, je crois devoir transcrire ici quelques lignes d'un de nos meilleurs romanciers. Jamais peut-être on n'a mieux dit, avec plus de grâce et de précision en même temps, ce que la chasse anglaise et la chasse française offrent de plaisirs, de difficultés et de différences :

« Une discussion assez vive, qui paraissait réunir tous
« les éléments nécessaires pour se terminer en dispute,
« avait lieu entre les deux personnages que nous allons
« dépeindre.

« Le premier était un homme d'environ soixante ans,
« de taille moyenne, maigre, nerveux et encore plein de
« vigueur. Il portait un long et vieil habit vert, galonné,
« serré sur ses hanches par le ceinturon d'un non moins
« vieux couteau de chasse, à poignée d'ébène et d'ar-

« gent, très-large et un peu recourbé, au lieu d'être droit
« et effilé, comme cela se porte de nos jours.

« En ajoutant des culottes de velours d'un vert jaunâtre
« de vétusté, des hautes bottes à chaudron et à éperons
« noirs, une veste écarlate, galonnée d'argent, à moitié
« cachée par son habit boutonné, un col blanc plissé, de
« la poudre, une petite queue mince, et un chapeau
« bordé à trois cornes, très-plat et très-évasé, vous
« aurez le signalement complet de M. La Vitesse, pre-
« mier piqueur de la vénerie de M. le comte de Vaudrey.

« Nous oublions une figure décharnée, hâlée, tannée,
« ridée, illuminée par deux yeux noirs, pleins de feu, et
« à moitié cachés par des sourcils grisonnants.

« M. La Vitesse, assis sur un banc, avait à côté de lui
« non une moderne demi-trompe, mais une de ces an-
« ciennes grandes trompes à la Dampierre, entourée d'un
« cordon de serge verte, qui ne laissait voir que le cuivre
« étincelant de son pavillon.

« J'oubliais encore un beau chien courant du Poitou,
« de haute taille, d'un brun fauve, marqué de feux, court
« de reins, large d'épaules, bas jointé, admirablement
« bien coiffé de longues oreilles noires, et couvert de
« cicatrices; lequel chien sommeillait tranquillement
« étendu entre les jambes de son maître.

« Ce chien favori de M. La Vitesse, et qui mérite bien
« d'ailleurs d'être nommé, s'appelait *Ravageot;* il avait
« été premier chien de tête de la meute du comte, mais,
« maintenant qu'il était un peu fatigué par l'âge, on en
« avait fait un excellent limier.

« L'interlocuteur de M. La Vitesse offrait un contraste
« frappant avec le vieux piqueur. C'était, pour ainsi dire,
« le nouveau et l'ancien régime en opposition : l'ancien avec
« ses habitudes, ses règles, ses usages, invariablement fran-
« çais, et le nouveau avec son goût prononcé d'angloma-
« nie ; le nouveau, plus leste, plus fringant, plus joli, mais
« moins noble, moins imposant, moins type que l'ancien.

« Cet interlocuteur était un jeune Anglais, de haute et ro-
« buste taille, blond, coloré, l'air insolent et froid, somme
« toute, assez beau garçon, et parlant bien français.

« Sa mise paraissait extrêmement recherchée ; il portait
« une petite redingote de drap écarlate, à boutons d'ar-
« gent, qui dessinait sa taille vigoureuse ; des culottes de
« daim jaune clair, des bottes à revers bien luisantes, avec
« des éperons d'acier, une cravate blanche soigneusement
« empesée, et une cape de velours noir.

« Il jouait machinalement avec un fouet de chasse, et
« avait, suspendu à son côté par un cordon de soie, un
« tout petit cornet de cuivre.

« Pour que rien ne manquât au contraste, un grand
« jeune chien courant, de pure race anglaise, un vé-
« ritable *fox-hound*, blanc et orangé, un peu levreté,
« haut sur ses jarrets, au fouet long et mince, au nez fin
« et allongé, coiffé haut de petites oreilles, se tenait ac-
« croupi près de son maître, et jetait des regards moitié
« méprisants, moitié craintifs, sur le vieux *Ravageot*, qui,
« de temps à autre, le guignait du coin de l'œil, en fai-
« sant entendre un grognement sourd et menaçant.

« Cet Anglais à redingote rouge était Tom Crimps, qui

« piquait les chiens de renard du vicomte Alfred de Vau-
« drey, fils du comte de Vaudrey : car le vicomte Alfred
« étant trop à la mode pour suivre les vieilles coutumes
« de la vénerie française auxquelles son père était resté
« scrupuleusement fidèle, avait ramené d'Angleterre un
« excellent équipage, composé de quinze chevaux et de
« soixante chiens de pure race.

« Or, ce Tom Crimps, ce *huntsman* qu'Alfred avait fait
« venir à grands frais, passait, dans le Leicestershire,
« pour un des meilleurs élèves du vieux, du célèbre et in-
« trépide Bryan Corcoran, qui acquit une si grande et
« si juste renommée aux chasses de lord Derby. Le sujet
« qui divisait le piqueux et le *huntsman* était, comme
« d'habitude, la prééminence de la chasse anglaise sur
« la chasse française, et *vice versâ*.

« La Vitesse, d'un naturel fort emporté, s'irritait en-
« core du flegme tout britannique de Tom Crimps, qui,
« sûr de l'appui de son maître, s'amusait à exaspérer le
« vieux veneur.

« — Non, ce que vous appelez une chasse n'a pas le
« droit de s'appeler une chasse, Tom, — disait aigrement
« La Vitesse, — et c'est pitié de voir M. le vicomte faire
« nourrir des renards dans des tonneaux pour mettre ses
« chiens après, tandis que la forêt de Vaudrey regorge
« de sangliers, de cerfs et de chevreuils, que c'en est
« comme un brouillard. Non, encore une fois, votre chasse
« n'a pas plus le droit de s'appeler une chasse..... qu'un
« lapin de clapier n'a le droit de venir se vanter d'être un
« lapin de garenne... Entendez-vous !

« — Notre chasse est la seule chasse où l'on puisse ju-
« ger l'adresse du cheval et l'audace du cavalier, — dit
« dédaigneusement Tom, en frappant du bout de son fouet
« sur le revers de ses bottes, — notre chasse est une chasse
« d'hommes jeunes et hardis, tandis que la vôtre convient
« à un vieux bonhomme qui va tranquillement se pro-
« mener derrière un sanglier, quand il a entendu sa
« messe.... et qu'il a reçu la bénédiction de son cha-
« pelain.

« — Ah çà ! Tom....., ne dites pas d'insolence sur mon
« maître, — s'écrie La Vitesse en quittant son siége et
« s'approchant du *huntsman,* suivi de *Ravageot,* qui s'é-
« lança tout aussi menaçant sur le vrai *fox hound,* — si
« mon maître va à la messe, c'est que ça lui plaît, reprit
« La Vitesse ; et il vaut mieux encore aller à la messe
« comme mon maître que de faire comme le vôtre, que
« de gaspiller de l'argent, ni plus ni moins que de la cen-
« dre, sans songer si on a une sœur ; oui, oui, je sais
« ce que je dis..., entendez-vous... Tom ? il vaut mieux
« encore recevoir la bénédiction d'un chapelain que de
« mettre, comme fait votre maître, une meute de soixante
« grands imbéciles de chiens après un misérable renard,
« une canaille de bête puante......, qu'en vérité ce serait
« humiliant pour des chiens qui auraient du cœur de
« faire un pareil métier. Oui, oui, je ne crains pas de le
« dire, vos chiens devraient être humiliés. Mais vos chiens
« n'ont pas de cœur ; vos chiens sont des lâches.

« — Mes chiens n'ont pas de cœur ! mes chiens sont des
« lâches !... dit Tom en rougissant de colère et se con-

« tenant à peine : — *Gaylass*, que voilà, est un lâ-
« che ?.....

« — Oui, monsieur, c'est un lâche ! je le répète, c'est un
« lâche ! un lâche ! un lâche ! Qu'a-t-il donc fait pour prou-
« ver le contraire ?... où a-t-il été blessé ?... où sont ses
« cicatrices ?... Par saint Hubert ! un renard a donc les
« abois bien dangereux, quand il a été mené pendant une
« heure par soixante chiens aussi raides que les vôtres !
« voulez-vous savoir et voir ce que c'est qu'un brave et bon
« chien, le brave d'entre les braves chiens ?... c'est le
« vieux *Ravageot* que voilà, monsieur.

« Et *Ravageot*, entendant son nom, se dressa tout droit
« contre La Vitesse, qui profita du mouvement pour mon-
« trer et énumérer les qualités de ce précieux limier.

« — Tenez, monsieur, voyez-vous cette oreille fendue
« en trois ?... ce sont des coups de boutoir !... cette queue
« coupée, et dont il ne reste que deux nœuds ?... c'est
« encore d'un coup de boutoir !... cette grande entaille à
« la hanche ?... c'est un dix-cors qui la lui a faite ! et cette
« autre à la poitrine... à y fourrer le poing ?... c'est une
« louve qui la lui a faite, monsieur !... c'est une louve qu'il
« a forcée lui seul.., entendez-vous, lui seul ! le noble
« chien ! au bout de treize heures de chasse, la jeune meute
« avait fait défaut et pris change sur des louvards ; mais
« lui, mon vieux *Ravageot*, qui menait, a tenu lui seul,
« monsieur ; il a tenu... Aussi, le brave animal a fait
« l'hallali tout seul, et la curée pour lui tout seul : car
« Louis, un de mes valets de chiens, l'a retrouvé, le len-
« demain, près de la louve étranglée et à demi dévorée, et

« lui, si blessé, que de rage ce diable de Louis en a haché
« la louve en morceaux ; et ce qu'il y a d'incroyable, mon-
« sieur, c'est que *Ravageot*, tout en étant un meneur, une
« gueule de feu, est encore le dieu des limiers. Ah ! il faut
« le voir sous bois ! quel chien ! comme c'est sage et pru-
« dent, et spirituel !

« — Oh ! oh ! votre chien a de l'esprit aussi ! dit Tom
« en ricanant avec son accent anglais.

« — Oui, monsieur, plus que vous, car la pauvre bête,
« une fois dans le fourré, serait sur le fort, qu'il ne don-
« nerait pas plus de voix qu'un de vos chiens muets, lui
« qui a pourtant une si belle gorge ! Non, monsieur ; il a
« l'esprit de comprendre qu'il faut se taire, et ça me fend
« le cœur de l'entendre, pour ainsi dire, aboyer en dedans,
« tant il a de gueule et d'ardeur, et tant il souffre de se re-
« tenir. Voilà ce que c'est qu'un brave chien, monsieur,
« car, s'il y a du courage à une meute à mettre aux abois
« un sanglier, un loup ou un cerf, c'est humiliant d'être
« soixante bêtes de chiens pour faire la curée... d'un re-
« nard ! dit La Vitesse, qui prononça *nard* en ouvrant la
« bouche d'une façon démesurée, par manière de sar-
« casme.

« — A la bonne heure ! monsieur La Vitesse, dit Tom
« avec son flegme ; si les chiens sont braves dans votre
« chasse, les hommes et les chevaux le sont dans la nôtre ;
« et quand je vous aurai vu, monsieur La Vitesse, vous et
« cette espèce de gros cheval rouan, que vous appelez *Sil-*
« *vain*, faire une *steeple-chase*, à la mode du Leicestershire,
« quand je vous aurai vu sauter dans une chasse une

« vingtaine de haies de quatre à cinq pieds de haut et au-
« tant de fossés de douze pieds de large ; quand je vous
« aurai vu descendre à fond de train la côte du Ménil, qui
« est si rapide qu'une pierre y roulerait toute seule ; quand
« j'aurai vu votre gros *Silvain* forcer un lièvre en dix-sept
« minutes, sans tenir compte des ravins, des haies, des
« rivières, des fossés ; quand j'aurai vu ce vénérable vieil-
« lard que vous appelez *Ravageot* grimper à un mur de six
« pieds pour aller démolir le terrier d'un renard qui s'était
« terré dans un jardin, comme a fait l'autre jour *Gaylass*,
« que voici ; quand j'aurai vu tout cela, monsieur La Vi-
« tesse, nous pourrons causer chasse ; mais je vois venir
« Jack avec *Bobadil* et Louis avec *Silvain*. Comparez donc,
« monsieur La Vitesse.

« Il y avait en effet le même contraste entre *Silvain*,
« vigoureux percheron, rouan, entier, bien ramassé, bien
« doublé, sellé à la française, et *Bobadil*, cheval de pur
« sang, qu'entre La Vitesse et Tom Crimps, *Ravageot* et
« *Gaylass*.

« Tom sauta légèrement sur *Bobadil*, et avisant une bar-
« rière de quatre pieds, il la fit franchir à son cheval avec
« autant de grâce que de vigueur, en poussant le cri de
« chasse *holdard !* Puis, se retournant, il dit à La Vitesse :

« — Envoyez donc chercher une bonne corde, une
« poulie et un pieu, pour aider le gros *Silvain* à passer par
« dessus cette barrière, monsieur La Vitesse.

« — Vous n'êtes qu'un fanfaron et qu'un insolent, en-
« tendez-vous, Tom—s'écria le vieillard irrité ;—et quand
« votre ficelle de cheval, après une chasse de quinze heures

« dans les terres molles et dans les bas-fonds de la forêt,
« fera ses douze lieues en quatre heures avec un *ragot* de
« deux cent cinquante sur la croupe, et boira son avoine
« en arrivant, je dirai qu'il est digne de lécher la man-
« geoire de *Silvain*. C'est comme vous, vous pourrez vous
« dire un brave veneur, quand vous aurez attendu et tiré à
« cinq pas, comme je l'ai fait mille fois, un sanglier fu-
« rieux qui faisait sang et courait sur moi ; car, en vérité,
« ça fait autant pitié de vous entendre parler de courage
« que de vous entendre comparer vos chiens muets à ma
« vieille meute, quand elle violonne après un dix-cors, ou
« comparer votre cornet-à-bouquin à nos grandes trompes
« à la Dampierre, qui retentissent d'un bout à l'autre de
« la forêt et font un si bel effet qu'on dirait que chaque
« écho est un buffet d'orgue !

« — Allons, allons, ne vous fâchez pas, vous avez rai-
« son, monsieur La Vitesse, car, même dans mon pays,
« votre cheval *Silvain* serait encore très-apprécié, dit sé-
« rieusement Tom.

« — C'est bien heureux ! reprit le piqueux.

« — Oui, monsieur, très-apprécié ! parce qu'il servi-
« rait, voyez-vous, à apporter du porter à la taverne.

« Cette impertinence exaspéra La Vitesse, qui, voyant
« Tom hors de son atteinte, d'un coup d'œil montra *Gay-
« lass* à *Ravageot*, lequel *Ravageot* hérissa son poil comme
« un porc-épic et se jeta en grondant sur le *fox-hound*, qui
« s'accula timidement contre le mur.

« — Voulez-vous rappeler votre chien, monsieur La
« Vitesse ? dit Tom en levant son fouet sur *Ravageot*.

« — Ah ça! ne touchez pas mon limier, mauvais renard
« d'Anglais! ou je vous découds comme un chevreuil,
« d'abord! s'écria le vieillard, pâlissant de colère et sai-
« sissant d'une main la bride de *Bobadil*, pendant que de
« l'autre il tirait à moitié son couteau de chasse.

« — Eh bien! eh bien! qu'est-ce que c'est que ça? dit
« une voix impérieuse quoique un peu cassée, qui fit ren-
« trer dans son fourreau le couteau de chasse du piqueux
« et rendit muets les deux rivaux. »

(EUGÈNE SUE, *la Vigie de Koatven*, tome IV.)

DES STEEPLE-CHASES.

La même épuration que les chasses anglaises opèrent sur l'espèce entière des chevaux de selle, les amateurs la font subir à leurs *hunters* au moyen du *steeple-chase*, ou chasse au clocher.

Dans cet exercice, dont le nom est du reste fort pittoresquement donné, le but est de se transporter le plus rapidement d'un point donné à un autre, quelle que soit la nature du terrain qui les sépare.

Le *steeple-chase* s'appelle aussi *hurdle race*, course de claies. Les premières courses se firent en Angleterre à travers pays, avant qu'on eût disposé à grands frais des hippodromes.

Le *steeple-chase* a lieu dans diverses conditions : quelquefois on dispose sur un terrain de course parfaitement entretenu des haies ou claies de mouton : c'est le véritable *hurdle race*. Telle est la course que gagna, à Chantilly, *Fortunatus*, le premier cheval français qui battit des chevaux anglais dans une course à obstacles.

D'autres fois, on désigne un terrain difficile et que des chevaux de choix seuls peuvent parcourir; on profite des obstacles naturels et on en ajoute encore à dessein. Tels sont les *steeple-chases* de Liverpool, où brilla *Lottery*, et ceux d'Avranches, où *Pledge*, cheval normand et monté par un *sportsman* français, battit des chevaux anglais en assez grande réputation.

Le véritable *hunting steeple-chase* est celui par lequel il est d'usage de clore les saisons de chasse en Angleterre : on choisit un terrain que l'on a parcouru pendant l'année précédente, et les meilleurs *hunters* sont appelés à y concourir à la condition qu'ils aient suivi les chiens du comté pendant la saison qui vient de s'écouler.

En Irlande, j'ai vu des *steeple-chases* dont j'offre ici le programme, qui pourra en apprendre plus que bien des commentaires. Les prix étaient donnés par le *hunting club* du comté de Kildare, et la condition imposée au vainqueur, de pouvoir être réclamé pour un prix, avait pour but d'empêcher des rivaux trop redoutables de venir faire concurrence aux chevaux ordinaires des fermiers des environs.

STEEPLE-CHASES DU HUNTING CLUB DE KILDARE.

« Le but du *Kildare'st-Hunt-Club*, en donnant ce prix, étant de favoriser tout amusement en général, et particulièrement celui de la chasse au renard, les juges donnent avis que, s'il leur était suffisamment prouvé qu'une personne se proposant, soit en nommant un cheval, soit en montant elle-même, de concourir aux prix offerts ici, eût commis l'action *unsportsmanlike* (indigne d'un *sportsman*) de troubler un couvert ou faire tort aux renards, cette personne perdrait tout droit de courir pour les prix donnés à l'avenir par le *Kildare's-Hunt-Club*, et le cheval serait disqualifié même en changeant de propriétaire.

KILDARE HUNT CUP ET *SWEEPSTAKE* DE CINQ SOUVERAINS.

« Chevaux appartenant *bonâ fide* à des membres du club un mois au moins avant le jour de la course et montés par des membres du club. Poids : 12 stones; distance 2 miles irlandais ; sur un terrain de chasse désigné par les juges. La coupe est gardée par le vainqueur jusqu'à l'année prochaine et devient la propriété de celui des membres du club qui la gagne trois années consécutives.

« Quarante souverains sont offerts par le club pour les chevaux de tout fermier occupant au moins vingt acres de terre dans le canton du club ; 12 stones ; montés par les propriétaires ou fils de fermiers. Entrée : une livre (*pound*) donnée au second. Tout vainqueur dans un autre *steeple-chase* porte une surcharge de 7 livres. Le vainqueur peut être réclamé pour 70 livres (1,750 fr.) une demi-heure après la course, les coureurs ayant pour cela la préférence dans l'ordre de leur arrivée.

« 3ᵉ *Course*. Chevaux appartenant à tout habitant du canton aux mêmes conditions. Prix : 40 souverains.

« 4ᵉ *Course*. Le *Ponsomby bowl* et *sweepstake* de 3 souverains ; 10 livres ajoutées par sir John Kennedy pour les chevaux appartenant aux paysans du comté de Kildare ; les hongres portant trois livres de moins, les vainqueurs et chevaux de pur sang prenant une surcharge. »

A la première course, où ne figurait aucun cheval de pur sang, tous s'abattirent, et l'un d'eux se cassa l'épaule et fut tué sur-le-champ.

Le vainqueur reçut le prix, quoiqu'ayant passé en dehors des drapeaux qui indiquaient la direction à suivre ; mais il fut établi que c'était sans intention et sans avantage.

La seconde course, où figuraient neuf chevaux dont deux de pur sang, fut gagnée par un *cock-tail*, fils d'un étalon nommé *Y. Blacklock*, estimé en Irlande, et que nous mépriserions ici pour sa conformation.

Les deux autres furent courues par des chevaux fort bien nés, mais presqu'aucun n'était de pur sang ; quelques-uns figurèrent dans plusieurs courses, le même jour, ce qui est contraire aux règlements de plusieurs hippodromes français.

Il devait y avoir encore d'autres courses le même jour, mais elles n'eurent pas lieu faute de temps.

Ces *steeple-chases* eurent lieu à environ dix lieues de Dublin, le 7 mars 1837.

Nous terminerons l'article des *steeple chases* par le récit authentique d'une course fort remarquable qui eut lieu, le 12 mars 1829, dans le comté de Leicester.

GRAND STEEPLE-CHASE DU LEICESTERSHIRE.

(Récit publié par Nimrod, dans le *Sporting-Magazine*.)

« De grands événements résultent souvent d'une petite cause. Ainsi les deux derniers grands *steeples chases* du Leicestershire furent occasionnés par ce qu'on peut appeler presque une bagatelle (1).

« M. Gilmore, de Graigh-Millar Castle, près d'Edimburg, possesseur d'une belle écurie à Melton-Mowbray, ouvrit le bal en donnant au capitaine une avance de cent aunes (2) sur deux milles, dans un terrain très-*fort* près la ville d'Oakham ; s'il touchait le capitaine ou son cheval du fouet ou de la main dans cette distance, il avait droit aux enjeux, qui étaient de 25 guinées seulement pour chacun. M. Gilmore avait le choix dans son écurie, et il se fixa sur un cheval appelé *Plunder*. Le capitaine Ross montait son *Harlequin*; et je crois même que ce furent quelques réflexions sur le train de ce même cheval qui furent l'occasion du pari. Mais n'y ayant pas assisté, je répète seulement ce que j'ai entendu dire. Toujours est-il que le capitaine fut touché, parce que son cheval refusa un obstacle (*fence*) pour sortir de la route ; en conséquence, il ne toucha pas les

---

(1) En anglais *lark*, alouette.
(2) L'aune *yard* a environ 3 pieds, ou 0^m,914.

enjeux, mais comme il y avait, en outre, un pari de 25 guinées pour le *meilleur de la course*, et qu'*Harlequin* arriva le premier au *poteau de victoire*, il n'y eut de perte ni pour l'un ni pour l'autre. Ainsi fut-il pour le premier *steeple-chase*.

« Cela produisit un second pari, dont le résultat a déjà été donné au public, bien que quelques journaux en aient fait un singulier récit, donnant à des lieux dits, à des ruisseaux, etc., des noms à faire dire à Tom Winkfield : *Not known in this hereshire*, inconnu dans ce pays-ci. Voici, je crois, les faits tels qu'ils se passèrent : le capitaine Ross et M. Gilmore dînaient à l'ancien club, à Melton, vers la fin de janvier dernier, lorsque le capitaine offrit de monter sa jument baie *Polecat* à 14 stones pour 4 milles à travers pays, *montant lui-même*, contre tout cheval du monde et avec tout le monde pour jockey. M. Gilmore répondit que dans quatorze jours il produirait un homme et un cheval pour tenir ce défi ; et *Plunder*, monté par M. Field Nicholson, fut nommé contre *Polecat* et le capitaine, pour 20 guinées de chaque côté. Deux personnages importants de Melton, MM. Masse et Withe, furent envoyés pour fixer le terrain à parcourir, qui ne devait être connu des jockeys que le matin de la course : afin qu'ils eussent une bonne occasion de déployer leur talent pour courir (*jockeyship*), on fit choix d'une ligne fort sévère, dans laquelle il fallait sauter les ruisseaux de Burton et de Whissentine. Il est inutile aujourd'hui de dire que *Plunder*, admirablement monté par M. Field Nicholson (1), fut vainqueur ; le

---

(1) M. Field Nicholson est fils d'un gentleman former du pays de lord

capitaine Ross imputa sa défaite non-seulement à la faute qu'il fit de se jeter trop à gauche à environ un demi-mille du but qu'il n'avait alors plus en vue, mais encore à un champ labouré et borné par un obstacle fort difficile. Ces circonstances réunies lui enlevèrent toute chance, quoiqu'il ne perdît que de 60 yards. M. Nicholson attaqua galamment (*gallantly charged*) les ruisseaux qu'il rencontra dans sa ligne, et sa manière de monter à cheval fut très-applaudie.

« Le lendemain de ce match, à un grand dîner chez M. White à Melton, il se forma un *sweepstakes* (poule) de dix souverains chaque pour *hunters* à 13 *stones* dans le Leicershire; sir Francis Mackensie de Ross-shire ajouta cinquante souverains. Huit noms furent immédiatement écrits, et le terrain dut être choisi par M. Green de Rolleston.

« M. Green est un célèbre *performer* (homme qui exécute des hauts faits) et excellent sportsman, propriétaire d'une belle maison à Rolleston ; il nous y donna une élégante collation froide le matin de cette course.

« Le stake devait être fermé le 7 mars et s'ouvrait pour toute l'Angleterre.

« Le jeudi 12, se présentèrent au poteau, et à cinq heures et demie du soir (1) je fus député pour donner le départ,

---

Yarborough, dans le Lincolashire; il s'est depuis longtemps distingué comme excellent cavalier dans les chasses à courre ; il est aujourd'hui gradué au collége vétérinaire de Londres.   Nimrod.

(1) La course eut lieu aussi tard à cause d'un divertissement du matin, une fort jolie chasse avec les chiens de lord Southampton.
     Nimrod.

après avoir fait connaître les règles (1) à observer par les cavaliers sous peine d'être distancés :

« 1° *Clinker* (2), célèbre cheval au capitaine Ross, monté par M. Heycock, gentleman former de la contrée où chasse lord Lonsdal, cavalier élégant et très-décidé à travers pays (mot à mot droit en avant *Straight-forward*) ;

« 2° *Polecat*, jument baie au capitaine Ross, montée par lui-même ;

« 3° *King of the Valley*, cheval gris à M. Maxse, monté par le très-célèbre Dick Christian ;

« 4° *Lazy Bet*, jument baie à M. Patrick, gentleman former du Worcestershire, cavalier remarquable avec les chiens du Worcestershire et du Warwickshire, montée par Bill Wright, homme bien connu et depuis longtemps considérable marchand de chevaux et bon cavalier à la queue des chiens ;

« 5° *Bantom*, cheval hongre bai à M. Barkley, monté par M. Beecher, bien connu dans la capitale, à Grafton et dans l'Oxfordshire ;

« 6° *Magic*, cheval hongre bai, à sir Harry Goodriche, monté par M. Field Nicholson ;

« 7° *Spartacus*, cheval hongre rouan à sir Francis Mackensie, monté par M. Guilford, *yeoman* (garde nationale) à Somerby, à quelques milles de Melton ;

---

(1) Quiconque ouvre une grille, marche plus de cent aunes sur une route, ou convaincu dans les trois jours qui suivent la course, d'avoir directement ou indirectement fait briser ou abattre un obstacle est déclaré distancé. Quiconque croise ou heurte un autre à un obstacle, passe par dessus un cavalier par terre, distancé. Aucun domestique n'est admis à courir dans ce *stake*. NIMROD.

(2) Le même dont le portrait se retrouve ici planche 21, page 141.

« 8° *Jerry*, cheval hongre gris à M. Tollemache, devait aussi courir et être monté par le célèbre M. Tromlin (1), mais il en fut empêché par un coup à la jambe. Ce cheval appartint plus tard à M. Thomas Ashton Smith, et on en a parlé favorablement. Les paris étaient de 5 à 2 contre *Clinker*, de 6 à 1 contre *Lazy Bet*, de plus fortes proportions contre les autres.

« Le terrain désigné par M. Green était de Nowley Wood à Billesden Coplow, formant aussi exactement que possible la distance de 4 milles ; dans cet espace, il se trouvait beaucoup de clôtures à bœufs et deux ruisseaux escarpés. Les cavaliers reçurent la permission d'explorer la ligne de terrain avant de partir, pourvu qu'ils ne sautassent aucun obstacle, et je crois que tous, à l'exception de M. Wright, profitèrent de cet avantage.

« Au mot : partez (en anglais *off*), les sept chevaux se portèrent noblement en avant ; le capitaine Ross sur sa jument, jouant un jeu désespéré et chargeant les obstacles à fond de train. Il paraît qu'il ne comptait pas gagner avec sa jument, mais qu'il espérait faire une forte course pour les autres chevaux en les menant à tout leur train, et par là assurer la victoire à *Clinker*, dont la vitesse à travers pays était suffisamment éprouvée. Cette manœuvre eut l'effet désiré ; car avant qu'ils eussent été à un mille, *Bantom* et son cavalier, M. Beecher, firent un terrible saut périlleux en

---

(1) Riche nourrisseur du Leicestershire, homme de cheval du premier mérite, n'ayant jamais moins de six ou huit chevaux de chasse dans son écurie.   NIMROD.

franchissant à toute volée des barrières avec un large fossé après, obstacle que le capitaine avait bien passé avant lui.

« Un demi-mille plus loin, *Spartacus*, le cheval à sir Francis Mackensie tomba à son tour, et son cavalier, M. Guilford, fut fortement blessé au dos, le cheval ayant roulé sur lui.

« Toute chance fut alors perdue pour ces deux concurrents.

« Juste au même instant, c'est-à-dire environ après un un mille et demi de course, tout espoir fut perdu aussi pour le capitaine Ross et sa jument, son étrier s'étant engagé dans un *bull finch* (1), en sorte que la course se réduisait à *Clinker*, *Magic*, la jument de M. Patrick, et le cheval gris de M. Maxse qui tous, quoique trois fussent tombés et celui de M. Maxse deux fois, continuèrent leur lutte à un train effrayant jusqu'à la fin. Là était M. Maher désigné comme juge, et les chevaux furent placés ainsi :

Magic, à sir Harry Goodriche. 1
King of the Valley, à M. Maxse. 2
Lazy Bet, à M. Patrick. 3
Clinker, au capitaine Ross. 4

Les trois autres distancés (*no where* ; mot à mot, *n'étaient pas*).

REMARQUES.

« Je n'irai pas jusqu'à prétendre que les annales de l'é-

---

(1) Pour l'édification de mes lecteurs étrangers, il ne faut pas oublier de dire qu'un bull-finch veut dire une haie-vive fort épaisse, particulière aux riches pâturages de l'Angleterre, et telle que bien des

quitation (*horsemanship*) ne pourraient nous fournir des exemples équivalents à ce que l'on a déployé en ce jour; mais je n'hésite pas à affirmer que comme *steeple-chase*, la *performance* (exploit) en cette occasion n'a jamais été et ne sera peut-être jamais surpassée. En premier lieu, le train depuis le commencement jusqu'à la fin a été effrayant et les obstacles terribles. La force d'un cheval de charrette ne les aurait pas brisés, à plus forte raison un *hunter* de beaucoup de race et épuisé (1), et l'épuisement (*distress*) doit toujours plus ou moins accompagner le train de *tip-top* (2) au bout d'un certain temps.

« Ajoutez à cela que le ruisseau de Billesden-Coplow ne devait être franchi (*cleared*, décidé, tranché comme une difficulté) qu'à la fin. Malheureusement, on ne se servit pas de chronomètre; ainsi on ne peut rien dire de positif sur le temps; mais on s'accorde unanimement à dire que le terrain a été parcouru tout à fait hors train (*ultrà pace*).

---

gens croiraient qu'un oiseau seul peut voler par dessus ou la traverser.   NIMROD.

(1) En Angleterre, les obstacles qu'on ne peut sauter, on les traverse ou on les écrase, peu importe, pourvu que l'on passe de l'autre côté. On a calculé, dans cette terre classique de l'homme de cheval, le bénéfice de la vitesse qui permet de renverser au grand galop sans danger ce qui blesserait un cheval à une petite allure. Cette froide audace est encore bien au-dessus de ce que nous pratiquons en France, et plus encore de nos théories d'équitation, tant la vieille théorie de nos manéges est pédante et timide. La tradition, les maîtres, les autorités, les anciens, voilà ce qui perd ceux qui étudient, et ceux qui n'étudient pas, c'est pis encore !

(2) *Tip-top*, mot à mot, *bout du sommet*, terme du jargon hippique anglais. Un *hunter tip-top* est un cheval véritablement de première qualité. *Tip-top pace* est le train que des chevaux hors ligne seuls peuvent soutenir.

« Maintenant, pour dire un mot ou deux des différents chevaux et de leurs cavaliers, nous commencerons par le vainqueur. *Magic*, on doit y faire bien attention, quoique nommé par M. John Wormwald, était de l'écurie de sir Harry Goodrick ; il avait été acheté à M. Mason, de Stilton, très-grand marchand de chevaux. Il est fils d'*Amadis* et courut d'une assez bonne manière, il y a un an, à Bedfort dans une *stake* (1), de demi-sang. Il avait été malade peu de temps avant la course, ce qui a dû lui nuire ; cependant il y avait quelque chose en lui qui lui donnait l'air d'aller le *train à travers le pays*, et je dis à sir Harry que la lutte serait, à part les accidents, entre lui et *Clinker*.

« *Magic* était monté par M. Field Nicholson dans sa manière froide, mais déterminée, et la direction qu'il prit, en abandonnant les autres, lui donna l'avantage en lui évitant deux bas-fonds difficiles. Il ne fit qu'une chute à une place désespérée, où, indépendamment d'une haie très-forte, il se trouvait un abreuvoir à vaches, mais que M. Heycok, sur *Clinker*, venait de bien passer avant lui. *Magic* cependant s'acquitta (*cleared*) des deux ruisseaux en galant style, et je suis heureux de pouvoir dire l'agréable fin de cette grande prouesse. Sir Harry fit présent de l'argent gagné (130 souverains) à son jockey bien méritant.

« Le cheval gris de M. Maxse, le *Roi de la vallée*, acheté à M. Tilbury, fut le sujet de bien des conversations avant et après la course, et quand j'aurai décrit sa forme et ses

---

(1) *Stake*, poule, engagement où plusieurs chevaux font chacun leur mise, le total devant revenir au vainqueur.

qualifications, pour une entreprise comme celle-ci, on ne trouvera pas étrange que l'opinion générale fût qu'il n'avait pas une chance de vaincre. C'est un cheval de pur sang (1) d'environ 16 mains 2 pouces avec plus d'os que n'en ont bien des chevaux de trait. Tout cela peut-être était en sa faveur ; mais quand je dirai qu'il était regardé ce jour-là comme un cheval non-seulement neuf et non dressé, mais encore qui offrait beaucoup de difficultés pour être mené un train quelconque à travers pays, on trouvera que l'avoir amené si près du vainqueur, malgré deux chutes, est un véritable chef-d'œuvre d'équitation de la part de Dick Christian ; tel en vérité que même ceux qui ont été longtemps témoins de son habileté n'auraient pas osé l'attendre de lui. A une période de la course, avant sa première chute, il fut déclaré vainqueur certain ; et juste avant sa seconde chute, qu'on ne peut attribuer qu'au malheur, en arrivant à l'autre bord du ruisseau de Billesden, dans un angle qui avait huit aunes de large, il était en tête, et il aurait gagné sans cet accident. L'espace qu'il franchit fut mesuré après la course, et il fut prouvé qu'il avait dix aunes et un pied ; mais le terrain sur lequel il arrivait était sans consistance et le cheval s'abattit.

« Beaucoup de mes lecteurs anglais savent quel grand artiste c'est que Dick Christian ; mais il ne faut pas oublier de dire qu'il demeure à Melton-Mowbray, et qu'outre qu'il

---

(1) Fils de *Usquebaugh*, sa mère par *Devi-Sing*, sortant de la mère de *Lys de la vallée*, et élevé chez le célèbre M. Izaac Sadler d'Oxford.
NIMROD.

a quelques chevaux à lui, il est toujours prêt à monter ceux
de n'importe qui, à 15 shillings par leçon, à la queue des
chiens. Si bon dans son nerf, si beau dans sa main, que,
en trois ou quatre leçons, il rend parfaits hunters huit
jeunes chevaux sur dix. Comme je lui demandais, l'autre
jour, s'il n'avait jamais fait de mauvaises chutes dans ces
occasions, il me répondit littéralement : « Rien de particulier, monsieur; il est vrai qu'une fois je me suis cassé la
jambe. »

« *Lazy Bet*, à M. Patrick, est une vieille connaissance
pour moi, l'ayant vue aller brillamment pendant trois saisons dans les meilleurs cantons du Warwickshire. M. Patrick se trouvant indisposé, ne put la monter, mais Bill
Wright, assez connu d'ailleurs, arriva en bonne condition (1) au poteau et monta remarquablement bien. La
jument tomba à la dernière barrière, ou du moins bien
près, car elle n'avait pas fait de fautes jusque-là. J'avoue
que je fus surpris de la voir aller si bien, vu qu'elle portait beaucoup plus que le poids voulu. Comme il arrive

---

(1) Le mot condition a un sens très-étendu. On avait donné à entendre que M. Wright était un peu en gaieté en partant pour cette course ; mais, sur ma demande à ce sujet à M. Patrick, il me fut répondu qu'il n'en était rien. « Il est arrivé au poteau juste à son point, dit M. Patrick. »—« Mais, repris-je, quel est cet heureux milieu ? »—« Voici : Il boit trois quarts de bouteille de Porto, et après, deux verres d'eau-de-vie et d'eau, et une pipe. » Cela peut s'appeler un *jumping powder* (sorte de plaisanterie intraduisible), mais je dois rendre à M. Wright cette justice que c'était l'opinion générale qu'il fit son affaire en conscience, et dédaigna de reconnaître le terrain. « Diable de terrain, dit-il en regardant un autre verre d'eau-de-vie et d'eau, il ne me fera pas tant de bien que cela. »   NIMROD.

toujours dans le Leicestershire quand un cheval fait bien, un amateur se rencontra pour elle, lord Plymouth, qui la paya 250 guinées après la course ; mais sa seigneurie la céda à M. Bulkeley Williams pour le même prix ; ce dernier la montait samedi à la chasse et en était fort satisfait.

« J'ai déjà parlé de M. Heycok, qui monta *Clinker*. Il fait partie du respectable corps de la Yeomanry du Leicershire ; il occupe 600 acres de beaux pâturages près de la ville d'Owston ; il a une propriété considérable, et il est aussi *gallant young man* sur le terrain de chasse qu'ait jamais produit le Leicershire. En un mot, j'ai lieu de croire à ce qu'on dit de sa position dans les chasses de lord Lonsdale. Nul ne peut battre Tom Heycock aussi longtemps que son cheval peut marcher. En vérité, j'en ai assez vu pour le déclarer incapable d'être arrêté par des obstacles, et son seul défaut est un de ceux que le temps peut corriger, d'être peut-être trop vite pour son cheval.

« Il est inutile de mettre en avant les *si* et les *ensuite*, quand l'événement a eu lieu, mais j'ai lieu de croire que M. Heycock, sur *Clinker*, n'eût pas perdu la course, s'il n'était tombé à l'avant-dernier obstacle ; et cette seule erreur est très-malheureuse pour sa réputation, d'autant qu'il s'était tiré des deux ruisseaux et des grands obstacles d'une manière très-supérieure. Sa bride, en se défaisant dans l'effort, fut un nouveau désastre, car on ne sait si, malgré ce qui est arrivé, il n'aurait pas pu remettre son cheval au premier rang, en remontant sur-le-champ, et il ne lui restait que bien peu d'espace à parcourir. On doit remarquer que tous les chevaux, excepté *Polecat*, tombèrent, et l'un d'eux deux fois. *Polecat* est un admirable sauteur de barrière, et avec 14 stones elle eût été près du but; mais on ne devait pas compter sur elle pour gagner cette rude course même avec une stone de moins, et c'était, je crois, l'opinion de son propriétaire.

« Je m'en vais en finir sur ce *steeple-chase*. S'il arrivait qu'on en fît un autre, il faut espérer que les cavaliers porteront des caps et des jaquettes, car la plus grande confusion arrive toujours quand on court en habit et qu'on ne peut être distingué du reste des assistants. La foule assemblée au poteau d'arrivée était celle que l'on vit à la célèbre course qui eut lieu au même endroit entre *Clinker* et *Radical*. *Radical* est maintenant dans l'écurie de M. White, qui en fait grand cas.

« Comme *Spartacus* et *Bantom* ont été hors de combat sitôt, en faisant rudement tomber leur cavalier, j'en parlerai peu. Ou le maître de *Bantom*, M. Barkley, s'était fait une fausse idée du pays et du train du Leicestershire, ou *Bantom* devait être meilleur qu'il ne parut. Toutefois, pour rendre justice à son cavalier, on doit dire que, malgré plusieurs chutes, il parcourut à cheval tout le terrain jusqu'au bout, quoiqu'il fût tout à fait impossible de gagner. La raison qu'il donna est qu'il était possible que le poids de ses compétiteurs fût court (insuffisant, et que par conséquent ils fussent distancés). Ajoutez à cela que les règlements pouvaient n'avoir pas été exécutés, et dans ce cas, il réclamait son enjeu. Certes, alors, M. Beecher était un jockey zélé pour l'occasion, c'est-à-dire habile à profiter de tout.

« On doit remarquer ici que j'ai été informé par le témoignage de trois rudes cavaliers habitués des chasses de Pychley, que *Bantom* avait souvent très-bien été dans ce pays et dans d'autres, étant un sauteur de première classe, surtout pour l'eau. On peut aussi juger de son train par la course où il arriva troisième contre huit hunters dans un *sweepstakes* de dix guinées chaque, à Warwick, en 1827. Mais l'âge, qui nous arrête tous, n'est pas sans action sur le cheval. Il faut encore ajouter un mot ou deux ici. Son maître, M. Barkley, avec une réserve de bon goût, a exprimé le regret de n'avoir pas, à cause de sa jeunesse, été placé dans une position moins évidente au départ. Ma réponse a été que, se trouvant le seul gentilhomme alors sur le terrain et qui ne fût pas absolument engagé dans la course, l'introduction de cette personne dans le tableau était un avantage. M. Alken a été très-heureux dans les ressemblances, et je désirerais qu'il y ait eu autant de bonheur pour moi et mon cheval. Ce dernier n'a pas la belle encolure rouée que l'imagination du peintre lui a donnée; et le noir et barbu Nimrod est transformé par le magique pinceau en un garçon à figure de linge blanc-bec. Ce ne sont ni les bottes, ni les culottes, ni les étriers du modèle. A tout prendre cependant, on doit bien des éloges à l'artiste pour le talent qu'il a montré dans un sujet vraiment difficile.

« *Spartacus* est un des hunters favoris de sir Francis Mackensie, et il paraît très-capable d'aller. Du reste, la chute dans laquelle M. Guilford a été blessé l'a rendu très-sûr.   NIMROD. »

Ce récit est, comme on peut le voir, destiné à servir d'explication à huit gravures représentant les diverses phases de ce steeple-chase, par Alken, célèbre peintre de sujets de sport.

Ce n'est pas sans dessein que nous avons transcrit cette longue narration d'un écrivain qui, sous le pseudonyme de Nimrod, se charge de raconter à peu près tous les événements importants des chasses et des courses. Nous avons même tâché de conserver autant que possible la physionomie du style et des formes, aux dépens même de la langue française, afin de donner une idée de l'*argot hippique des Anglais*.

Pour peu qu'on veuille lire avec quelque attention ces pages, on y trouvera une foule d'enseignements utiles et curieux, sur les lois et règlements des steeple-chases, sur l'esprit de ces courses en général, sur les usages et les mœurs des sportsmans, en un mot sur une foule de choses que doit parfaitement connaître l'homme du monde qui veut devenir homme de cheval. Ces exemples valent mieux que la théorie la plus explicite et la plus détaillée ; ils mettent sur la voie, pour envisager les objets sous leur point de vue, et se diriger dans la pratique.

DES COURSES.

Clara fuga ante alios et primus in œquore pulvis.
Juvénal.
Il fuit glorieusement en laissant les autres derrière lui,
et c'est lui qui soulève le premier nuage de poussière.

Les courses, telles qu'elles existent en Angleterre depuis plus d'un siècle et demi, et à l'imitation des Anglais chez quelques-unes des nations de l'Europe, sont un plaisir coûteux pour les personnes riches et pour toute autre une espèce d'agiotage toujours très-hasardeux.

En effet, les dépenses nécessaires à la production et à l'entretien des chevaux de course sont excessivement considérables et hors de toute proportion avec les chances qu'on peut avoir de gagner les quelques prix offerts par le Gouvernement ou certaines sociétés particulières. Les calculs les plus modérés conduisent à ce résultat singulier, qu'en France un prix de mille francs coûte environ mille écus à celui qui le gagne.

Quant aux profits à tirer des paris particuliers, comme ce n'est qu'un jeu et que tout jeu honorable ne peut supposer que des chances égales, il est insensé de fonder l'espoir d'un gain régulier ou même constant sur de semblables opérations.

Ajoutez à cela que la plupart des chevaux consacrés aux courses sont rebutés même avant aucun essai, ou tarés tant par les courses elle-mêmes que par les exercices préparatoires, et vendus à vil prix; que ceux même qui réussissent n'en sont pas pour cela plus propres à tout autre usage ; que souvent même ils contractent des habitudes qui les rendent désagréables ou dangereux ; et l'on comprendra, d'après ce tableau, absolument vrai au fond, la profonde répulsion de certaines personnes sensées pour ce genre de divertissement.

Grand partisan des courses, très-convaincu de leur utilité, j'ai voulu d'abord répondre aux objections les plus ordinaires d'abord des hommes étrangers à toute question chevaline, puis surtout de certains prétendus connaisseurs, qui, pour avoir imparfaitement pratiqué le cheval, osent faire retentir bien haut des opinions frivoles, et se targuent avec fierté d'ignorer justement ce qui les mettrait à même de comprendre la raison.

C'est donc afin de n'avoir pas à répondre à toutes les récriminations des ennemis des courses que j'ai groupé immédiatement tout ce qu'il y avait à dire contre cette institution. Je n'aurai plus à parler de ces phrases curieuses que l'on peut saisir de temps en temps sur nos hippodromes, dans la bouche de certains amateurs à la *mine discrète* qui s'écrient, assez bas pour être entendus : « Ces ficelles de course, cela va bien pendant cinq minutes, mais s'il fallait recommencer. » Ou bien : « Ce ne sont pas des chevaux, cela tient de l'âne et du cerf, mais surtout de l'âne, etc., etc. » Ceux qui ne se contenteraient pas de ce que l'on peut se faire dire en ce genre, avec un peu d'adresse, peuvent lire d'assez curieuses lignes en ce genre dans Thiroux et même dans Huzard et Bourgelat, tant il est vrai que le talent ne préserve pas des inconvénients de l'ignorance ; si ces hommes véritablement remarquables, au lieu de se renfermer dans leurs spécialités de vétérinaire et d'homme de manége, eussent étudié *le turf*, ils auraient parlé tout autrement et n'auraient pas contribué à égarer leurs contemporains.

J'ai dit que les courses étaient un luxe ruineux ou une spéculation aléatoire, cela est vrai ; mais si l'on veut bien réfléchir que tout plaisir ne nuit que par l'abus à ceux qui s'y livrent, pourvu qu'il n'ait en lui-même rien que d'honorable et de moral, on conviendra que les courses peuvent bien n'être qu'une source honnête de dépenses légitimes pour l'opulence et un divertissement agréable pour tous. Il en serait alors du plaisir d'élever des chevaux de course comme du plaisir de bâtir, toujours coûteux, si l'on calcule à quel intérêt on a placé ses fonds, et auquel cependant on s'est laissé aller de tout temps avec un charme irrésistible.

Examinons maintenant quel peut être l'effet des courses sur la production chevaline en général, et voyons si, en présence de résultats positifs, l'intérêt de tous n'est pas appelé à profiter des dépenses faites volontairement par quelques-uns. L'idée d'utiliser au bien-être de la société entière les goûts, les caprices et les passions de chacun, est certainement une idée fort saine en économie politique lorsqu'elle est praticable; c'est, dit-on, la base fondamentale du système de Fourier, homme plus intelligent et plus sage peut-être qu'on ne le croit généralement.

Quel est donc l'effet premier des courses telles qu'elles sont instituées de nos jours ? de nous désigner parmi un certain nombre de chevaux égaux de mérite en apparence, celui qui est capable de parcourir le plus rapidement une certaine distance qui varie de 800 à 6,000 mètres. Certes, ce n'est pas là le service ordinaire auquel un cheval doit généralement être consacré, et si le vainqueur du Derby ou du Saint-Léger ne possédait uniquement que cette spécialité, il ne représenterait pas en utilité réelle les frais immenses que sa production a occasionnés. Mais l'expérience plus que séculaire des Anglais et toutes les observations dont on peut être journellement l'auteur et le témoin démontrent que la course gagnée est un résultat général, une preuve, un jugement tout entier rendu sur l'excellence du vainqueur. En effet, le cheval qui a parcouru en 4 minutes 50 secondes un espace de quatre mille mètres, *Félix* (1) par exemple, n'est parvenu à accomplir cette performance que grâce à une organisation exceptionnellement privilégiée. La puissance musculaire, la puissance respiratoire, la solidité de constitution, l'agilité, le nerf, une multitude de qualités dont on peut faire, jusqu'à un certain point, le détail, mais dont le résultat général nous échappe, devaient donc se trouver réunies chez cet individu pour qu'il gagnât la course. Dire que par

---

(1) Nous avons cité *Félix*, uniquement parce qu'il a été le premier *racer* français d'un mérite véritable ; de plus son nom est ancien et est devenu de l'histoire ; il n'y a plus à éveiller de susceptibilités à son sujet. Lorsque nous lui appliquons les épithètes d'excellent, d'exceptionnel, etc., c'est généraliser l'exemple, et en le comparant aux concurrents qu'il battait avec aisance, il ne faudrait pas en conclure que nous lui supposons un mérite transcendant comme *racer*. *Félix* a été le meilleur cheval de son époque ; depuis on a fait mieux, beaucoup mieux, et souvent ; il ne serait cependant pas à mépriser même sur le turf d'aujourd'hui.

le fait même de la victoire, il se révélait comme meilleur étalon que ses rivaux pour créer des chevaux de course, ce serait une naïveté ; mais il y a plus, son excessive vitesse annonçait d'autres qualités que la vitesse, qualités éminemment utiles pour tous les services et qu'il devait transmettre au moins en partie à ses descendants, quels qu'ils fussent.

La puissance nécessaire pour soutenir un effort très-grand pendant quelques minutes suffit aussi à un effort modéré, mais pendant un temps beaucoup plus long. Ainsi, le cheval qui fait une lieue en quatre minutes cinquante secondes ira nécessairement fort longtemps à une allure moins rapide, puisqu'il emploiera à une autre tâche cette même puissance exceptionnelle dont il a donné la preuve. Si, par exemple, on le faisait lutter avec un cheval de demi-sang ordinaire à un galop modéré, six lieues à l'heure par exemple (1), pour s'assurer lequel des deux aura le plus de résistance ; il est incontestable qu'il aurait l'avantage, n'étant, par exemple, qu'à la moitié de son maximum absolu de vitesse, tandis que l'autre serait aux trois quarts de la sienne.

Ceci est si simple, si évident pour tout sportsman qui a

---

(1) Nous mettons la vitesse du cheval de course à 4,000 mèt. en cinq minutes, un peu au-dessous de la vitesse de *Félix*, et celle d'un cheval de demi-sang à 4,000 mèt. en 7 minutes, ce qui fait à l'heure 12 lieues pour l'un et 8 pour l'autre, le train de 6 lieues à l'heure est donc la demie et les trois quarts de ce que peuvent faire l'un et l'autre. Cet exemple mathématique n'est là que pour fixer les idées ; on n'a cherché aucune exactitude quant aux quantités numériques. Toute appréciation eût été illusoire, la nature nous laisse apercevoir sa loi, mais elle nous cache la force exacte de ses machines.

seulement un an d'expérience, qu'il serait niais de l'écrire n'était le grand nombre de personnes qui ont monté à cheval toute leur vie, sans avoir jamais porté leur attention sur cet objet.

De plus, indépendamment de la facilité qu'éprouve toujours un animal à faire ce qui est plus loin de son maximum de force, il est encore une chose à voir, c'est le temps que peut durer ce maximum de force, quel qu'il soit. Il existe dans la course un degré extrême d'effort qui ne dure que quelques secondes, c'est celui au moyen duquel le cheval fait quelques pas d'une vitesse excessive pour ses moyens; c'est ce que le jockey développe dans ce moment décisif qu'on appelle un *rush*. La durée de cet effort est encore un indice de la force de l'animal, toujours en vertu de ce même principe essentiel de la nature animée; c'est qu'une plus grande capacité d'effort comporte une plus longue capacité d'exercice.

On voit donc par là que le cheval qui va le plus vite est aussi celui qui ira le plus longtemps, en d'autres termes, que la vitesse, c'est le fonds, ou que la légèreté, c'est la force, puisque la légèreté, ou la facilité de déplacement, n'est que le rapport de l'énergie musculaire au poids de la masse. Il est vrai qu'un cheval fort vite pourrait bien gagner une course même longue, et devenir incapable le lendemain de recommencer par suite de claudication ou même de maladie de fatigue. Mais ceci ne prouverait rien contre cette suprématie que nous accordons au cheval vite, et par plusieurs raisons : d'abord, il est peu de maladies ou de tares qui ne fassent ressentir leur effet immédiat dans une course telle que quatre mille mètres en cinq minutes, et de plus, tout cheval a besoin, pour être préparé à pareille tâche, d'un entraînement qui ne se supporte qu'au moyen d'une constitution robuste et d'une certaine perfection d'organes.

Nous ne continuerons pas davantage cette dissertation à l'avantage du vainqueur de la course ou du pur-sang, ce qui est la même chose; il nous suffit d'avoir mis sur la voie des raisonnements à faire, et mieux, des expériences à tenter pour se convaincre.

Nous terminerons en disant que le cheval de course étant capable, par cela même qu'il est vainqueur, d'aller vite et longtemps, doit avoir, par conséquent, la chance de produire des poulains capables d'aller vite et longtemps, mérite incontestable, je crois.

Maintenant que l'on cherche dans les juments auxquelles on le donne pour obtenir des métis, les qualités qu'on ne lui trouve pas, ou que l'on cherche parmi les vainqueurs les individus privilégiés qui possèdent en outre de la vitesse, les qualités de souplesse, de grâce et d'agrément, peu importe; quant à présent, nous croyons avoir démontré que l'institution des courses pouvait bien n'être un mal pour personne et être un avantage immense pour tous dans le sens de la production en fournissant le pays d'étalons éprouvés et capables de créer de bons chevaux aptes à tous les services. Quant à l'objection des chevaux sacrifiés pour les courses, c'est un mal nécessaire. Tout système d'épuration ne saurait avoir lieu qu'en mettant les bons au grand jour par l'élimination des faibles, et encore, ce mal peut être atténué en grande partie par une appréciation judicieuse des individus et de la manière de les traiter. Dans la troisième partie de cet ouvrage, nous essaierons d'indiquer à l'éleveur le moyen de conserver dans leur plus grande valeur, et de tirer le meilleur parti des chevaux d'ordre secondaire, qui ne sauraient être utilement employés sur l'hippodrome.

Regardant donc les courses comme une institution utile, nous allons nous en occuper en détail.

La science des courses comprend : 1° la manière de monter le cheval dans sa plus grande vitesse, ce qui est du ressort de l'équitation ; 2° la préparation à la course ou l'entraînement, question spéciale d'hygiène ; 3° enfin, le choix des individus aptes à la course, ou, en d'autres termes, la connaissance du meilleur sang. Cette dernière partie rentre dans l'élevage.

On voit donc que le grand art du turf a dû bien changer depuis son origine, où il se réduisait vraisemblablement à lutter de vitesse sans règle ni préparation. Tout nous apprend, dans l'histoire, qu'il y eut des courses partout, chez les anciens comme dans ces derniers siècles. N'est-il pas étonnant alors que les Anglais, inventeurs du jockeship, soient les seuls qui aient réuni leurs expériences en corps de doctrine ? L'imprimerie, la poudre à canon, ont été découvertes simultanément en Europe et en Chine, dans deux civilisations entièrement différentes, et sans aucune communication entre elles ; et les courses, partout où nous les voyons, ne sont que des copies plus ou moins exactes, des imitations plus ou moins serviles de tout ce qui se passe en Angleterre !

Les Grecs, si habiles dans l'hygiène et dans le grand art, trop négligé aujourd'hui, d'employer et de développer les forces de l'homme, ne nous ont laissé aucun document sur leur manière de préparer les chevaux à la course. Est-il probable cependant qu'ils n'employaient pas dans le but de gagner ces palmes olympiques, dont ils étaient si fiers, toutes les ressources qu'ils possédaient et qu'ils mettaient si bien à profit pour augmenter leur santé et leur vigueur ?

Il y avait un régime particulier pour les athlètes, et je ne sais plus quel philosophe abandonna l'exercice de la lutte parce que le temps à donner au sommeil et à une bonne nourriture, d'après ce régime, l'empêchait de se livrer suffisamment à l'étude. Xenophon, dans un passage du livre intitulé l'*Economique*, nous donne une idée de la manière dont ses compatriotes accordaient leurs affaires avec l'exercice nécessaire à leur santé.

Il est plus que probable que l'on s'occupa d'une manière quelconque de préparer les chevaux pour la course, mais comme il nous reste peu de documents à cet égard, et que ceux qu'on pourrait retrouver ne méritent probablement pas les recherches que nécessiterait leur découverte, nous nous en tiendrons pour l'entraînement aux leçons et aux exemples que peuvent nous fournir les Anglais.

Il en va de même pour l'historique des courses, puisque c'est en Angleterre seulement que cet utile divertissement s'est perfectionné et est devenu un art sérieux.

Il est bon toutefois de relater ici, par curiosité seulement, les quelques renseignements que nous pouvons avoir sur les courses des anciens.

Les Grecs et les Romains préférèrent, à ce qu'il paraît, les courses en char. Toutefois, saint Chrysostôme et Lucien parlent de courses tant à cheval qu'avec des attelages.

Juvénal cite comme des vainqueurs célèbres *Corytas* et *Hirpinus* dans des vers sur la noblesse dont tout le monde connaît l'imitation qu'en a faite Boileau.

Le célèbre commentateur Saumaise nous apprend que, dans les courses du cirque, les vainqueurs n'étaient désignés que par le nom du cheval de gauche du quadrige.

Ainsi lisons-nous dans Martial l'éloge des chevaux *Passerinus* et *Tigris*.

Clysthènes, tyran de Sicyone, inventa, 600 ans avant notre ère, les chars à un seul timon; ils en avaient deux auparavant. Cela veut-il dire qu'avant lui les chars étaient attelés en limonière, ou que pour les quatre chevaux il avait deux timons comme, de nos jours, les chariots anglais ont deux limonières pour les chevaux de derrière?

Dans ces temps reculés, la course en char consistait à faire une ou plusieurs fois le tour de l'hippodrome; c'était plutôt une question d'adresse que de vélocité. La difficulté était de dresser le cheval du dedans et celui du dehors.

Des attelages de courses furent payés à Rome 40,000 fr. de notre monnaie, un seul cheval 80,000 fr., ce qui excita l'ire du poète Martial.

Les noms de beaucoup de vainqueurs de ce temps-là sont venus jusqu'à nous: *Advola, Rapax, Aquila, Sagitta,*

Ægyptus, Romulus, Ajax, Melissus, Gœtulus, Paratus, Hilarus, Memnon, Balistœ, Æther, etc. Quelques-uns, en annonçant une origine africaine, ne semblent-ils pas nous expliquer pourquoi le cheval arabe s'est maintenu si facilement en réputation dans les contrées barbaresques ?

Nous devons à M. Lebas deux inscriptions antiques à la gloire d'Aquilon, noir mal teint, fils d'Aquilon, et d'Hirpinus, noir, petit-fils d'Aquilon ;

Plutarque parle d'une course gagnée par un cheval seul appartenant à Philippe, roi de Macédoine.

Nous lisons dans Pindare quelques vers à la gloire de *Phérénice*, à ce qu'il paraît, bai clair.

La jument *Aura*, aux jeux olympiques, jette son cavalier, arrive la première au but, et reçoit le prix aux grands applaudissements des spectateurs émerveillés ; plus heureuse en cela que *Whiteface*, qui de nos jours ayant fait la même chose à Chantilly, fut distancé (1).

Homère parle d'une espèce de voltige qui consistait à sauter d'un cheval sur l'autre, au grand galop.

---

(1) *Whiteface*, fils de *Pickpoket*, jeta son cavalier au second tournant de l'hippodrome, il resta le dernier à deux longueurs environ jusqu'au second tour; alors il arriva successivement à la seconde place qu'il garda jusqu'à environ 30 mètres du poteau, se tenant la tête à la hanche du premier cheval. Il fit alors un *rush*, passant devant le poteau avec une demie longueur d'avance, et s'arrêta de lui-même avant tous les autres. Ce cheval exécutant de lui-même tout ce que le jockey le plus habile lui eût fait faire, malgré sa réputation de quinteux, difficile et même sujet à se dérober, est une des preuves qui m'ont amené à croire que le cheval en course met d'ordinaire toute la bonne volonté possible à faire ce qu'on exige de lui, et que les vices qu'on lui attribue souvent ne proviennent que de ce qu'il est mal mené, trop faible ou sollicité au delà de ses moyens.

Ulysse et Diomède, saisissant les chevaux de Rhésus dans le camp des Troyens, les montent pour les emmener.

Les écrivains grecs et latins nous fourniraient sans doute bien des détails plus ou moins intéressants à ce sujet, mais pour les exhumer et les comprendre parfaitement, il faudrait que le même homme réunît à la patiente érudition des Saumaise et des Scaliger certaine connaissance du sport, ce qui est rare, comme on sait.

Des Courses en Angleterre.

Les courses ne furent pas dans l'origine des luttes entre des chevaux de race, mais des assauts de vitesse au train-scent (1), à travers champs; quelquefois même on choisissait à dessein les endroits les plus difficiles.

Nos steeple-chases d'aujourd'hui ressembleraient donc à ces courses d'autrefois, mais celles-ci étaient beaucoup plus cruelles; puisqu'on avait, dit-on, la stupide barbarie d'aposter le long de la carrière à parcourir des hommes armés de fouets pour frapper les chevaux exténués et rebutés.

« Les courses étaient-elles alors l'occasion et le théâtre
« de toutes les scènes de jeu effréné, de vol et de fraude
« qui font aujourd'hui partie essentielle de l'amusement

---

(1) *Le Train-scent* est un morceau de charogne ou de poisson que l'on traîne par terre, sur le terrain que l'on veut faire parcourir aux chiens de chasse pour les mettre en haleine. La forte odeur de cette piste les anime et les colle à la voie. On peut par ce procédé se créer, pour ce qui regarde la course à cheval seulement, l'image exacte d'une chasse menée fort vite et exempte de défauts et de tout autre incident.

« du turf ? voilà ce qu'on ignore. » Ce sont les paroles d'un Anglais déplorant des excès que nous n'avons que trop imités ou importés. Car les mauvais plaisants prétendent que l'espèce du blacklegs français est bien plus améliorée que celles de nos racers.

Dans ces temps reculés le prix consistait en une cloche de bois ornée de fleurs. Plus tard, la cloche devint d'argent, et on la donnait au meilleur cavalier le jeudi saint ; de là le proverbe anglais : *courir après la cloche.*

Dans quelques-unes de nos provinces, et même parmi celles où l'on s'occupe le moins de l'éducation des chevaux, on trouve la tradition de pareilles solennités presque avec les mêmes conditions. Quelques-uns de ces prix se donnent même encore à certaines fêtes de village.

Les courses continuèrent à se perfectionner, et enfin, sous Jacques Ier, elles furent réglées définitivement par des lois spéciales. Ce prince doit donc être regardé comme le créateur de ce genre de sport ; il établit, encouragea les courses en Ecosse ; il les importa en Angleterre. Mais ces courses n'étaient encore que de simples paris contre le temps (1), ou des essais de vitesse et de fonds à des distances d'une longueur démesurée.

Charles Ier établit des courses à Hyde-Park et à Newmarket. Cromwell, une fois maître du pouvoir, suivit la même

---

(1) Parier qu'on arrivera avant un autre s'appelle en anglais courir *contre cet autre*. Parier qu'on arrivera en tant de minutes s'appelle courir *contre le temps*. Cette expression laconique et pittoresque doit être admise dans la langue française où elle est nécessaire.

ligne, et M. Place, son écuyer, a laissé un nom historique dans le *Stud-Book* et le *Racing-Calendar*, à cause des étalons orientaux qu'il possédait et dont les produits s'illustrèrent sur le turf.

A l'époque de la Restauration, Newmarket dut son nouveau lustre à la haute protection de Charles II et de sa brillante cour.

N'oublions pas de dire ici que, comme nous l'avons déjà vu, les efforts des éleveurs pour se procurer des étalons orientaux secondèrent toujours les encouragements donnés aux courses par les fondateurs du turf.

Si l'on étudie avec attention le premier volume de *Stud-Book*, on se convaincra que les premières expériences de croisement décelèrent tout d'abord l'immense supériorité du sang arabe ; on chercha par conséquent à se rapprocher autant que possible de la souche orientale, en choisissant de préférence les étalons qui, indépendamment de leur origine, se recommandaient par les victoires de leurs produits. Il y eut par conséquent une époque où tout étalon indigène était par cela même en défaveur. Cette réprobation, justifiée dans le principe, devint une manie générale, et il suffit de lire les écrivains d'alors, Newcastle entre autres, pour voir jusqu'où elle s'étendait.

Peu à peu il y eut une réaction due aux succès des productions de certains étalons indigènes employés par hasard ou par nécessité. La raison de ces succès était fort simple. Trois éléments principaux entrent dans la production du cheval en général :

Perfection d'origine ou pureté de sang ;

Choix de parents appropriés au service auquel on destine le produit ;

Épreuves auxquelles ont été soumis ces mêmes parents pour justifier de leur aptitude au service demandé. Or, chez les chevaux anglais dont nous parlons, issus de pères indigènes, deux conditions leur assuraient l'avantage sur les poulains nés d'arabes purs :

1° Leurs pères avaient couru et gagné ;

2° Leurs pères descendaient eux-mêmes d'un sang déjà travaillé pour la course, et qui, bon ou mauvais, possédait déjà en tout ou en partie ces conditions de conformation et de constitution qui nous ont fait comparer le racer au lévrier.

Quant à l'origine, elle était fort près de la pureté, et dans tous les cas, la dégénération, soit par mélange, soit par l'influence particulière du climat, n'avait pu faire encore de progrès notables.

Rien de plus facile, par conséquent, que d'expliquer la supériorité des *Bay-Bolton*, des *Grey-Windham*, sur les fils de *Curwen's-bay-Barb*, de *Thoulouse-Barb* ou de *Belgrade-Turk*.

Lorsque les Anglais furent donc arrivés à mieux produire au moyen de leurs chevaux indigènes que par des étalons étrangers, il était naturel qu'ils continuassent leur ouvrage avec un juste orgueil ; aussi proclamèrent-ils bientôt leur espèce la première de l'univers.

L'esprit humain est ainsi fait que le même homme est susceptible de ces deux sentiments dont l'un le porte à un mépris exagéré de ce qu'il a au profit de ce qui est inconnu et étranger, et l'autre le rend enthousiaste et partial pour ce qu'il a créé ou ce qu'il possède ; c'est ainsi que nous autres souvent, nous ne voulons pas convenir de la supériorité des chevaux anglais en général, et que cependant nous les achetons par prévention beaucoup plus cher que des chevaux aussi bons et que nous savons nés en France.

Mais, chez nos voisins, un orgueil mieux entendu, et il faut le dire, un esprit plus judicieux les a conduits à un résultat qui concilie parfaitement leur intérêt réel et leur amour-propre.

Voyons, du reste, comment un Anglais a parlé de cette création du pur-sang indigène :

« Après avoir croisé le sang dans tous les sens autant
« que l'imagination y poussait d'un côté, ou que le rai-
« sonnement le justifiait de l'autre, de nombreuses expé-
« riences furent faites et de fortes sommes engagées ; on
« croisa les espèces les plus opposées entre elles, et après
« les essais les plus judicieux pour confirmer la supério-
« rité du sang arabe, il fut prouvé que plus il y avait de
« sang *in and in* de juments ou chevaux étrangers, plus
« on obtenait de train pour un demi-mile ou un mile ;
« mais que ce sang devenait graduellement plus lent à
« mesure qu'on allongeait les distances. Cette découverte
« étant faite au moment où le duc de Cumberland portait
« le turf à son apogée, vers 1760, la réputation du sang
« arabe diminue sans cesse jusqu'à présent, excepté chez
« ceux qui élèvent plutôt dans le but de varier et de re-
« nouveler que pour le train du turf (1).

---

(1) M. Attwood s'occupa toute sa vie d'élever du pur-sang arabe.

« Les courses étaient autrefois plus courtes qu'à pré-
« sent, et les chevaux ou juments n'y paraissaient guère
« avant quatre ans. Les plates de trois ans sont aujour-
« d'hui (1804) communes sur tous les hippodromes des
« trois royaumes, et des paris de deux ans et même d'un
« an se courent constamment à Newmarket, ce qui cause
« la ruine d'une quantité d'excellents chevaux avant l'âge
« où leurs prédécesseurs déployaient autrefois leurs
« moyens. Peu de *match*, de *sweepstakes*, de *plates* sont au-
« jourd'hui courus à moins de quatre miles; et pour ces
« distances, les chevaux ont de cinq à six ans. Elles sont
« considérées comme l'épreuve la plus certaine pour dis-
« tinguer le train du fonds ou pour apprécier le train uni
« au fonds; car beaucoup d'assez bons chevaux (1) ont
« pris la tête et l'ont gardée pendant un mile et même deux,
« qui ont été presque distancés pour quatre : et c'est une
« suite de circonstances de ce genre bien observées et bien
« convaincantes, qui ont mis en discrédit, dans ce pays,
« le sang arabe autrefois si vanté. Le changement n'a-t-il
« pas été causé par l'intérêt particulier au préjudice du
« bien général, voilà ce dont on peut douter; car il est
« universellement reconnu que quelques-uns et même

M. Batson, qui a élevé et fait courir *Plenipotentiary*, m'a montré dans son haras une jument barbe qu'il gardait avec presque tous ses produits, uniquement, disait-il, à cause de sa race. J'ai vu, en Angleterre et en Irlande, plusieurs étalons de sang arabe pur ou mêlé, qui, sans être en grande vogue, n'étaient cependant pas universellement méprisés.

(1) On voit que ces chevaux, dont nous payons fort cher les descendants, ont une origine semblable à Eylau, qui se trouve, lui et ses descendants, exclus des hippodromes de la société dite d'encouragement des races françaises.

« beaucoup des plus vites chevaux que l'Angleterre ait
« produits ont été les descendants immédiats des arabes
« que nous avons cités.

« *Flying-Childers* courut, dit-on, un mile en un minute
« ou plutôt le tiers d'un mile au train d'un mile à la
« minute. On admet aussi qu'il parcourut quatre miles
« en six minutes quarante-huit secondes avec neuf stones
« deux livres, et il est propre fils de *Darley's-Arabian*. Fi-
« retail (1) et *Pumpkin* firent un mile en une minute et
« demie, et leur origine contient double et triple degré
« d'arabe à seulement deux générations. *Bay - Malton*,
« en **1763**, courut, à York, quatre miles en sept minutes
« quarante-trois secondes et demie, et son sang est *in and*
« *in* de *Godolphin-Arabian* et deux barbes en direction
« parallèle, etc. » (*Sporting Dict.*, tom. 2, p. 209.)

Lorsque l'institution des courses fut une fois régularisée, on sentit le besoin de tenir note des événements du turf. Le premier *racing calendar* fut publié par John Cheney; un autre volume parut en 1751, dû à Reginald Heber, et un troisième volume de John Pond, en 1752. La publication fut interrompue alors, et on resta sans documents authentiques jusqu'en 1769, que parut le *racing calendar* de cette année, suivi de celui de 1770. Enfin, en **1773**, M. Weaterby publia un volume où, indépendamment des courses de l'année, il relate des faits postérieurs et qui datent entre autres de 1709. L'ouvrage fut alors régulièrement et sans interruption continué jusqu'à

---

(1) V. la note de la page précédente.

nos jours par M. Weaterby et sa famille. La collection complète est fort rare, du moins en France (1).

Nous allons maintenant donner quelques détails sur les diverses espèces de prix, les distances, les principaux règlements, enfin les notions indispensables pour faire connaître l'ensemble de l'institution telle qu'elle existe en Angleterre.

Il sera nécessaire de citer une grande quantité d'expressions ou de mots anglais, qu'on ne pourrait exactement traduire en français et dont la plupart ont été consacrés dans la langue de nos hippodromes. Il y a plus, lorsque la carrière de sportsman sera officiellement reconnue en France, et l'on n'obtiendra pas avant d'améliorations réelles dans ses espèces de chevaux, l'étude de la langue anglaise sera exigée à notre école des haras comme à l'école de marine ; aussi bien que celle de l'allemand dans nos écoles militaires (2).

Newmarket est considéré en Angleterre comme la terre classique des courses. Écoutez ce qu'en dit, en 1804, le *Sporting Dictionnary* :

« Newmarket est une petite ville située à soixante miles
« de Londres et à dix miles de Cambridge. Elle n'est ab-
« solument remarquable que par les courses que l'on a

---

(1) M. Huzard, qui posséda, comme on sait, la plus belle bibliothèque hippique que nous connaissions, avait ceux de 1774, etc., jusqu'en 1784, un seul excepté (celui de 1777, je crois). Ce sont les seuls que j'aie vus.

(2) L'école des haras n'existe plus.

« établies tout auprès sur des plaines immenses parfaite-
« ment de niveau et qui présentent le terrain le plus fa-
« vorable possible pour les courses et l'entraînement.
« Aussi, nulle part, même en Angleterre, ne voit-on dans
« l'année un plus grand nombre de réunions pour les
« courses (*racing meetings*) qu'à Newmarket. On compte
« le *craven-meeting*, le 1er et le 2e *spring-meeting* (du prin-
« temps), le *july-meeting* (juillet), le 1er et 2e *meeting* d'oc-
« tobre, enfin le *hougthon-meeting*. La durée ordinaire de
« chaque *meeting* est de six jours de suite, une semaine
« entière, le dimanche excepté. Il y a vingt différentes
« *courses*, c'est-à-dire vingt carrières, différant entre elles
« pour la direction, la grandeur, ainsi que le niveau du
« sol, et par conséquent adoptées aux différents âges et
« aux différentes sortes de chevaux (1). Pendant toute la
« journée, on peut voir sur la plaine de Newmarket jus-
« qu'à cent cinquante des meilleurs racers du royaume
« déployant leurs moyens dans toutes les directions (en
« entraînement ou en exercice). Des écuries d'entraîne-
« ment, publiques ou particulières, sont disposées de tous
« côtés dans la plaine.

« Des journaux particuliers et généralement tous les
« papiers publics rendent un compte détaillé de tout ce
« qui s'est passé à chaque *meeting* sous le titre de *sporting-
« intelligences* (2).

---

(1) Il en est de droites, de plus ou moins courbes, en ovale, en fer à cheval, etc.; offrant ou un terrain plat dans toute l'étendue, ou des pentes plus ou moins fortes au commencement, au milieu ou à la fin.

(2) En Angleterre, des hommes d'une profession tout à fait étrangère

« La gloire hippique *(sporting glory)* de Newmarket
« commença, comme nous l'avons dit, sous les auspices
« de Charles II. Le duc de Cumberland, oncle de George III,
« amateur passionné du turf, ajouta encore à la splendeur
« des courses de cette ville par des victoires aussi chères
« que glorieuses, car on parle encore des sacrifices qu'il
« eut à s'imposer pour satisfaire à un goût dominant, et
« rien de plus proverbial en Angleterre que sa facilité, qui
« en avait fait la providence des *sharks, grecks* et *blacklegs*
« de son époque (fripons de diverses sortes). A sa mort,
« arrivée vers la fin du siècle dernier, cette même popu-
« lation d'industriels s'empara de ses dépouilles, c'est-à-
« dire que les chevaux du duc furent achetés de droite et
« de gauche par une multitude de joueurs sans foi, et le
« turf de Newmarket devint un tel repaire que nul honnête
« homme n'en pouvait plus approcher.

« Les gentlemans *of fortune, honor and integrity*, recon-
« nurent alors la nécessité absolue de se séparer d'un *pa-*
« *reil assortiment de mécréants sans principes.* On chercha des

---

au cheval s'y entendent et en parlent avec intelligence et sans prétention. Ainsi un hôtelier vous donnera des renseignements exacts et
précis sur des chevaux de course à vendre à deux lieues de chez lui. Il
indiquera l'âge, l'origine et les performances d'un poulain ; les productions d'une poulinière, etc. Un bottier vous indiquera un cheval de cabriolet bien né par l'étalon ***, et une fille de***, ayant de l'action et de
la force, etc. Nous n'en sommes pas là en France, où un écuyer ne
peut pas vous répéter le nom du père d'un cheval qu'il a acheté la
veille et qu'il veut vous vendre, pas même vous dire si ce père est de
pur-sang, s'il est anglais ou normand ; où les journaux défigurent tous
les termes de course de la manière la plus divertissante ; où l'on trouve à
chaque ligne, dans les papiers hippiques, des fautes à ne pouvoir décou-
vrir ce que l'on a voulu mettre !

« moyens d'exclusion : les règles du jockey-club furent
« revues et perfectionnées de manière à empêcher l'intro-
« duction ou la nomination de tous ceux dont le carac-
« tère (1) était connu pour ne pas s'accorder avec les
« principes de l'institution. Les courses de Newmarket
« languirent encore pendant quelque temps par la mort
« presque simultanée des principaux protecteurs du turf;
« mais enfin, elles se relevèrent, et nous allons donner ici
« les règles et les lois principales auxquelles obéirent tous
« ceux qui portent un caractère de ponctualité et d'inté-
« grité sur le turf. Newmarket sert de règle à tout le
« royaume, quant aux courses. »

Ici, nous cessons de citer textuellement, et nous nous contenterons d'extraire ce qu'il nous sera indispensable de connaître.

Mais auparavant, il sera bon de fixer notre attention sur ces quelques mots où se résume la création du Jockey-Club de Newmarket. On voit que cette institution n'eut pas pour but de faire naître ou d'encourager le goût des courses : ce goût était général et portait même avec lui tous les inconvénients d'une manie populaire. Il ne s'agissait, comme on l'a vu, que de régler, d'épurer, et l'élite de la société se chargea de cette tâche ; paralyser les fri-

---

(1) Mot anglais sans équivalent en français. Le *caractère* d'un homme est l'ensemble des circonstances qui assurent à un homme la considération dont il jouit ou qu'il mérite, telles que sa position de fortune, sa naissance, sa conduite reconnue, ses relations, ses antécédents, ses mœurs, sa probité, sa vie, en un mot tout ce qui influe sur l'*état qu'on fait de lui* et la manière *dont il est compté*.

ponneries des *black-legs*, inspirer la confiance universelle en ramenant la probité dans toutes les relations était véritablement le devoir des honnêtes gens, et ils l'accomplirent en se comptant et en formant un corps à part respectable sous tous les rapports. De plus, les membres de cette réunion étaient tous des hommes compétents au milieu d'une foule entendue. Ils imposaient par la science comme par la considération. Aussi, le jockey-club de Newmarket a-t-il reçu du public l'accueil favorable qui ne manque jamais aux institutions dont le besoin se fait sentir même avant leur existence. Il possède aujourd'hui un caractère officiel, avoué par le public et sanctionné du Gouvernement, et ses décisions font foi.

Il ne saurait en être de même pour toutes les sociétés hippiques formées, soit dans les diverses parties de la France, soit dans les autres contrées de l'Europe à l'occasion des courses.

Dans un pays neuf, où l'étude du cheval, n'est pour la masse de sa population, ni un plaisir, ni une spéculation sérieuse, une réunion d'amateurs ne saurait s'élever à un caractère officiel, quelles que fussent d'ailleurs les lumières et les bonnes intentions de ceux qui la composent : il lui manque les sympathies et la critique d'un public expérimenté ; car c'est quelque chose que la voix des masses pour guider ceux qui dirigent ; et lorsqu'on ne trouve autour de soi que de l'indifférence ou un envieux mépris, il est difficile de faire quelque chose ; les sociétés hippiques peuvent cependant être utiles, mais à condition seulement de se bien pénétrer qu'elles ne sont pas nées dans les mêmes circonstances que le jockey-club de Newmarket, et qu'elles ne peuvent l'imiter ni le remplacer en aucune façon dans le pays.

Le parlement anglais n'a pas dédaigné de s'occuper des courses, et plusieurs règlements sont émanés de lui pour régulariser cet utile genre de sport. Ainsi il a été réglé que personne ne pourrait *engager, présenter ou faire courir* (*enter, run, start*), aucun cheval, jument ou hongre pour une plate (1), prix (2), somme d'argent quelconque (3), *ou autre chose* (4) qui ne fût de bonne foi la propriété de celui qui l'engage, le présente ou le fait courir (5), et que nul ne peut engager et faire partir dans la même course, plus d'un cheval sous peine de la confiscation du cheval, des chevaux, et des valeurs engagés (6).

Toute personne qui présente un cheval pour une course dont le prix est moindre que 50 livres sterlings abandonne comme confiscable (*forfeets*) (7) la somme de 200 livres.

---

(1) Plate, assiette ou plat, coupe, pièce d'argenterie quelconque. On a les king's plate (plat du roi), gold cup, coupe d'or, etc., etc.

(2) Prix : somme donnée en prix, médaille, etc.

(3) Somme provenant d'enjeux, de paris ou souscriptions.

(4) Tels que cravaches (whip), ou bijou. On a offert des poignards, et, en Allemagne, quelquefois des chevaux de course, poulins ou poulinières qu'on abandonne au vainqueur.

(5) De bonne foi, il y a dans le texte, *bonâ fide*. C'est principalement dans le but d'empêcher que le même propriétaire mette sous un faux nom dans la même course plusieurs chevaux à lui destinés à faire le jeu ou à dérouter les parieurs.

(6) Cette mesure soumet naturellement toutes les contestations à la décision des juges.

(7) Dans un pays aussi libre que l'Angleterre, on sentait le besoin de

Tout homme qui affiche, avertit, ou publie courir pour une valeur moindre de 50 livres sterlings, forfait 100 livres (1). Toute course pour plate, prix ou argent, doit être commencée et terminée le même jour. Les chevaux peuvent courir à Newmarket-Leat, à Cambridge, à Suffolk et à Black-Hambleton, comté d'York, pour une somme moindre que 50 livres sterlings sans engager de forfait (2).

Toutes les entrées de plates, prix ou argent, sont remises au cheval qui arrive le second (3).

Tout cheval engagé pour plate, prix ou argent, doit payer 2 schillings au clerk de la course, et si, au moment du départ, le propriétaire néglige ou refuse de payer, il doit payer forfait et paie la somme de 20 livres.

Les chevaux prennent âge en mai (4).

Un mille est de 1760 aunes *(yards)*.

---

soumettre les coureurs à une législation en dehors des lois ordinaires. Le terme forfait, emprunté au langage de la chevalerie, indique que l'esprit de ce règlement est de prévoir la mauvaise foi et les tricheries.

(1) Il y a une différence entre présenter un cheval qui va courir ou l'annoncer d'avance pour une course où on peut le retirer.

(2) Probablement à cause des paris sans nombre et sans conséquence qui peuvent s'engager à tout instant dans les contrées où il se trouve beaucoup de chevaux.

(3) Pour forcer à faire une course réelle, c'est-à-dire où l'on court de bonne foi et pour son compte; tandis que souvent dans les courses où la condition est qu'un certain nombre de chevaux doivent courir, un seul ayant des chances engage des amis à présenter leurs chevaux pour figurer seulement et compléter le nombre voulu.

(4) C'est-à-dire un cheval né le 3 mai 1845 a, le 6 mai 1846, un an, et le même jour, le cheval du 20 avril 1845 a deux ans. En France, on compte de janvier, ce qui est mauvais, parce que le printemps est l'époque naturelle des naissances.

240 aunes font une distance (1).

4 pouces anglais font une main *(hand)*.

14 livres font une stone (2).

Le mile anglais est de 1609 mètres environ.

Une distance est de 219 mètres et demi environ.

Le pied anglais est de 12 pouces anglais ou 10 pouces et demi français environ.

Stone est 14 livres anglaises environ, 12 livres ou 6 kilog. 34 (3).

Quelquefois on engage les chevaux à catchweights (poids pour attraper). Chaque partie désigne un jokey par son nom pour courir, et il n'y a de pesage ni avant ni après la course.

Give and take plates, donner ou prendre des plates est une manière de répartir le poids inégalement. *Plate* signifie dans ce sens ces rondelles de plomb dont les jokeys garnissent leurs poches ou leurs ceintures pour se donner du poids. En langage de turf, donner du poids à son adversaire, c'est se charger soi de la différence en plus et lui *donner* l'avantage du poids. Give and Plates était autrefois une course dans laquelle les chevaux de 14 mains (petite

---

(1) Un cheval qui, lorsque le gagnant arrive, a encore une distance à parcourir, est distancé, mis hors de course, et non pas considéré comme second.

(2) *Stone* varie; il y en a de 8 livres qu'on emploie pour le pesage des bêtes d'engrais.

(3) Il est tout a fait indispensable de connaître parfaitement tous ces détails. On les a réunis ici autant que possible, pour en donner une idée. Mais une année employée à suivre les courses d'Angleterre ou même de Paris et des environs en apprend plus que tous les livres.

— 209 —

taille) portaient le poids convenu ; les plus grands plus, les plus petits moins, ceux-ci donnaient par conséquent des plates aux autres.

Gimcrak, petit cheval gris, dont nous offrons le portrait et une notice, s'est fait autrefois une réputation, comme étalon, pour les luttes de ce genre (*fig. 23*).

Fig. 23. — *Gimcrack*.

On peut remarquer combien ce cheval diffère du type suivant lequel on se représente généralement le cheval de course.

Gimcrack, cheval d'une grande célébrité sur le turf, et qui pendant deux ou trois ans battit les meilleurs de son temps ; son père était *Cripple*, fils de *Godolphin-Arabian* ; sa mère était fille de *Grisewood's-Partner*, et sa généalogie est du meilleur sang; mais, étant trop petit pour un étalon de distinction, il ne produisit aucun vainqueur à citer. Il fut suivi de *Young-Grimcrak*, cheval cité pour *give and take plates*, particulièrement à quatre épreuves.

(*Sporting Dictionnary*, tome 1, page 327.)

Whim plate est la répartition des poids suivant l'âge et la taille (1).

Post match se fait en inscrivant l'âge du cheval; les adversaires peuvent amener contre lui tout cheval du même âge, sans déclarer ni noms, ni couleurs, ni qualifications.

Les *riders* (cavaliers) doivent se présenter à cheval aux balances; s'ils ne le font pas, ou s'il leur manque du poids, ils sont distancés.

Quelques-uns prétendent que le pesage après la course est le seul de rigueur pour les juges, puisque c'est d'après lui que le prix s'adjuge. Dans les courses données en France par le Gouvernement, les surcharges imposées aux vainqueurs de certains prix courus auparavant peuvent occasionner des contestations. Il peut arriver qu'un coureur, sachant qu'un adversaire redoutable néglige par oubli, erreur ou autrement, de prendre le poids voulu au pesage du départ, le laisse partir et ne réclame qu'après la course, aimant mieux le faire distancer à coup sûr à l'arrivée que

---

(1) Le règlement des courses en France sous l'Empire, à l'époque où Napoléon réorganisa les haras, charge les chevaux d'après leur taille, en raison de ce principe. Les meilleures intentions, les plus grandes vues d'un souverain qui crée des institutions, manquent leur but par l'incapacité et l'inexpérience des soi-disant hommes spéciaux chargés d'exécuter et d'agir.

de s'exposer à être battu par lui, en dépit de la surcharge, s'il la lui fait imposer. L'adversaire, alors, argue de sa bonne foi et rend les juges responsables du poids qui lui a été donné par eux au pesage du départ. De là, vient que quelques membres du jury refusent de sanctionner, par leur présence, ce premier pesage. C'est, suivant moi, une imitation exagérée de nos voisins ; il vaut mieux, pour le jury, décider d'avance la question, puisqu'elle est de sa compétence et qu'il doit la juger tôt ou tard, et, seulement, pour éviter la manœuvre signalée ci-dessus, avertir que toute réclamation postérieure au pesage du départ sera considérée comme tardive, nulle et non avenue. De cette manière, le jury, par un double examen, est encore plus sûr de l'exécution des règlements.

Le vainqueur est celui dont la tête arrive la première (1). Si un cavalier tombe, tout homme peut prendre le cheval, le monter et gagner, pourvu qu'il n'ait pas un poids moindre et qu'il parte précisément de l'endroit où la chute a eu lieu.

Chaque épreuve s'appelle *heat* (chaleur); de là, l'expression de *dead heat* (chaleur morte ou épreuve nulle) quand les chevaux arrivent tellement ensemble que le juge ne peut discerner le vainqueur.

Un des plus fameux *dead heat* est celui de *Colonel* et de

---

(1) Dans les courses de champ libres en usage en Italie, divertissement très-peu *sportinglike* et fort insignifiant malgré le pompeux éloge qu'on en lit dans *Corinne*, le but est une petite corde tendue en travers, et que les chevaux n'aperçoivent pas ; le premier arrivant la heurte avec son poitrail et la rompt ; bientôt après une enflure assez considérable indique avec certitude le vainqueur.

Cadland pour le derby, à Epsom, le 22 mai 1828. Ce dernier gagna l'épreuve décisive, quoique les paris fussent de cinq contre quatre, ou de six contre cinq en faveur de son adversaire.

Le derby français, à Chantilly, a eu aussi son *dead heat* en 1843, entre *Renonce* et *Prospéro* : le premier gagna la seconde épreuve. Il y a eu un autre dédit, en 1856, entre *Lion* et *Diamant;* la seconde épreuve fut gagnée par *Lion*.

Le *handicap* fut d'abord un pari assez compliqué que, du reste, on peut lire dans les préliminaires du *Racing-Calendar* français de M. Bryon. C'est d'ordinaire, aujourd'hui, une course dans laquelle on admet des chevaux de toutes sortes et de tout mérite, en égalisant les chances par une répartition de poids telle que le plus mauvais puisse gagner aussi bien que le meilleur.

C'est, sans contredit, la course la plus inutile et la plus insignifiante au point de vue de l'amélioration des chevaux. Assimiler les chances d'un grand nombre d'animaux, la plupart fort différents quant à leur âge, leur mérite, leur condition, leurs performances, est une tâche trop difficile pour que le hasard n'entre pas pour beaucoup dans son accomplissement.

Quelques personnes tiennent à former, à la fin des meetings, un ou plusieurs handicaps, afin, disent-elles, de répandre la gaieté et de faire un spectacle pour le public. Les résultats ordinaires sont les plaintes, les réclamations, les refus de courir, le bruit, la confusion, le désordre de toutes les idées, la dépréciation des bons chevaux et la ruine de quelques parieurs inexpérimentés.

Jamais un handicap ne plaira à un vrai sportsman, et jamais on ne pourra en instituer dans un but sérieux d'encouragement.

Le *handicap plate* est en général le présent d'un individu ou le résultat d'une souscription. Les chevaux s'inscrivent à heure fixe la veille de la course; on décide les poids, et, le matin, ils sont affichés. Les propriétaires sont libres alors de retirer leurs chevaux sans payer de forfaits, si les poids ne leur conviennent pas.

Un cheval engagé doit produire un certificat de son âge, excepté dans les courses de chevaux âgés : le cheval le plus jeune y a naturellement un désavantage, il n'a donc pas besoin de certificat s'il porte le même poids.

Tous les paris sont pour le vainqueur, à moins que le contraire ne soit spécifié, c'est-à-dire, que si quatre chevaux courent et que deux personnes parient entre elles chacune pour un de ces quatre chevaux, le pari n'est réel que si l'un de ces deux chevaux gagne la course; le pari pour A contre B est nul si C arrive le premier, quand même l'ordre d'arrivée serait (1) :

C, D, A, B.
1, 2, 3, 4.

---

(1) En Angleterre, les paris sont une partie importante des courses; on y a donc beaucoup d'égards dans tous les règlements. Ici, comme le coureur B ne peut ni n'est obligé de savoir les paris qu'on fait pour ou contre lui, il est libre de se négliger et de se laisser battre par A, du moment qu'il ne peut battre C; dans ce cas, le parieur pour A contre B n'aurait pas gagné de droit, puisque la lutte n'a pas eu lieu réellement entre A et B. Le pari est donc nul; mais le coureur B, qui a le droit de se laisser passer par A si C gagne, n'a pas le droit de perdre à dessein la course, et c'est une action réputée *unsportsmanlike* de ne

— 214 —

Un pari entre deux chevaux courant avec d'autres dans une course, et qui ne gagnent ni l'un ni l'autre, ne peut donc avoir lieu, à moins de circonstances particulières, que entre les propriétaires qui spécifient que leurs chevaux courront réellement l'un contre l'autre, quel que soit l'événement de la course, et qui donnent leurs ordres en conséquence à leurs jockeys.

Dans les courses à plusieurs épreuves, les paris sont toujours jugés d'après le vainqueur du prix, et non de chaque épreuve; mais il y a diverses manières de faire une course en plusieurs épreuves.

En France, dans les prix donnés par le Gouvernement, la deuxième épreuve a lieu entre tous ceux qui ont couru la première, sauf ceux qui ont été distancés; si le vainqueur de la première gagne la seconde, il a le prix, et la course est finie. Autrement, le vainqueur de la seconde recourt seul avec celui de la première, et il ne peut y avoir que trois épreuves en tout.

En Angleterre, tous les chevaux recourent toutes les épreuves, sauf, bien entendu, les distancés.

Pour gagner le prix, il faut gagner trois épreuves : il peut donc y avoir plus de trois épreuves. Soit, par exemple, cinq chevaux qui arrivent dans l'ordre suivant :

    A
    B
    C
    D
    E à la première épreuve.

---

pas arriver premier ou deuxième quand on le peut; on laisse planer sur soi les soupçons les plus graves.

A la seconde : A
 B
 D
 E
 C et dans et ordre.
A la troisième : C
 D
 B
 A
 E

Ce résultat nécessite une quatrième épreuve.

Soit : A
 E
 D
 B
 C

A est vainqueur. Le second pour le prix est C, qui en a gagné une; mais la *meilleure des épreuves* (*the best of the heats*) est B, qui a battu tous les autres, excepté A, deux sur trois fois, quoiqu'il n'ait gagné aucune épreuve.

Un *match* est un pari simple entre deux chevaux.

Le plus célèbre match est celui qui eut lieu en 1799, entre *Hambletoniam* et *Diamond*, sur le Beacon course, de Newmarket au Craven-Meeting, pour la somme de 3,000 guinées. Le jockey de *Diamond* dit, en partant, que « cela ressemblait à une course entre une jument et un poulain. » On pariait cinq contre quatre pour *Hambletoniam*, à cause de sa taille et de sa force. Les paris les plus forts étaient faits de part et d'autre. Jamais on n'avait vu tant de monde sur le turf. *Hambletoniam* ne gagna que d'un tiers de longueur et à l'éperon. On crut généralement que 100 aunes de plus auraient changé la face des choses, et le propriétaire de *Diamond* demanda une revanche qui fut refusée.

D'ordinaire, un pari est annulé par l'absence d'un des chevaux qui en sont l'objet, à moins qu'on ait spécifié *play or pay* (courir ou payer).

Chaque poulain amené pour une course doit être accompagné d'un certificat d'âge conçu en cette forme :

Raby Castle, 1er mars 1803.

Je certifie que mon poulain bai *Hap-Hazard*, fils de *Sir Peter Teazel*, sa mère par *Eclipse*, est né chez moi et qu'il n'a pas plus de quatre ans, à dater des dernières herbes.

(*Signé*.)

MODÈLE D'UN MATCH.

12 octobre 1798.

Hambletoniam, à sir H.-T. Vane, cheval bai par *King-Fergus*, sa mère, par *Highflyer*, âgé de six ans, portant huit stones, trois livres, contre *Diamond*, cheval bai, à M. Cookson, âgé de cinq ans, par *Highflyer*, et la mère de *Spanker*, portant huit stones sur le Beacon course, à Newmarket, lundi au Craven meeting prochain pour 3,000 guinées, moitié forfait avec faculté de changer le jour ou l'heure, ou l'un et l'autre, de consentement mutuel.

(*Suivent les signatures des deux propriétaires.*)

PRODUCE MATCH.

PARI ENTRE DEUX PRODUITS NÉS.

Pour le premier meeting de printemps 1803.

Le produit de M. A contre le produit de M. B, de telle et telle jument pour 200 guinées, moitié forfait, huit stones pour les mâles, sept stones onze livres, pour les femelles, le dernier mile et demi (1).

Ces paris se font aussi avant la naissance des produits qu'on engage.

---

(1) Voyez plus bas le tableau des diverses distances de Newmarket.

POST PRODUCE MATCH.
200 guinées.
Poulains, 8 st. 7 liv., pouliches, 8 st. 4 liv.

Expectation . . . . . \
Eustatia . . . . } Saillies par *Abba-Thule*, appartenant à M. Cliffton.
Sister to Gabriel . . . /

Sincerity, sa mère par \
Highflyer . . . . . } Saillies par *Coriander*, appartenant à M. Dawson.
Blind Highflyer mare. /

Chaque propriétaire ayant à amener l'un des produits de ses trois juments courir à quatre ans sur le Knaves mire.

Un *swepstake* est une poule où chaque concurrent met un enjeu pour leur somme être donnée en prix au vainqueur.

MODÈLE DE SWEEPSTAKE.
Oxford.

Les soussignés se réunissent pour courir un *swepstake* de 50 guinées chaque sur Port-Meadon, le lendemain des courses d'Oxford, poids de *Gold-Cup*.

Les inscripteurs nomment leurs chevaux au clerk avant le 1er mars, et la souscription ferme ce jour-là. Les stakes se paient au clérk avant de partir, ou la souscription est doublée.

Cinq souscripteurs, ou pas de course.

Comme nous l'avons déjà dit, on est dans l'usage, en Angleterre, de terminer une saison de chasse par une course au clocher ou une course ordinaire. Voici un modèle de poule pour une poule de chevaux de chasse :

HUNTER'S-SWEPSTAKE.

10 guinées chaque, poids, 12 st., quatre miles, une épreuve. Gentlemen riders pour chevaux n'ayant gagné ni plate, ni match, ni sweepstake appartenant *bonâ fide* aux souscripteurs et ayant régulièrement chassé la saison précédente comme hunters et non pas seulement pour en avoir le nom; n'ayant jamais eu de suées à l'intention de courir avant le 1er mai prochain. Les certificats comme quoi ils ont chassé sont demandés aux propriétaires des chiens, et les nominations faites

au 1er avril. Le stake déposé en même temps, ou pas droit de courir ; six souscripteurs ou pas de course.

Des diverses sortes de prix de courses en Angleterre.

Les plates du roi (*king's plates*) sont des prix de 100 guinées donnés par le roi, dans le double but, à ce que l'on croit, d'améliorer l'espèce des chevaux et d'attirer du monde sur tel ou tel point. Il y a, à Newmarket, deux king's plates au premier meeting du printemps, et un seulement au premier meeting d'octobre.

Il y a des king's plates en divers endroits du royaume ; les poids en sont déterminés par l'écuyer du roi (*master of the horses*) ou ses délégués.

Le king's plate d'Ascot est réservé aux chevaux qui, ayant chassé avec l'équipage du cerf de Sa Majesté (*stag's hounds*), ont assisté à la mort de dix daims.

RÈGLEMENTS DES KING'S-PLATES.

Tout homme qui engage un cheval pour un king's-plate doit présenter ledit cheval avec son signalement, son nom et celui du propriétaire, aux écuries du roi, à Newmarket, la veille de la course, avec un certificat de l'éleveur spécifiant l'âge exact du cheval aux dernières herbes (mai).

Tout cheval passant en dehors des poteaux, ou qui est distancé, ne peut courir aux épreuves suivantes.

Le vainqueur de deux épreuves gagne le plate, mais s'il y a trois vainqueurs, ils courent seuls pour une quatrième, et le vainqueur de cette dernière gagne définitivement.

Si un cheval a plus que l'âge requis, le propriétaire perd pour jamais le droit de courir des king's-plates.

Il en est de même de tout jokey qui a coupé ou heurté son adversaire. Dans ce cas, le propriétaire perd cette course-là, mais non ses droits pour l'avenir.

On est pesé après la course ; un manque de poids ou un refus font exclure à perpétuité.

Le roi peut changer les règlements.

Pour éviter les fraudes, le vainqueur reçoit du clerk un certificat signé du jury, le contresigne, le présente au lord lieutenant du comté qui le signe à son tour. Il est alors payable au porteur. Le king's-plate d'Ascot doit porter en outre la signature du *master of his majesty's staghounds*.

Indépendamment des king's plates, il existe une multitude d'autres prix et d'autres courses de toute sorte établis en divers endroits et par divers fondateurs ; les conditions et les distances varient.

Voici les principales distances que l'on court sur l'hippodrome de Newmarket seulement. Tous les grands turfs des trois royaumes sont établis à l'instar de celui-ci ; mais il paraît que Newmarket est le grand centre des amateurs et des spéculateurs. Il y a, dit-on, un proverbe : « A Epsom les plaisirs, à Newmarket les affaires. »

Beacon.	4 miles et plus.
Les trois derniers miles	3 —
Depuis le Ditch in.	2 —
Le dernier mile et une distance de B.C.	1 et plus.
Ancaster mile.	1 —
Fox course.	1 —
Du tournant	1/2 à peu près.
De Clermont course.	1 1/2 —
Acrosse the flat (plat).	1 —
Rowley mile	1 —
Abingdon mile	1 (moins).
Ditch mile.	Moins d'un mile.
Deux middle mile de B. C.	1 mile 1/2 et plus.
La vieille course de deux ans. . . .	5 furlongs 211 yards.
Course d'un an.	2 furlongs 147 yards.
Round course.	3 miles, 6 furlongs, 136 yards.
Dukés course.	4 miles et plus.
Bunbury's mile	0 mile, 7 furlongs, 208 aunes.
Dutton's course.	3 miles.
Le New Roundabout course on the flat.	1 mile 3/4.

Des principaux prix d'Angleterre.

Le Derby, à Epsom, pour chevaux de trois ans;
Les Oak's stakes, à Epsom, pour juments de trois ans;
Le Saint-Léger, à Dunkaster, pour chevaux et juments de trois ans.

Au Derby, en 1841, *Coronation* gagna, battant 28 concurrents sur 154 engagés;

Au Saint-Léger, en 1825, de 88 engagés, 30 partirent : *Memnon* gagna;

Aux Oak's, en 1843, il y eut 91 engagés et 23 concurrents : *Poison* gagna.

En 1800, *Champion* gagna le Saint-Léger et le Derby;
En 1823, *Queen-of-Trumps*, le Saint-Léger et les Oak's.

La coupe de Goodwood est courue par les chevaux les plus célèbres et les plus illustrés par leurs victoires antérieures.

Fleur-de-Lys, Priam, Harkaway, Charles XII, la gagnèrent chacun deux fois de suite.

Il y a encore le prix de 2,000 guinées, les riddlesworth, la coupe d'or d'Ascot, le Doncaster champagnes stakes, le vieux prix de deux ans de Doncaster, etc.

En 1840, il y eut 160 courses différentes en divers lieux de l'Angleterre, annoncées d'avance.

Les paris font, en Angleterre, partie intégrante du sport, et, comme nous l'avons déjà dit, les règlements de course sont toujours faits en vue des parieurs, de leurs droits et de leurs avantages. Quoique les paris ne soient, à proprement parler, qu'un jeu et une transaction en dehors de nos lois, et, de plus, une chose tout à fait étrangère à l'amélioration des chevaux, ce qui est notre sujet, nous ne pouvons nous dispenser d'en dire quelques mots ici, parce qu'il est impossible de se trouver sur un hippodrome sans avoir à répondre à quelque proposition de pari ; d'ailleurs l'attrait que beaucoup de gens trouvent au jeu plutôt qu'à la partie purement hippique des courses rend les paris un moyen indirect de populariser ces solennités. C'est, par conséquent, un mal nécessaire.

Tout pari ne peut être défait que par consentement mutuel.

Un match fait pour un jour et remis n'entraîne pas l'annulation des paris dont il est l'occasion, à moins qu'il ne soit reporté à un autre meeting.

Choisir un cheval et parier pour lui contre tous les autres, s'appelle prendre ce cheval contre le champ ; (on dit proverbialement, le champ est un bon cheval). Nous avons expliqué la manière de juger les paris lorsqu'il y a plusieurs épreuves, des forfaits, ou qu'on a dit *play or pay*.

Tout pari est annulé par le décès d'un des tenants, pourvu qu'il précède l'événement qui décide.

On comprend facilement ce que c'est que les paris de proportion de trois à quatre pour ou contre tel cheval, etc.

Tout amateur de pari possède un calepin (*book*) pour écrire ses paris. Le talent consiste à combiner tous ses paris de telle sorte que tous les événements possibles soient prévus dans l'ensemble des engagments qu'on a pris, et que la chance la plus défavorable vous assure un gain quelconque, ou, du moins, une perte fort minime, compensée par un profit considérable dans la plupart des chances probables.

Indépendamment des paris ordinaires ou de proportion, on fait des poules pour une course considérable, chacun prenant un cheval au hasard, et celui auquel est échu le vainqueur, réunit les enjeux. Entre le tirage et l'événement, les billets se négocient, augmentant ou diminuant de valeur suivant la réputation du cheval dont ils portent le nom.

Voici une poule compliquée que j'ai vu jouer en Irlande.

Il y a deux courses pour le lendemain, dans chacune desquelles courent huit chevaux, soient

$$A\ B\ C\ D\ E\ F\ G\ H\ I$$
$$a\ b\ c\ d\ e\ f\ g\ h\ i$$

On fait autant de billets qu'il y a de combinaisons possibles, deux à deux, des noms qui figurent dans l'une et l'autre course :

A a, A b, A c, etc.
B a, B b, B c, etc.
C a, C b, C c, etc.

Chacun de ces billets se prend pour une guinée; lorsqu'ils sont tous placés, on les négocie; ceux qui portent deux noms favoris montent nécessairement beaucoup de valeur. Un seul cependant gagnera, celui qui réunit les noms des deux vainqueurs. On comprend à quel point une loterie sujette à tant d'événements doit être chanceuse.

Courses à l'étranger autre part qu'en Angleterre.

Comme notre but, ici, est plutôt de nous occcuper sérieusement de l'amélioration du cheval que d'entasser des preuves d'érudition dans un sujet peu encore exploité par les érudits, nous nous bornerons à parler des courses réellement imitées de l'Angleterre.

L'Allemagne étant le pays de l'Europe où l'on s'occupe le plus de chevaux, et le mieux après l'Angleterre, le sport des courses devait s'y établir promptement et y faire de grands progrès; aussi paraît-il maintenant passé réellement dans les mœurs du pays, surtout au nord.

Dès 1830, nous voyons des courses très-suivies, à Dobberan, dans le Meklembourg; à Oldesloo, dans le Holstein; à Schleswig-Holstein, en Danemark; car ce royaume n'est pas en arrière de l'Allemagne septentrionale pour tout ce qui a rapport à l'amélioration chevaline. Les chevaux qui figurent dans ces courses n'ont pas de pedigrees fort détaillés; toutefois, il y a lieu de croire qu'une grande partie était de pur sang.

Berlin a aussi son hippodrome, honoré de la présence du roi, et où les prix sont disputés par des chevaux de divers degrés de sang. En 1832, l'un des prix consistait en *Rose-Julia* pur sang.

En 1830, *Olympia* (fig. 24), donnée pareillement en prix par le roi de Prusse, fut gagnée par *Zaïde* (fig. 25), jument grise. Nous donnons aux pages suivantes le portrait de l'une et de l'autre.

— 224 —

Fig. 24. — *Olympia*.

TEXTE ALLEMAND AU BAS DE LA GRAVURE ALLEMANDE.

Jument bai-brune, née en 1820, au haras de Frédéric-Guillaume, par *Koylan* et *Gazelle*, née en 1815, de *Teddy the Grinder* et de *Gohanna mare* (General Stud-Book, vol. 2, page 158, vol. 3, page 69) a été offerte par S. M. le Roi en prix pour une course gagnée, le 21 juin 1830, par *Zaïde*, jument grise appartenant à S. A. S. le prince de Carolath.

VÉRIFICATION.

A la page 138 du 2e vol. on trouve un poulain rouan, né en 1812, par *Clinker* et un poulain bai, né, en 1815, par *Élection*, ayant tous deux pour mère *John Bull mare*, etc., et indiqués comme envoyés dans le Hanovre. Est-ce un de ces deux étalons qui a reçu, en Allemagne, le nom de *Koylan*?

La seconde indication du *Stud-Book*, vol. 3, est fautive, on trouve, même volume, pages 150 et 151, deux filles de *Teddy the Grinder*; l'une, née, en 1814, robe non mentionnée, par *Gohanna mare* (*Sister to Wanderer*), et une jument baie, née en 1815, nommée *Elighe*, par *Gohanna mare* (*Young-Amazon*); la seconde ayant pouliné en Angleterre, ce ne peut être que la première et encore n'y a-t-il pas certitude.

Le portrait ci-joint est une copie très-flattée du portrait allemand.

Fig. 25. — Zaïde.

TEXTE ALLEMAND.

Jument grise née, en 1820, à Carolath, par *Archidamas* (fils de *Grosvenor*), et la jument *Irza*, du haras de Carolath, gagna, étant la propriété de S. A. S. le prince de Carolath, le 21 juin 1850, la course dont le prix consistait en la jument de pur sang, *Olympia*, offerte par Sa Majesté.

OBSERVATION.

Archidamas, n'étant pas inscrit au *Stud-Book* anglais, est probablement un étalon né sur le continent. Le reste de la généalogie n'indique en rien une jument de pur sang, pas plus que l'expression du portrait.

Gustrow, Neustadt, Bassedow, en Mecklembourg ; Stargard, en Poméranie ; Aix-la-Chapelle, Stralsund, Francfort-sur-l'Oder, Slagelse en Danemark, Munster, Dusseldorf, Breslaw, Magdebourg, Kœnisberg, Anclam, Potsdam, sont aussi des lieux de course plus ou moins remarquables par le nombre ou la qualité des chevaux, et par l'éclat des réunions.

Nous nous abstiendrons de tout détail sur l'état réel de prospérité de ces courses ou des haras qui les alimentent.

Ne les ayant pas vus, nous ne pourrions que rapporter les opinions éparses çà et là dans les papiers publics ou dans les récits de quelques hippologues voyageurs, et nous aimons mieux renvoyer à ces sources.

Nous citerons, entre autres ouvrages, l'album dessiné par M. Adam de Munich, et accompagné d'un texte allemand du comte de ***; cet album représente, dans tous ses détails les plus intéressants, le haras que le comte, duc de Sleswig-Holstein-Sonderbourg-Augustenbourg, entretient à grands frais dans l'île d'Alsen.

Ce prince s'occupe de l'amélioration des chevaux en Danemark, d'une manière vraiment digne de sa fortune; il a possédé à la fois, jusqu'à 47 étalons anglais de pur sang, dont plusieurs célèbres sur les hippodromes de la Grande-Bretagne, entre autres Mosès.

La Prusse et le Hanovre font aussi très-fréquemment l'acquisition d'étalons anglais de pur sang et de premier ordre.

Il ne sera peut-être pas sans intérêt de lire ici un document extrait du journal des haras, du 10 février 1833, et qui donnera une idée de ce qu'on pensait encore à cette époque, en Allemagne, des courses et du pur-sang.

« Une discussion qui s'est élevée entre M. de Hanch, grand écuyer du roi de Danemark, et le duc de Holstein-Augustenbourg, à l'égard de la bonté des chevaux du Jutland, promet d'avoir des suites assez intéressantes par la provocation que M. Conradson, propriétaire à Nordleers, a fait publier, et dont voici les termes :

« C'est probablement en vue de discréditer l'ancienne

race des chevaux danois, que M. Fischer d'Augustenbourg a proposé, par la voie des journaux, de courir avec sa jument *Mirza*, de demi-sang anglais, contre tout cheval indigène, sur l'hippodrome de Hodersleben, en mettant de chaque côté un enjeu de mille écus d'argent. Les habitants du Jutland ont meilleure opinion que M. Fischer de la race qu'ils élèvent ; ils pensent qu'elle est capable de se mesurer, pour la durée, même avec les chevaux de pur sang anglais ; et comme le point en question est de haute importance pour le pays, plusieurs propriétaires se sont réunis dans le but d'aviser aux moyens d'amener l'affaire à des résultats satisfaisants. Ces propriétaires ne croient pas qu'une course de quelques milles suffise à l'épreuve. Selon eux, une étendue plus considérable est nécessaire ; et si M. Fischer veut bien se soumettre aux conditions qui suivent, on acceptera la course qu'il propose.

« La course commencera près de Hambourg, en se dirigeant par Colding jusqu'à Aalborg. M. Fischer présentera un cheval, non pas de demi-sang, mais bien de pur sang, dont l'origine soit authentique, contre un cheval de l'ancienne race jutlandaise. L'un et l'autre porteront cent quarante livres au lieu de cent vingt-cinq, et chaque partie déposera mille écus d'argent chez MM. Ehlers et Wick d'Altona. Les coureurs entreront en lice, le 6 octobre, à six heures du matin, mais la consignation des paris devra se faire avant le 20 septembre. Les partisans du cheval du Jutland excluent d'une manière formelle le cheval anglais de demi-sang, parce qu'ils veulent être à même d'apprécier les qualités du sang et sans mélange dans les deux races. Ils fixent la charge que les chevaux doivent porter à cent quarante livres, parce que leur pays ne produit pas communément des cavaliers d'un poids très-léger, et supposent qu'on n'exigera pas d'eux d'entrer en lice avant le mois d'octobre, par la raison que le cheval du Jutland dont ils feront choix n'a sans doute jamais reçu que les soins ordinaires, et qu'il a besoin de quelque préparation.

« Une telle épreuve étant, selon notre opinion, seule capable de constater la force et le fonds d'un cheval, nous attendons qu'il plaise à M. Fischer d'accepter ou de refuser notre défi.

« *Pour les partisans de la race du Jutland,*

« CONRADSON. »

Nous instruirons nos lecteurs du résultat de cette affaire aussitôt que les journaux allemands nous l'auront fait connaître.

(*Note des éditeurs.*)

Cette promesse n'a pas été tenue. Est-ce un oubli de la part de nos compatriotes, ou bien les journaux allemands se sont-ils tus sur l'événement, ou bien enfin le pur-sang danois a-t-il renoncé avec prudence à se mesurer contre le pur-sang anglais? C'est plus probable, mais nous n'osons affirmer.

L'Autriche a aussi ses meetings et ses hippodromes. Pest et Simmeringen voient, tous les ans, arriver au poteau des chevaux anglais et indigènes, et parmi ces derniers, plusieurs sont de pur-sang anglais.

Volante, gr., par *Rolwston* et *Géane*, née au haras de Meudon, ayant couru et gagné en France,

Arlette, par *Tigris* et *Pasquinade*, née au haras de Courteuil, ayant couru et gagné en France (Voir le *Stud-Book français*), ont été emmenées en Autriche comme poulinières.

Placée entre l'Allemagne et la France, la Belgique partage l'impulsion donnée à ces deux pays. Les courses annuelles de Bruxelles, de Liége, d'Aix-la-Chapelle et de Gand en sont une preuve. Du reste, nos rapports avec la Belgique sont trop intimes pour que nous puissions entrer dans aucune particularité. Les hippodromes belges sont en quelque sorte français.

La Suisse paraît fort arriérée sous le rapport du turf; elle possède bien quelques réunions ayant pour objet l'amélioration des chevaux, mais il paraît qu'on en est encore aux luttes entre les chevaux de gros traits fortement chargés et autres utopies que l'état actuel de la science réprouve entièrement.

Il y a quelques réunions pour les courses en Italie. Il y a eu des steeple-chases dans les environs de Rome, et des courses véritables à Florence et à Naples; mais il paraît que les chevaux indigènes qui y figurèrent étaient fort médiocres. Jusqu'à présent, les meetings italiens sont plutôt un divertissement public inspiré par les étrangers qu'une institution sérieuse.

Nous ne parlerons pas ici des courses libres de *barberi;* ce divertissement, aussi niais que barbare, ne mérite pas d'occuper un homme de cheval.

L'Espagne en est à peu près au même point que l'Italie. Il y a eu des courses à Madrid sous les auspices de quelques grands seigneurs anglomanes; mais ce genre de sport est loin encore de passer dans les mœurs espagnoles.

On ne doit pas en dire autant de la Russie; cette nation, essentiellement militaire, s'est toujours occupée de chevaux, et avec succès. La civilisation, d'une part, et la vie nomade de certaines populations, de l'autre, concourent également à la prospérité hippique, et les courses ont pris une assez grande extension.

Pérékop en Tauride, Simphéropol en Crimée, Tsarkoe-Selo, près de Saint-Pétersbourg, et même les steppes des Usbecks, ont leurs courses, plus ou moins conformes aux usages anglais ou aux mœurs du pays.

Tantôt un fils de *Red-Rover* et de *Proserpine*, accompagné d'une fille de *Régent* et de *Fair-Ellen*, *Contirt*, par *Memnon* et *Cassandra*, tous de pur sang, nés en Russie ou ailleurs, dans une course de 20 milles en 58 minutes 54 secondes, rappellent le triomphe de *Sharper* et prouvent qu'au train de course le racer anglais ne craint aucun concurrent sur le globe, ni pour la vitesse, ni pour le fonds; tantôt de grands seigneurs ou des chefs de Cosaques se livrent à des luttes, en une ou plusieurs épreuves, pour des distances qui varient à l'infini.

A Novogorod-Tcherkash, les seigneurs cosaques firent, en 1830, des courses au clocher à travers les steppes, sur une distance de trois lieues, avec des chevaux du pays équipés militairement. Le gagnant fut un cosaque pur, battant des fils d'anglais, persans, circassiens, polonais, kirgris, tartares et turcs.

Dans la Russie d'Asie, en 1839, les Cosaques de l'Oural se rassemblèrent à Ouralsk sur un hippodrome de quatre lieues et demie, et les deux vainqueurs parcoururent la distance en 24 minutes 35 secondes. Chose remarquable, ces deux chevaux étaient jumeaux.

Dans une autre épreuve, un cheval kirghise ne mit que dix-huit minutes à franchir la même distance.

Je ne puis pas répondre de la compétence, en fait de course, de celui à qui l'on doit ces détails; mais quelles que puissent être sa véracité et son exactitude, je n'engagerais aucun jeune sportsman d'aller chercher un coureur cosaque pour l'engager sur un hippodrome de France contre nos produits ordinaires, dont aucun cependant ne pourrait parcourir 18 kilomètres en dix-huit minutes; les lieues ou les montres de l'Oural sont sujettes à l'erreur.

Somme toute, ces courses doivent inspirer beaucoup d'intérêt, quoique en somme leurs résultats ne puissent probablement rien apprendre, à qui connaît bien le turf anglais, sur le véritable côté de la question, à savoir quel est le maximum de vitesse que peut atteindre le cheval.

Nous donnons, aux pages suivantes, les portraits de *Parangon* (*fig.* 26), cheval arabe cité par ses victoires sur les hippodromes des Grandes-Indes; de *Humdanieh* (*fig.* 27), qui, après ses victoires aux Indes, vint, à ce qu'il paraît, en Angleterre, et de *Bravura* (*fig.* 28), jument grise, née en 1821, fille de *Outcry* et de *Prodigious* (*Stud-Book*, tome 4, page 254).

Cette jument, qui gagna plusieurs fois dans sa vie, fut saillie, en 1830, par *Humdanieh* et mit bas en 1831 (*Stud-*

Book, tome IV, page 37), *Mac-Arab*, cheval gris qui, à trois ans, courut deux fois et arriva premier et second.

Fig. 26. — *Parangon*.

Je constate avec soin tous les faits qui peuvent tendre à combattre les opinions des ennemis, *quand même*, du sang arabe.

Non que je croie à propos, pour l'homme qui veut courir et gagner, d'employer le sang arabe de préférence.

Mais les essais avec le sang arabe sont rares; il est important, par conséquent, de voir quel en a été le succès, en proportion de leur nombre.

En France, on a entraîné peu de chevaux fils ou petits-fils d'arabe; par conséquent, peu sont partis, mais de ceux qui sont partis, beaucoup sont bien arrivés.

Je crois qu'il en est de même en Angleterre, et il suffira,

pour s'en assurer, d'en faire une récapitulation exacte. Cette récapitulation, je ne l'ai point encore faite, quoique

Fig. 27. — *Humdanieh*.

je puisse citer quelques faits à l'appui de mon opinion. Ces faits, je les dois au hasard et non à des recherches de bénédictin et à une *mémoire de pion*, comme m'en ont accusé, avec acrimonie, certains *racing men ultrà*.

J'ai donc consigné ici l'histoire de *Bravura*, sans croire pour cela davantage au mérite tant vanté d'un certain *Hamdani* blanc, que quelques-uns ont appelé un *cheval historique*, et que j'ai toujours regardé, moi, comme un très-mauvais étalon.

Les Indes, les États-Unis d'Amérique, la Nouvelle-Hollande, en un mot, toutes les contrées où les Anglais ont établi des colonies, se font remarquer plus ou moins par quelque espèce de sport, principalement celui des courses.

Fig. 28. — *Bravura.*

Il y a chaque année, à Calcutta, de brillants meetings où figurent des chevaux anglais et arabes ; parmi ces derniers nous citerons *Parangon* et *Humdanieh*, qui ont été fort célèbres.

Welesley-Arabian, dont quelques productions ont paru sur le turf anglais, a passé, à ce qu'il paraît, ses premières années dans les Indes, et il dut à l'éducation tout à fait anglaise qu'il avait reçue, un développement extraordinaire pour sa race.

Des étalons du plus haut prix, tels que *Priam*, ont été achetés en Angleterre pour aller en Amérique relever l'espèce des *racers*. Toutefois, il ne nous est jamais venu des États-Unis en Europe que des trotteurs, malgré le nombre des meetings, des hippodromes, des paris et des amateurs de course dont fourmille ce pays.

Il y a des courses et des racings stud dans divers endroits de la Nouvelle-Hollande; le *Stud-Book* relate, entre autres, *Swan-River,* comme la destination de plusieurs chevaux et juments de pur sang exportés d'Angleterre.

Courses en France.

Nous retrouvons chez nous, comme en Angleterre, certaines vieilles institutions de courses qui indiquent une ancienne conformité de goûts et d'usages.

Ainsi en Bretagne, en Auvergne et en Bourgogne, il y a eu de certaines courses tombées en désuétude ou à peu près. Le souvenir en reste à peine; l'exécution en était grotesque, et leur connaissance ne sert qu'à flatter l'amour-propre du sportsman érudit; variété très-rare du genre, comme chacun sait.

Une clochette d'argent, une jarretière, ou quelque bagatelle du même genre, était le prix de ces courses; mais il y a ceci de remarquable, que les vainqueurs recevaient, en Angleterre, des récompenses on ne peut plus analogues.

Quoi qu'il en soit de cette apparente conformité d'origine, nos voisins se sont perfectionnés, et nous ne sommes pas même restés stationnaires, car il n'y avait plus aucun vestige de course, ni d'aucune institution hippique populaire en France, lorsque, vers le milieu du xviiie siècle, le sport des courses nous arriva d'outre-mer, porté sur les ailes de l'anglomanie.

En 1754, lord Poscool fit le pari d'aller de Fontainebleau à Paris, distance de quinze lieues, en deux heures. Le roi avait donné lui-même des ordres pour débarrasser la route de tout obstacle, et le noble lord, qui courait lui-même, gagna de douze minutes. Il n'est point dit combien de fois il changea de chevaux ; mais je ne puis m'empêcher de citer une particularité qui caractérise bien le peu de goût et d'attention de nos compatriotes en général, et même de nos hommes spéciaux, pour tout ce qui a rapport au cheval. Le premier écrit où j'ai pris connaissance de cette course est un cahier rédigé à Saumur, sous la dictée des professeurs, par un sous-officier qui, depuis, a donné, non sans succès, des leçons d'équitation dans différentes villes de France et dans plusieurs écoles du Gouvernement.

Ce cahier, fort soigné et fort exact en toutes choses, racontait le pari en ne donnant pour monture à lord Poscool, qu'un seul cheval, et pour durée de la course qu'une heure ; et chose singulière, aucune note, aucune réflexion, ni de l'élève, ni du professeur, n'accompagnait le récit d'une performance bien en dehors, je crois, des pouvoirs du cheval de troupe, et même des chevaux de manége ou de carrière de notre École royale de cavalerie.

En 1776, il y eut des courses dans la plaine des Sablons.

En 1777, à Fontainebleau, une course de 40 chevaux et de 40 ânes.

En 1783, à Vincennes, il y eut des courses entre des chevaux français et étrangers, mais le tout suivant la mode anglaise dans toute sa rigueur.

Le comte d'Artois, le duc de Chartres, le prince de Nassau, le prince de Guémenée, le marquis de Conflans, le duc de Fitz-James étaient les plus illustres sportsmen français d'alors. Des chevaux anglais, arabes et français couraient les uns contre les autres, ou par catégories. Nous citerons tout à l'heure les noms des plus illustres.

L'anglomanie d'alors fut aussi amèrement décriée que celle de notre temps par les véritables écuyers, c'est-à-dire ceux qui se disent tels.

Le brave et honnête Thiroux, dont les colères sont toujours si réjouissantes, raconte qu'en 1785, *il a vu à un encan, à Londres, vendre une capital mare 98 guinées, quoiqu'elle eût au moins onze ans, puisqu'elle ne marquait plus sur aucune de ses deux mâchoires.* Le stud book aurait levé tous ses doutes à cet égard, et il ajoute en bon citoyen : « *Pourquoi faut-il que nous ne soyons imitateurs que de ces futilités ?*

Ailleurs, il expose ses idées sur les courses : « *Un homme de beaucoup d'esprit me disait, en voyant une course, qu'elles ne lui paraissaient utiles ni en paix, ni en guerre, ni en trève. Oui, lui répondis-je, comme on les fait, mais...; et puis ce sont des courses au pas, au trot et au galop, mais avec la condition expresse de s'arrêter, de repartir à tel ou tel point, et sans un seul temps de trot. Puis les courses de charrettes chargées, qui passeraient entre deux limites sans accrocher.* »

Et plus loin : « *Tout Paris a vu qu'un cheval normand, connu sous le sobriquet de l'Abbé, du nom de son propriétaire, a gagné onze courses sur douze, entreprises contre l'élite des coureurs anglo-français. Ne nous occupons qu'à multiplier nos chevaux, qui ne le cèdent en rien, chez eux, aux meilleurs chevaux étrangers.* »

Ce malheureux *l'Abbé,* appartenait au prince de Guémenée ; il battit, entre autres, *Partner,* cheval anglais du duc de Chartres, et *Frivole,* jument française du comte d'Artois. Mais il ne prouva pas l'excellence des chevaux normands, car on ne sait pas son origine ; et qui peut garantir qu'il n'était pas, comme c'est probable, issu de père anglais ou arabe ?

Il est bizarre que les aristarques qui ont le plus soif de critique soient généralement si malheureux dans le choix des choses qu'ils blâment.

Certes, si l'on avait voulu blâmer les amateurs de courses de cette époque, rien de plus facile.

Remarquons :

King-Pepin,

Teucer,

Comus,

Barbary,

Glow-Worm.

Ces chevaux arrivent pour courir et gagnent plusieurs prix ; quelques-uns au moins sont employés comme étalons, car nous voyons :

Antoinette, au duc de Fitz-James, par *King-Pepin* et une fille de *Malton,* âgée de 5 ans, battue, en 1783, par une jument anglaise du marquis de Conflans ;

Pilgrim, par *Teucer* et *Miss Betzy,* au duc de Chartres, battue par une pouliche du comte d'Artois ;

Une pouliche du comte d'Artois, par *Comus* et une fille de *Matchem.*

Qu'est-il resté de ces trois étalons venus à grands frais

d'Angleterre, et qui, probablement, étaient loin d'être sans mérite ? une mauvaise brochure, de je ne sais quel voisin du haras du Pin, dernier séjour de King-Pepin, et où il est dit que ce cheval, taré, mal conformé, était incapable de faire le moindre bien, et qu'il n'avait jamais produit qu'un seul cheval de manége, alezan, admis à grand peine à la grande écurie de Versailles ; que, du reste, jamais la vénerie du roi ne pouvait se remonter que de chevaux anglais.

Si l'on veut absolument attribuer aux fatales conséquences de la Révolution et des guerres de la République et de l'Empire la perte totale de ces premières souches anglaises, dont au moins il devrait rester quelque chose, plutôt que d'en accuser, comme de juste, l'incurie et l'incapacité des éleveurs français, je demanderai qu'on jette les yeux sur le pedigree détaillé :

De *King-Pepin*,
De *Teucer*,
De *Comus*.

Nous y voyons que les deux premiers descendent de ce fameux *Godolphin-Arabian*, acheté une centaine d'écus au marché aux chevaux de Paris par un Anglais.

Nous voyons de plus que *Bourdeaux*, propre frère de *King-Pepin*, se retrouve dans la généalogie de *Paradox*, acheté comme étalon, en France, en 1834 ;

Ainsi que *Snip*, aïeul de *Teucer*, dans la généalogie de *Lottery*, et *Bastard*, oncle de *Comus*, dans celle de *Napoléon*.

Il est donc absolument vrai de dire qu'après avoir méconnu la souche (*Godolphin*), nous avons acheté cher des rejetons (*Comus*, *Pepin*, *Teucer*) dont nous n'avons tiré aucun parti ; pour racheter plus tard la même famille (*Paradox*, *Lottery*, *Napoléon*), dont nous n'avons tiré non plus aucun étalon de tête ; car *Eylau* et *Quine*, seuls bons produits de *Napoléon* et de *Lottery*, ont sur eux la défaveur de leur origine arabe et le tort plus réel de n'avoir rien produit de passable. Quant à *Paradox*, il n'en reste aucun produit de pur sang, même médiocre. Ce ne sont donc jamais les ressources qui nous ont manqué, mais la capacité nécessaire pour en profiter, et je ne laisserai passer sciemment aucune occasion de signaler ce fait, puisque là réellement est la cause de notre pauvreté en chevaux.

Admettons même encore, si l'on veut, que les grands événements de 1789 à 1815 aient anéanti matériellement nos races par un fait de force majeure, nos connaissances hippiques eussent dû au moins surnager ; il n'en est pas ainsi, car on paraît avoir oublié complétement ce que c'était que le pur-sang, le *Stud-Book*, le *Racing calendar*, en un mot, ces bases fondamentales de l'éducation du cheval.

Voyez les règlements qui présidèrent, en 1800, à la réorganisation complète de l'administration des haras, et le règlement des courses de 1810, où il n'est pas fait mention des origines, et celui de 1820, qui fixe à 5 ans et à 4 pieds 5 pouces le maximum d'âge et de taille du cheval admis sur l'hippodrome.

Nous voyons les poids proportionnés aux tailles ; le plus grand porte plus, comme s'il était pour cela meilleur. En un mot, c'est le sport à l'état de barbarie.

En 1825, un nouvel arrêté distingue les chevaux de course en première et seconde espèce, c'est-à-dire ceux nés de père et mère étrangers, et ceux de père et mère français, ou de l'un des deux. D'après ce règlement, *Lanterne*, fille d'*Hercule* et *Elvira*, eût été de deuxième espèce; et le produit de *Napoléon* et d'une *cart mare Suffok punch*, né à Ipwich, eût été de première espèce et considéré comme supérieur.

Il est véritablement inconcevable que la vérité n'ait pu se faire jour en France qu'après tant d'erreurs et de tâtonnements.

Le premier arrêté ministériel sur les courses où il soit réellement question de pur sang paraît être de 1832.

Cependant quelques éleveurs avaient connaissance du *Stud-Book* et du *Racing calendar* plusieurs années auparavant.

La société d'encouragement pour l'amélioration des chevaux en France se forma vers la fin de 1833 et parut suivre l'impulsion qu'avait donnée la nouvelle administration des haras.

On sait qu'à la suite de la révolution de 1830, l'administration tomba dans des mains qui changèrent totalement sa marche.

Mais la société exagéra la doctrine du pur sang en proscrivant le sang arabe, tandis que le *Stud-Book* français créé par l'administration des haras lui faisait une sorte de demi-concession en établissant entre les races anglaise et arabe une distinction qui ne se trouve point dans le *Stud-Book* anglais.

Dans le *Stud-Book* anglais, les deux espèces sont pêle-mêle ; on rencontre même çà et là des chevaux dont l'origine n'est pas pure, par exemple le célèbre *Copenhague* que montait lord Wellington à la bataille de Waterloo, et qui figure au *Stud-Book* avec toute sa famille.

Il y avait bien une objection assez spécieuse à faire contre l'admission du sang arabe : c'était la difficulté de distinguer les bons des mauvais chevaux d'Orient, et la triste nécessité d'admettre comme pur sang une foule de barbes, d'égyptiens et surtout d'algériens qui commençaient à infester la France.

Mais le règlement qui interdit l'hippodrome à *Eylau*, à *Quine*, à *Agar*, et qui l'eût interdit à *Eclipse* et à *Flying-Childers*, est d'une exagération qui touche au ridicule. On s'en est tellement aperçu que quelqu'un a, dit-on, proposé de reconnaître *Eylau* comme de pur sang, grâce à des performances, mais non son aïeul *Massoud*. Du reste, ce règlement a été arraché par quelques exclusifs, et aujourd'hui même, dans le club, quelques personnes en désirent la suppression (1).

Nous ne nous étendrons pas ici sur un sujet qui ne peut amener qu'à une polémique souvent stérile et à coup sûr déplacée ici.

Nous nous contenterons de dire que le jockey-club a

---

(1) Ceci était écrit il y a quelques années ; depuis, le Jockey-Club a reconnu le *Stud-Book* français comme le *Stud-Book* anglais ; il reste encore à permettre, comme en Angleterre, à tous les chevaux de courir, quelle que soit leur origine, aux risques et périls des propriétaires qui n'auront pas une idée juste de la vraie noblesse.

répandu le goût, non pas des chevaux, mais des courses. Beaucoup de prix ont été donnés par lui, à cause de lui et à lui, par l'administration des haras. En province, plusieurs sociétés se sont formées à l'instar de celles de Paris. Maintenant, ces courses ont-elles eu une influence directe sur le perfectionnement de l'espèce des chevaux en général? Peut-on dire, dans le cas où l'on ne serait pas satisfait, que la faute en est à l'institution même des courses, à la manière dont on les dirige, ou aux mauvaises conséquences qu'en tire une population irréfléchie, maladroite et ignorante? Ce sont des questions à attaquer en autre lieu.

On ne verra peut-être pas sans intérêt ici un tableau des courses, en 1813, que j'ai retrouvé dans l'*Ermite de la Chaussée-d'Antin.*

« . . . .

« Les Anglais sont incontestablement, de tous les peuples modernes, celui qui s'occupe des chevaux avec le plus de soin et de succès. S'il est douteux qu'ils en aient perfectionné la race, du moins est-il certain qu'ils en ont singulièrement amélioré l'espèce que l'on désigne sous le nom de chevaux de course, principalement sous le rapport de la vitesse. Deux grands moyens les ont conduits à ce résultat : l'attention scrupuleuse qu'ils ont mise à constater, de la manière la plus authentique, l'origine des chevaux de races et l'établissement de jeux annuels de New-Marquet (1). Les Anglais ont emprunté des Arabes l'usage

---

(1) M. Dubost, peintre français, a publié en 1820, sur l'éducation des chevaux de course en Angleterre, un ouvrage aujourd'hui rare et à peu

des généalogies des chevaux, à l'appui desquelles ils exigent des titres plus avérés, des preuves plus nombreuses qu'on n'en demandait autrefois pour la réception d'un chanoine de Lyon ou d'un chevalier de Malte.

« Le goût ou plutôt la passion des chevaux, qui s'était éteinte en France avec l'usage des tournois, s'y ranima vers la moitié du dernier siècle; et c'est de cette époque que date le premier essai des courses en règle qu'on voulait établir à l'imitation de celles qui se pratiquent en Angleterre. Cette tentative vint à la suite d'une gageure qu'avait faite à Fontainebleau, pendant un voyage de la cour, un gentilhomme anglais dont le nom m'échappe en ce moment : il avait parié mille louis qu'il ferait, en deux heures, le trajet de Fontainebleau à la barrière des Gobelins, et il gagna de quelques minutes. L'année suivante, un grand seigneur français, de retour d'Angleterre (où Louis XV prétendait qu'il avait été apprendre à panser les chevaux), fit exécuter plusieurs courses dans la plaine des Sablons; il essaya d'en fixer dès lors le retour périodique, mais ce projet n'eut son exécution que quelques années après, à l'époque où s'organisèrent les courses du bois de Vincennes, lesquelles n'avaient d'ailleurs aucun but d'utilité pu-

---

près oublié; c'est un album avec texte, et intitulé *Newmarket*. Les dessins sont exacts, mais peu agréables à l'œil; le texte annonce une étude fort consciencieuse du sujet, surtout pour un peintre; mais il est beaucoup trop succinct, et il n'a pu être compris de la masse, quoique assurément il se trouve de fort bonnes choses dont profiteraient aujourd'hui bien des jeunes sportsmen; mais on n'a vu que des portraits et non un traité : c'est la faute de la forme de l'ouvrage.

(*Note de l'auteur.*)

blique, ni de gloire nationale, puisqu'on faisait venir d'Angleterre tous les chevaux qu'on y faisait courir.

« En instituant des courses annuelles, où ne sont admis que des chevaux de race indigène, où des prix sont accordés aux vainqueurs, en indemnité de leurs frais et de leurs soins, le Gouvernement s'est promis d'exciter l'émulation des propriétaires et de perfectionner la race excellente des chevaux français; les progrès obtenus en si peu de temps ne permettent point de douter qu'on atteigne bientôt le but qu'on se propose et que peut-être nos voisins ont dépassé.

« Chaque nation civilisée a sur les autres un degré de supériorité qui la distingue en quelque chose, et, parmi beaucoup d'avantages dont les Anglais se vantent gratuitement, ils peuvent se prévaloir à juste titre de l'excellence de leurs haras. C'est une concession que je faisais dernièrement à M. de Mairieux, vieil anglomane de ma connaissance, qui ne tarissait pas sur l'habileté de leurs grooms (palefreniers), sur la propreté, la commodité, même sur l'élégance de leurs écuries, sur tous les détails des soins industrieux dont l'éducation des chevaux est l'objet en Angleterre.

« Il me fallut, à ce sujet, entendre le récit d'un voyage de trois mois, que mon homme a fait de l'autre côté de la Manche, et durant lequel « il a acheté, dans le Devonshire, un vieil étalon qu'il est parvenu à exporter en contrebande, et dont il aurait tiré des poulains superbes huit ou dix ans plus tôt; il a assisté aux courses de New-Market, où il a parié 10 guinées avec le sommelier du lord-maire; il a visité le haras de M. Brindley, monté un cheval du prince de Galles, et fait connaissance avec un écuyer du duc d'York. » On conçoit qu'avec de telles connaissances et de pareilles préventions, M. de Mairieux eut bien de la peine à se décider à m'accompagner, dimanche dernier, aux courses du Champ-de-Mars. « Que peut-on voir dans ce genre-là, me répétait-il, à tout propos, quand on a passé sa vie là-bas? » Il faisait un temps superbe; autant valait se promener là qu'ailleurs : il se laissa donc persuader, et nous partîmes du café Tortoni, où nous avions déjeûné ensemble, pour nous rendre au Champ-de-Mars, au milieu d'une foule innombrable qui s'acheminait du même côté, et dont une partie se rendait à Saint-Cloud. Nous traversâmes, pour la première fois, la rivière sur le pont d'Iéna, chef-d'œuvre de l'art, dont les bons Parisiens jouissent avec indifférence, et comme accoutumés à de pareils présents.

« Je ne crois pas qu'on puisse se faire l'idée d'un tableau plus magnifique, plus animé, que celui de cette superbe esplanade de l'École-Militaire, au moment où un peuple immense y afflue de tous côtés et vient prendre place sur la terrasse circulaire qui en détermine l'enceinte. Quelqu'un (mal informé, je l'espère) disait, à côté de moi, qu'il était question de remettre le terrain de niveau et de détruire ce vaste amphithéâtre qui fut élevé en huit jours de temps pour la mémorable fédération de 1790, et auquel la population entière de Paris a travaillé. On a si souvent l'occasion d'apprécier les avantages d'un lieu merveilleusement disposé pour des fêtes nationales, que ce projet de nivellement ne me semble nullement probable.

« Tandis que la foule se distribuait sur le pourtour, les calèches, les carrioles, les bogueys, les voitures de toute espèce, se rangeaient avec ordre le long des avenues dont le Champ-de-Mars est bordé extérieurement : l'espace spécialement réservé pour la course était marqué, de distance en distance, par des poteaux liés entre eux par des cordes en forme de barrière; le centre était occupé par les spectateurs à cheval ; deux pavillons étaient ouverts aux personnes invitées par billets; un troisième, plus élégamment décoré, était destiné à son excellence le ministre de l'intérieur, aux juges des courses, aux inspecteurs des haras et au jury d'admission.

« L'ami Mairieux, tout ébahi de la beauté de ce premier coup d'œil, m'avoua, en hochant la tête, que New-Market était loin d'offrir un aspect aussi imposant; mais, forcé d'admirer l'ensemble, il se dédommagea sur les détails, et ne fit grâce, tout au plus, qu'à cinq ou six cavaliers, dans le nombre de ceux qui parcouraient l'enceinte, et qui devinrent tour à tour l'objet de ses critiques.

« L'un montait un cheval courte-queue, équipé à la hussarde; l'autre trottait à l'anglaise sur une selle rase, avec un chasse-mouches, une chabraque en velours cramoisi et une rosette sur la queue de son cheval; celui-ci se pavanait sur une selle anglaise, ornée de têtière, de croupière et de martingale ; cet autre galopait à contre-pied avec une imperturbable assurance. Tous ces contre-sens de costume égayaient beaucoup mon compagnon, qui se moquait également et des maîtres et des chevaux.

« Ceux-ci manquaient de forme, ceux-là manquaient d'allure; tous manquaient de race. Il était aisé de s'apercevoir, au trot de quelques-uns, que ces modestes animaux venaient de quitter le timon d'une voiture ou le brancard d'une demi-fortune, pour venir figurer à la course en qualité de chevaux de main; et l'on voyait que d'autres, en prenant le galop, cherchaient à se rappeler un souvenir de jeunesse.

« Il était quatre heures; le moment de la course approchait : les chevaux avaient été présentés aux inspecteurs et reconnus pour indigènes; les jockeys, la selle sous le bras, en toque et en veste de satin, après avoir été pesés, selon l'usage, achevaient de seller leurs chevaux et de visiter chaque partie du harnais; enfin, l'ordre du départ fut donné, et nous nous hâtâmes d'aller prendre place sur un tertre, à cent toises environ du point de départ, au milieu d'une famille de bonnes gens qui s'y était établie depuis le matin, et dont le chef s'empressa de m'apprendre qu'il avait été pendant trente ans limonadier sur le boulevart Beaumarchais.

« La manie de ce brave homme, qui n'avait probablement vu de près, dans le cours de sa vie, que les chevaux du brasseur qui lui apportaient toutes les semaines son quartaut de bière; sa manie, dis-je, était de parler de courses, d'équitation, en termes techniques dont il ne soupçonnait pas la valeur, avec une assurance extrêmement comique pour tout autre que Mairieux, qui n'était occupé qu'à lui fournir le mot propre. Il est probable que le limonadier aurait fini, comme Larissole, par envoyer promener son instituteur ; heureusement, un cri général donna le signal du départ des coureurs.

« Deux beaux chevaux entiers, montés par des jockeys vêtus, l'un en bleu, l'autre en jaune, parcoururent le premier tour avec une rapidité dont mon compagnon lui-même fut surpris ; le second tour s'acheva beaucoup moins vite, ce qui lui donna l'occasion de dire que nos jockeys ne savaient pas leur métier, et que ceux de là-bas avaient grand soin de ménager les forces de leurs chevaux pour le moment où ils arrivent au but. Quoi qu'il en soit, le jockey jaune fournit la carrière en quatre minutes quarante-huit secondes ; il devança son concurrent de douze secondes et fut proclamé vainqueur de la première course.

« Dans la seconde, entre deux juments, celle que montait le jockey bleu parvint également au but douze secondes avant l'autre.

« La troisième course, entre plusieurs chevaux, fixa plus particulièrement mon attention. J'examinais, avec un plaisir extrême, quelques-uns des plus beaux animaux de la création, déployant toute la souplesse de leurs muscles, toute la vigueur de leurs nerfs, pour constater leur supériorité dont ils semblent apprécier l'avantage.

« J'observais l'adresse, l'habileté de ceux qui les montent, et qui ont tant de part à leurs succès ; mais quelque attention que je donnasse au spectacle que j'avais sous les yeux, j'étais bien loin d'y prendre autant d'intérêt que la fille du limonadier auprès de qui je me trouvais, et dont j'avais déjà remarqué la jolie figure et l'inquiétude. Cette jeune personne, les yeux fixés sur l'arène, ne put s'empêcher de s'écrier d'une voix très-émue : « Le voilà ! mon père, le voilà ! » en voyant passer, comme un éclair, auprès d'elle un jeune homme en veste de couleur orange, monté sur une jument dont l'ardeur était de bien bon augure. « Ah ! oui, c'est Francisque, dit le père avec indifférence; c'est l'ami Francisque, répéta plus bas la mère, en prenant la main de sa fille; » et le petit fichu de mademoiselle Louison était bien agité, et la rougeur couvrait ses joues, et des larmes roulaient dans ses yeux.

« A la fin du premier tour, Francisque était dépassé de quelques toises par un de ses rivaux : ma jolie voisine respirait à peine; son père déclarait, avec un gros rire qui voulait être malin, que l'ami ne gagnerait pas la course; madame Hébert, sa femme, disait qu'il fallait voir; et mon compagnon offrait à haute voix de parier deux contre un pour le cavalier à la veste orange. Ce mot lui fut payé d'un regard dont l'ami Francisque aurait été jaloux. Mairieux avait raison : à la moitié du second tour, notre jeune homme avait regagné le terrain perdu; et, rassemblant pour un dernier effort toutes les forces de sa jument, qu'il avait habilement ménagée, il la lança pour ainsi dire au but, où il parvint, trois secondes avant celui de ses rivaux qui le serrait de plus près. Je laisse à penser avec quel plaisir mademoiselle Louison entendit proclamer le nom du vainqueur.

« Je ne quittai point la famille Hébert sans avoir appris de quelle nature était l'intérêt qu'on y prenait à M. Francisque, ni sans faire compliment à sa fille d'une victoire dont on m'avoua qu'elle devait être le prix.

« En quittant ces bonnes gens, nous sommes allés dîner chez un traiteur du Gros-Caillou, où j'ai pris des notes et recueilli des observations qui pourront trouver leur place ailleurs. »

———

Cet article de journal n'est point ce que les Anglais appellent *sporting intelligences*, c'est-à-dire le récit de l'événement de la journée ; c'est une œuvre littéraire qui se pique, non de véracité, mais de vraisemblance et de couleur locale.

L'auteur s'est assez bien renseigné et a fait peu de fautes contre la spécialité dont il traite, différant en cela de la plupart des écrivains de nos jours. Au reste, cet article semblerait plus récent que ne l'atteste sa date, tant l'ensemble, et même certains détails, comportent encore de l'actualité.

Voici ce que rapporte le *Racing-Calendar*, du 19 septembre 1813, jour qui a inspiré M. Étienne Jouy.

« La distance n'est pas constatée ;

« 1,200 francs, une épreuve, cheval de cinq ans ; gagné en 4 minutes 48 secondes ;

« 1,200 francs, une épreuve, jument de cinq ans ; gagné en 5 minutes 6 secondes ;

« 1,200 francs, une épreuve, cheval et jument de six ans et plus ; gagné en 4 minutes 38 secondes ;

« 2,000 francs en partie liée, chevaux et juments de tout âge ; gagné en 4 minutes 42 secondes, et 4 minutes 50 secondes. »

On voit combien peu d'importance on attachait alors aux courses. Le temps, mais pas la distance, ce qui rend illusoire le soin pris à constater les minutes et les secondes; point d'origine, pas même de noms.

Depuis cette époque, il y a eu progrès.

Nous ne nous arrêterons point, ici, à donner les lois en vigueur sur tel ou tel hippodrome, ni le code admis par la société d'encouragement, ou les règlements adoptés par le Gouvernement. Nous penserons encore moins à en faire la critique et à donner notre opinion sur ce qu'il y aurait à faire. Notre but, ici, est de donner une idée des courses, et non de faire un livre spécial sur cette institution.

De l'entraînement du cheval de course.

On est convenu d'appeler entraînement, l'art de préparer le cheval à la course; ce mot, qui n'est pas français dans cette acception, vient de l'anglais *training*, qui, probablement, vient lui-même du français, mettre en train.

Il est inutile, aujourd'hui, je crois, de reprendre les interminables discussions soulevées à ce sujet par tous ceux que le manque de pratique rendait d'une ignorance complète sur ce sujet, et qui n'en voulaient pas moins avoir une opinion arrêtée et la faire prévaloir.

Tout homme de sens est revenu, je l'espère, s'il est homme de cheval, des préjugés que les Français ont eus si longtemps contre la nécessité de préparer les chevaux à l'exercice. Les personnes les moins versées dans les pratiques du turf, à moins d'être dépourvues des premières notions d'hygiène, comprendront et se rendront facilement aux explications que je vais donner le plus succinctement possible.

Il est, pour chaque circonstance d'exercice ou de médication, un état particulier de santé, un certain équilibre de toutes les fonctions, qui est plus favorable que tout autre : c'est ainsi, par exemple, qu'on prépare aux médecines et aux opérations chirurgicales, par la diète et par un régime tant soit peu débilitant. La course, au contraire, doit exiger une surabondance de force, un maximum d'excitation, une grande liberté des organes respiratoires ; toutes conditions incompatibles, comme on sait, avec l'embonpoint, indépendamment de l'obstacle mécanique que la présence de la graisse apporterait aux efforts de l'animal, en augmentant son poids sans ajouter à ses forces musculaires. Le cheval de course, convenablement préparé, doit arriver au poteau, à la fois aussi bien portant, aussi fort, aussi léger que possible ; cet état résulte d'une hygiène savamment combinée, quant à la nourriture et à l'exercice. La nourriture consiste en aliments substantiels, contenant beaucoup de parties nutritives sous un petit volume ; l'avoine de première qualité et en abondance en forme d'ordinaire la base principale. L'exercice se compose de promenades au pas, de galops, de suées. La marche a pour but principal d'empêcher l'embonpoint de reparaître, en détournant au profit du développement musculaire, la nourriture qui tendrait à augmenter le tissu graisseux. Les galops, qui varient de longueur et de vitesse suivant mille circonstances, augmentent l'haleine et enseignent à courir ; car la manière dont le cheval sait disposer de ses mouvements peut influer beaucoup sur sa vitesse. Les suées ne sont autre chose que des galops sous les couvertures ; elles servent principalement à obtenir l'amaigrissement nécessaire, par de fortes et subites déperditions ; elles ont encore l'avantage de surexciter l'économie générale, et de mettre l'activité des fonctions au niveau de l'énergie de la tâche à remplir. Les purgations viennent au secours de l'exercice ; c'est un moyen violent que l'on emploie, surtout dans le cas où les facultés digestives étant plus fortes que l'appareil musculaire, les membres de l'animal ne peuvent supporter l'exercice nécessaire pour le maigrir.

Ajoutez à cela la nécessité de graduer le traitement de manière à amener à jour dit la *condition* voulue, car ce mot anglais est aujourd'hui consacré dans l'argot des hommes de cheval, et vous aurez l'idée réelle qu'on doit se faire de l'entraînement.

Il résulte évidemment de tout ceci la réfutation complète des diatribes tant de fois rebattues sur les inconvénients de l'entraînement et les mauvaises qualités du cheval anglais. Suivant les uns, le *racer* est un animal artificiel, accoutumé à des soins minutieux, ridicules, et dont il ne peut se passer, bon pour une course de quelques instants et incapable de tout service. Suivant les autres, c'est un cheval perdu, taré, exténué avant l'âge, et que les excès de sa jeunesse rendent incapable de transmettre ni force, ni santé à ses productions.

Rien de tout cela : le cheval anglais de pur sang, qui a fait ses preuves, est tout simplement bien choisi, même avant sa naissance, dans la personne de ses ascendants ; bien choisi par lui-même, puisqu'il a été distingué de ses rivaux par ses victoires. Son éducation a été dirigée dans le sens voulu pour atteindre à toute la perfection possible ; rien ne lui a manqué, ni comme nourriture, ni comme soins ; mais qu'y a-t-il là d'artificiel ? Il est vrai que s'il eût passé sa jeunesse abandonné dans un marais fangeux, ou sur une plage aride, il eût été moins vigoureux sans doute, mais croit-on qu'il eût été meilleur pour la reproduction ? L'épuration par les souffrances et les privations est plus ruineuse et plus décevante encore que l'épuration par des épreuves où l'on aide la nature.

Quant à l'exercice auquel ce cheval a été soumis, il a dû évidemment être sévère et pénible ; car ce maximum de vigueur et d'excitation ne peut s'obtenir que par un régime qui éprouve la constitution ; sans cela, on n'arriverait pas au but proposé, qui est de mettre à jour tous les moyens du cheval ; mais éprouver n'est pas détériorer.

L'état d'entraînement serait, il est vrai, nuisible s'il venait à se prolonger, et c'est même pour cela que les courses régulières se font toujours à des époques déterminées et immuables ; quelques jours de retard ou d'avance bouleverseraient tous les calculs des entraîneurs ; les chevaux arriveraient, suivant l'expression du métier, trop haut ou trop bas, *out of condition*.

L'entraînement n'a donc en lui-même rien de destructif, ni rien d'illusoire ; le cheval qui a fait ses preuves est évidemment meilleur que s'il n'avait pas été entraîné, car l'exercice développe réellement les forces et les moyens, ou au moins il met en lumière des qualités dont la prédisposition eût échappé à l'œil du plus clairvoyant connaisseur. Il y a plus, le cheval a été rendu par l'entraînement susceptible d'un développement dont on ne l'aurait jamais cru capable; de là l'étonnement de bien des hommes, même connaisseurs, qui ne pouvaient reconnaître dans un étalon colossal le racer étique et chétif qu'ils avaient blâmé sur le turf cinq ou six années auparavant.

Quelques éleveurs qui forment classe à part reconnaissent la supériorité du pur sang, mais ils proscrivent l'entraînement. « Les courses, disent-ils, en substance, nous
« ont procuré la race dite de pur sang; nous la possédons;
« maintenant, tout est dit, nous allons la conserver, la
« modifier, la perfectionner ; une éducation douce, point
« d'exercice prématuré, une nourriture grasse et abon-
« damment substantielle, nous amèneront bientôt cette
« *ampleur* de formes, cette *carrure*, cette *force*, enfin, que
« l'espèce de course n'a pas et qu'on peut lui donner. »
Ces éleveurs sont dans le faux, ils obtiendront de la graisse et non du muscle, car le cheval de pur sang, ayant un bon estomac et une bonne poitrine, a beaucoup plus de propension à l'obésité qu'on ne le croit généralement, pourvu que les circonstances soient favorables à cette transformation. L'animal d'engrais et l'animal de locomotion offrent des analogies telles, que le passage de l'un à l'autre offre souvent plus de facilité que la destination d'une mauvaise race à l'une ou l'autre de ces spécialités.

Le bœuf de Durham deviendra bête de trait, et le cheval de course, animal de boucherie, plutôt que le cochon français commun ne deviendra apte à prendre graisse avec promptitude et économie.

Une fois éprouvé, le cheval de course rentre dans la vie ordinaire par une hygiène graduée, et l'expérience a démontré mille fois, que le cheval dont la jeunesse s'est passée dans les hippodromes est encore le meilleur pour tous les services possibles.

Parmi les nombreux exemples qui prouvent cette vérité, je citerai *Fortunatus*, b., né en 1835, par *Royal-Oak* et *Maria*.

En 1838, il court deux fois à Chantilly, et gagne une fois à Versailles.

En 1839, il gagne un prix à Chantilly et un à Versailles.

En 1840, il court, en mai, à Paris, et gagne une course de haies à Chantilly.

En 1841 et 1842, il ne paraît plus sur l'hippodrome ; il sert comme *hack* et est dressé à la méthode de M. Baucher.

En 1843, il reparaît *hongre* dans un *hurdle race* à Chantilly.

En 1844, il débute au cirque de Franconi comme cheval de femme.

En 1845, il est employé comme *hack* et comme *hunter*.

En 1846 et 1847, il est attelé, fait des voyages, passe les nuits et se montre encore un excellent cheval. Quoique trop grand, trop long et trop étroit de hanches, il n'a jamais cessé d'être plus ardent, plus robuste, plus constant que tout autre cheval mis à côté de lui au même travail. Il est mort à vingt ans passés, faisant un bon service jusqu'au dernier jour.

On pourrait en nommer bien d'autres dans des conditions mille fois plus défavorables. Ainsi, *Alfieri*, qui avait totalement manqué dans l'entraînement, est devenu excellent cheval de selle et d'attelage.

Pazza, par *Nonsense* et *Gaberlunzie-Mare*, sortie cornense des écuries de course, et reconnue incapable de courir, fit preuve, pendant huit ans, de vitesse et de fonds, tant au cabriolet que sous la selle. En un mot, l'expérience a fait mille fois justice de tous les préjugés contre le pur sang et l'entraînement.

Maintenant, il est vrai de dire que tel cheval employé sans ménagement à des spéculations avides sur les turfs peut, à la longue, perdre sa santé et sa constitution, en paraissant plusieurs années de suite au poteau. Ainsi, tous les racers ne résisteraient pas à huit ou dix années de course comme *Doctor-Syntax* en Angleterre(1) ; il ne serait même pas prudent de choisir, en général, un étalon dans de semblables conditions. Il est vrai encore que beaucoup de chevaux sortent estropiés des épreuves qu'on leur fait subir ; mais ce sont ou des tares locales et accidentelles, dont l'importance est nulle pour la reproduction, ou ce sont autant d'indices que le cheval n'avait pas la valeur réelle qu'on lui supposait et qu'il doit être rejeté comme étalon ; ou bien, encore, l'avidité irréfléchie du propriétaire a eu ses inconvénients, et ce n'est pas la faute des théories que nous venons d'exposer. Beaucoup de chevaux se trou-

---

(1) *Doctor-Syntax*, né en 1811, courait et gagnait encore en 1823 ; étalon depuis, il a eu des produits qui gagnaient à quatre ans en 1843, par conséquent en 1839, à vingt-huit ans, il avait encore le pouvoir d'engendrer d'excellents chevaux.

vent incapables de subir le travail même de l'entraînement, et se tuent à jamais avant de courir ; ils deviennent boiteux, corneurs, etc. Mais ceux-là sont des individus chétifs, pour l'exclusion desquels, précisément, les courses sont instituées; et quant à ceux qui, parmi ceux-là même, eussent été capables d'un bon service, et il y en a, il faut s'en prendre de leur ruine, à leur propriétaire, trop peu judicieux pour deviner à temps leur infériorité, ou si aveuglément cupide, qu'il sacrifie la valeur certaine d'un cheval à l'espoir chimérique d'un prix qu'il ne gagnera jamais.

Il arrive, enfin quelquefois, que l'entraînement lui-même a tué des chevaux; ainsi, une purgation intempestive, une trop forte suée, ou toute autre cause, ont les plus funestes résultats. Les entraîneurs, en général, hommes de routine plutôt que de science, commettent quelquefois certaines erreurs en Angleterre, et à plus forte raison hors de chez eux, faute de connaître un climat étranger et d'en apprécier les exigences; mais, encore une fois, qu'est-ce que cela prouve ? Les fautes du médecin ne sont pas celles de la médecine.

S'il nous restait quelques détails positifs sur le régime auquel se soumettaient les athlètes de la Grèce, je ne doute pas qu'on n'y trouvât les plus grands rapports avec l'entraînement de nos jours. Il paraît que les Anglais s'occupent aussi de préparer les hommes aux divers exercices, et ils y emploient les mêmes principes d'hygiène et de physiologie.

On a parlé de je ne sais plus quel philosophe, que sa

force corporelle semblait appeler aux luttes des jeux olympiques, et qui y renonça, parce que la nécessité de consacrer par jour un certain nombre d'heures au sommeil et à une nourriture substantielle le distrayait de ses études contemplatives. N'est-ce pas là le repos si calme et si absolu que nous voulons pour le cheval à l'entraînement, lorsqu'on l'enferme dans une box inaccessible à la lumière et à tout bruit extérieur?

Nous lisons dans *Plutarque*, qu'Eumènes s'étant jeté dans la ville de Nora, en Cappadoce, avec 500 cavaliers et 200 fantassins, eut bientôt à lutter contre les inconvénients d'un repos forcé, faute d'espace.

« Il s'aperçut bientôt que rien n'incommodait tant sa garnison que l'espace étroit qu'elle occupait, renfermée dans de petites maisons serrées et dans un terrain qui, en tout, n'avait pas plus de deux stades de circuit, où on ne pouvait ni se promener ni faire le moindre exercice, et où leurs chevaux, ne pouvant presque se remuer, devenaient pesants et incapables de servir. Pour dissiper cette langueur où les hommes et les chevaux croupissaient par l'inaction, et afin de les rendre plus dispos et plus légers, pour la suite, si l'occasion s'en présentait, voici ce qu'il imagina. De la plus grande maison du lieu, et qui n'avait en tout que quatorze coudées, il en fit comme une salle d'exercice qu'il donna aux hommes, leur commandant de s'y promener, d'abord tout doucement, et de doubler ensuite le pas peu à peu, et enfin de faire les mouvements les plus violents. Et pour les chevaux, il les faisait suspendre les uns après les autres avec de grandes sangles qu'on leur mettait sous le cou, et qu'on passait dans des anneaux attachés au plancher de l'écurie ; ensuite, par le moyen de quelques poulies, on les élevait en l'air, de manière qu'ils n'étaient appuyés que sur les pieds de derrière, et que des pieds de devant ils pouvaient à peine toucher la terre du haut de la pince. Dans cette position, les palefreniers venaient les exciter et les irriter avec de grands cris et de grands coups de fouet. Ces chevaux, pleins de fureur et de rage, ruaient de leurs pieds de derrière, s'agitaient très-violemment, faisaient de grands efforts pour appuyer à plein leurs pieds de devant, et voulant frapper la terre, ils donnaient une si grande extension à tout leur corps, qu'il n'y avait point de nerf qui ne travaillât et qui ne souffrît, et qu'à force de hennir et de se tourmenter, ils étaient tout couverts de sueur et d'écume. Après cet exercice, très-propre à les fortifier, à les tenir en haleine et à leur rendre les membres souples et dispos, on leur donnait leur orge pilée, afin qu'ils pussent la digérer plus promptement et avec moins de peine. » (PLUTARQUE, *Vie des hommes illustres*, traduction de Dacier (*Vie d'Eumènes*).

C'est peut-être ce passage, mal intepreté, qui a fait dire à Thiroux, page 310 : « J'ai lu, dans un très-ancien auteur, dont je ne me rappelle plus le nom, que ce furent des cavaliers militaires, enfermés dans une ville assiégée, qui s'avisèrent, les premiers, de faire trotter autour d'eux leurs chevaux attachés au bout d'un long cordeau ; par ce moyen, un seul homme, à pied, exerçait, sans se fatiguer, plusieurs chevaux par jour; et chaque jour, plusieurs trouvaient un exercice suffisant, quoique sur un terrain limité. D'autres cavaliers militaires, encore plus à l'étroit dans une forteresse qu'ils défendaient, n'ayant pas même la place d'y faire trotter leurs chevaux à la longe, au cercle, imaginèrent de planter deux gros pieux entre lesquels ils excitaient leurs chevaux, tenus de court, à se mouvoir sur eux-mêmes. Telles sont, suivant mon auteur, la cause et l'origine de la longe et des piliers. »

Quand la science de l'entraînement ne serait utile uniquement qu'à ceux qui font profession de préparer les chevaux à la course, elle serait indispensable à ceux dont ce genre de sport est l'occupation favorite : car ce goût du turf est un plaisir aussi niais que ruineux pour quiconque n'y apporte ni sagacité ni expérience. Mais je soutiens qu'il est impossible de s'occuper de chevaux d'une manière quelconque, sans s'apercevoir, à chaque instant, de la nécessité de connaître les lois fondamentales de cet art.

On m'objectera qu'il n'y a pas besoin d'être entraîneur pour mettre en haleine des chevaux destinés à un service ordinaire : que maint cocher ou propriétaire y arrive par habitude ou par bon sens, je dirai oui, et plus même, par hasard. Mais ceux qui réussissent ont suivi les règles de l'entraînement. M. Jourdain ne faisait-il pas de la prose sans le savoir? C'est une discussion de mots et rien de plus : la vérité subsiste.

En effet, le militaire qui entre en campagne, ou même qui reçoit l'ordre de changer de garnison ; le chasseur qui voit arriver l'automne ; le propriétaire qui vient d'acheter un jeune cheval dans l'écurie d'un marchand ; l'éleveur qui veut mettre ses produits en travail, n'ont-ils pas tous besoin des connaissances d'hygiène, relatives à l'exercice, pour les appliquer suivant les circonstances où ils se trouvent ?

Dans l'entraînement, comme dans l'équitation, et généralement dans toutes les sciences pratiques, la théorie est peu de chose; elle se réduit à quelques principes dont l'énoncé est simple, mais dont l'esprit est quelquefois difficile à saisir. Le reste consiste dans l'habitude qui s'acquiert, et dans un certain talent d'observation, un tact qui ne se donne jamais. Ainsi, les courses de deux ans, qui font crier tant de monde, n'ont d'inconvénients que pour les personnes sans jugement et sans expérience. Un cheval, né en février, comme cela doit toujours être pour les poulains de course, ne peut courir en mai dans sa troisième année s'il n'a été dressé, environ six mois d'avance, c'est-à-dire en décembre. Tout éleveur judicieux s'y prendra même avant, dans la crainte que la gourme ne vienne inopinément le contrarier; ainsi donc, en thèse générale, le jeune cheval de dix-huit mois est propre à être monté dès le mois d'octobre. La course de deux ans est si courte, qu'il n'a pas besoin d'entraînement réel; on le présente; s'il a des chances, on en profite, sans le détériorer, car ce ne sont guère les courses qu'on gagne, mais celles qu'on perd qui ruinent les chevaux. Sinon, on s'arrête et l'on se réserve pour une occasion meilleure.

Les premiers effets de l'entraînement échauffent quelquefois le jeune cheval d'une manière fâcheuse; il est à propos, alors, de s'arrêter, de suspendre le travail, de rafraîchir le cheval pendant quelques jours avec des carottes, ou même du vert, pourvu que l'on ait du temps devant soi.

J'ai vu abuser de ce principe par un prétendu hippologue, que je ne nommerai pas. Il faisait donner jusqu'à 20 kilogrammes de vert, par jour, à des chevaux de trois ans, sans interrompre les galops; et il appelait cela corriger les pratiques anglaises par une méthode particulière, plus appropriée à nos besoins et à notre climat. Comme il n'avait pas à produire ces chevaux dans des luttes réelles, l'inconvénient ne fut pas trop visible, c'était, d'ailleurs, sur un hippodrome de province; mais je cite cet exemple et bien d'autres, pour prouver que l'incapacité de nos hommes de cheval est la seule cause de notre misère chevaline. Je ne saurais trop insister sur cette vérité. Le jugement est tout, mais le jugement est rare chez ceux qui n'ont ni goût, ni éducation, ni intelligence.

Peu d'hommes spéciaux ont écrit sur cette partie si importante de la science hippique. Les Anglais eux-mêmes comptent peu d'ouvrages sur l'entraînement, et encore sont-ils dus, pour la plupart, à des vétérinaires auxquels l'expérience pratique manque généralement.

Il existe une petite brochure de 40 pages, intitulée : *Pratique de l'Élève des chevaux*, dans laquelle il est dit quelques mots sur l'entraînement. L'auteur est M. Olivier Chuteau, entraîneur et jockey français, pour lequel nous n'avons pas eu de partialité patriotique, au contraire. Il ne manquait cependant pas de talent, et il méritait des encouragements qui lui ont manqué. Le principal défaut de son livre est l'exiguité.

L'ouvrage le plus capital que nous ayons est celui de Darvill, dont malheureusement il n'existe pas de traduction en français.

Cet auteur réunit toutes les conditions voulues pour faire un ouvrage éminemment utile. Son enfance se passa dans une écurie d'entraînement, où le jeta, en dépit de ses parents, sa passion pour les chevaux ; quelques années plus tard, il en sortit homme fait et employa ses connaissances pratiques au service d'un gentleman ; mais, bientôt, son désir d'instruction le fit entrer au collége vétérinaire. Il obtient un diplôme et une place de vétérinaire dans un régiment de hussards. C'est là qu'une occasion fortuite le rappela à ses premières occupations de jeunesse. Les officiers de son régiment, en garnison à Saint-Omer, voulurent charmer leurs ennuis en établissant des courses. Il fut prié de surveiller l'entraînement de quelques chevaux, et il composa son livre. On comprend à quel point un ouvrage, écrit ainsi, doit instruire et intéresser ; on oublie les prolixités et les redites en faveur d'un style si plein de bonhomie et de conscience La lecture seule du traité de Darvill m'a empêché de parler en détail de l'entraînement ; j'aurais pu, à défaut de tout auteur spécial, exposer des théories raisonnables et peut-être donner quelques enseignements utiles ; sans être aussi compétent dans cette partie qu'un entraîneur véritable, je me crois, sans vanité, plus entendu, plus spécial, plus expérimenté que tant d'auteurs qui ont parlé d'élevage sans avoir jamais poussé l'éducation d'un cheval depuis sa naissance jusqu'à sa cinquième année ; mais je ne tomberai que malgré moi dans le défaut de la plupart des écrivains hippologiques. Homme pratique avant tout, je tâche d'expliquer ce que j'ai vu, ce que j'ai fait moi-même ; je donne mes observations, mais je ne cherche pas à me substituer à quiconque est plus apte que moi ; je renvoie aux sources plutôt que que d'y puiser. Je ne donnerai pas même un extrait de Darvill, quoique j'en aie eu d'abord la pensée. Peut-être aurai-je un jour le loisir de le traduire, et c'est ce que je ferai alors, si, d'ici là, la tâche n'est pas remplie d'une manière qui me paraisse satisfaisante.

Courses au trot.

L'entraînement du cheval pour les courses au trot est fondé sur les mêmes principes que pour les courses au galop. Il existe quelques modifications que le bon sens et l'habitude doivent apprendre facilement. Malheureusement pour nous, la connaissance des véritables praticiens nous manque à cet égard. Les courses au trot existent en Angleterre et en Hollande, mais sur une petite échelle ; ce serait donc en Russie ou mieux encore dans l'Amérique septentrionale qu'il nous faudrait aller chercher des notions utiles et complètes sur cette branche importante de l'équitation.

En France, les courses au trot ont pris quelque extension depuis ces dernières années ; mais il faut avouer qu'elles ont plutôt été utiles à perfectionner l'éducation de nos jeunes chevaux, qu'à produire ou à faire remarquer des trotteurs d'une vélocité extraordinaire.

Nous savons que, partout où l'on trotte véritablement, les chevaux se mènent en bridon avec un fort point d'appui. Il existe bien, en France, quelques chevaux que l'on trotte en bride et en tirant sur les rênes avec violence. Je crois que ce ne sont que des exceptions à éviter et résultant d'un dressage vicieux. Quelques écuyers et hommes de cheval veulent soutenir, en vertu des théories de M. Baucher, que le cheval peut se développer dans tous ses moyens sans tendre ses rênes, je pense que c'est encore une erreur, bien qu'il puisse être très-praticable de diminuer le point d'appui que l'on croit habituellement nécessaire. C'est ainsi que John Lauwrence s'élève avec raison sur l'habitude des jockeys, de son temps, de tirer de toutes leurs forces, et sans aucune mesure sur la bouche des chevaux de courses.

En Hollande, pour développer le train des hart draves, le cavalier se place, dit-on, en couverte très en arrière et presque sur la croupe, un bâton à la main; il excite vivement le cheval et le châtie avec rigueur sitôt qu'il s'enlève au galop, de manière à le terrifier et à lui ôter presqu'entièrement l'habitude de cette allure.

De plus, on court sur de belles chaussées fort unies, au clair de la lune, et dans une direction telle que le cheval voie toujours son ombre à côté de lui et un peu en avant, ce qui l'anime, dit-on, à un point excessif.

En Angleterre, on exerce les trotteurs en main en galopant à côté d'eux sur un poney commode, et qu'ils s'accoutument à accompagner sans interrompre leur train.

En Amérique, le poulain, m'a-t-on dit, annonce ses dispositions au trot par certains signes très-familiers aux

— 268 —

connaisseurs; aussitôt qu'on les remarque, on s'occupe de les développer.

En Russie et en Suède, il se fait beaucoup de courses en traineau sur la glace, parmi lesquelles on cite celles de la Néva; d'ordinaire, les distances sont assez longues, cinq ou six lieues, par exemple.

Nous avons détaillé, en temps et lieu, les particularités qu'offre d'ordinairement le trotteur dans sa conformation. Nous donnerons ici et aux pages suivantes (*fig.* **29, 30, 31,**

Fig. 29. — Portrait de la célèbre trotteuse de M. Bishop.

OBSERVATIONS.

Les oreilles coupées du cheval et le costume du cavalier assignent pour date à l'existence de cet animal le dernier quart du xviiie siècle.

32 et 33) comme spécimen plusieurs portraits de trotteurs célèbres à diverses époques.

Fig. 30.—*Phenomena*, âgée de douze ans : elle parcourut 19 miles en une heure avec tant de facilité que le propriétaire offrit de parier pour 19 miles et demi dans le même espace de temps, et personne n'osa tenir.

OBSERVATION.

Dans ses diverses performances, dont nous n'avons indiqué que la plus forte, la jument ne portait que 60 livres anglaises (environ 55 livres françaises), ce qui explique la proportion indiquée entre le cavalier et sa monture.

Il se fait, dans le Norfolk, quelques sweepstakes ou poules de trotteurs, mais plus ordinairement des *match* ou paris particuliers entre deux concurrents.

Ces trotteurs de Norfolk se croisent, dit-on, depuis quelques années, avec le pur sang, ce qui leur ôte du train, mais augmente beaucoup leur vitesse pour de longues distances.

Fig. 31.—*Miss Turner*, née dans le pays de Galles, parcourut 10 miles en 31 minutes 42 secondes, battue d'une minute deux secondes par *Rattler*, trotteur américain, lequel mourut quelque temps après des suites d'une course qu'il gagna également. — *Miss Turner*, regardée comme la meilleure trotteuse anglaise de son époque, fut consacrée à la reproduction.

Il paraît aussi exister quelques courses au trot en Suisse, mais inférieures même à celles de France.

La règle ordinaire dans les courses au trot montées est que le cheval qui prend le galop s'arrête et fasse un tour entier sur lui-même, ce qui lui fait perdre une grande distance.

L'enlevé du train postérieur seulement qui caractérise le traquenard ne constitue point d'ordinaire une infraction à l'allure du trot. Il est en effet à peu près impossible qu'à une vitesse exagérée, le trot ne se désunisse pas au point de dégénérer en amble, en entre-pas, etc. Cependant on

Fig. 32. — *Rochester*, trotteur américain, parcourut 3 miles anglais en 13 minutes 52 secondes, en 1832.

m'a dit que depuis quelque temps les parieurs au trot devenaient beaucoup plus sévères et plus exigeants sur la régularité des allures.

La voiture usitée pour les courses au trot est en général le stocklet américain à deux roues, dont nous donnons ici le portrait, attelé du célèbre *Tom Thumb* (*fig.* 36, page 273).

On court aussi quelquefois avec des américaines à quatre roues et à deux chevaux.

Nous ne saurions trop recommander à nos lecteurs la lecture du traité des courses au trot de M. Houel. Nous

Fig. 33.—*Nonpareil*, cheval alezan anglais de petite taille, engagé, en 1856, pour faire 100 miles en 10 heures, arriva en 9 heures 56 minutes 57 secondes.

OBSERVATION.

Cette performance satisfit singulièrement les Anglais en ce qu'elle dépassait celle de *Tom-Thumb* (Tom-Pouce, ou Petit-Poucet), qui mit 10 heures 7 minutes, y compris 25 minutes de repos, à parcourir les 100 miles.

pensons plus utile pour eux de les y renvoyer que d'en donner des extraits.

Dans les courses au trot, plus que dans les courses au galop, il arrive de courir contre le temps, c'est-à-dire de parier qu'on fera une distance donnée dans un temps voulu et sans concurrent.

C'est alors qu'il est nécessaire d'employer des montres parfaites et d'en bien connaître l'usage; un bon chronographe, ou chronomètre, ou compteur, est un instrument indispensable à tout sportsman et dont la direction exige plus d'adresse et d'habitude qu'on ne le pense généralement. Dans nos courses de province, le temps est souvent

Fig. 34. — Tom-Thumb.

relaté avec la plus grande inexactitude, soit faute d'instruments, soit faute de personnes capables de les tenir ; les procès-verbaux passent alors par-dessus toutes les difficultés qui surgissent, et c'est toujours aux dépens de la vérité, de la justice et du devoir.

DU CHEVAL EMPLOYÉ AU TIRAGE.

L'idée d'employer la force des animaux (en anglais, *animal power*) à la traction des fardeaux est tellement ancienne, qu'elle remonte jusqu'à la nuit des temps, et qu'on n'en peut retrouver l'origine. Il est même incertain si l'on commença par atteler ou par monter le cheval. Les longues dissertations de Dacier et autres commentateurs des anciens nous en apprennent peu à cet égard, on peut du reste en lire un extrait intéressant dans l'Encyclopédie, article *Equitation*.

« On pense assez généralement que les chevaux ne fu-
« rent d'abord employés qu'à traîner des chars, et que
« l'équitation n'est venue qu'après. Au rapport des his-
« toriens profanes, les Égyptiens auraient été les premiers
« à monter à cheval.   J. ROCQUANCOURT. »

(*Cours d'art et d'histoire militaires*, tome 1ᵉʳ, page 9.)

Quoi qu'il en soit, le cheval ne fut pas le seul animal consacré à cet usage.

Ainsi Bacchus est représenté sur un char traîné par des tigres ou des lions. Ne serait-ce pas plutôt une allégorie qu'une réalité ? peu importe, ce tour de force de domestication est pénible, et a, selon toute probabilité, été exécuté à Rome, à l'époque où les jeux du cirque faisaient affluer dans cette ville tous les animaux les plus rares et les plus terribles. Du reste, la férocité du tigre devait être un obstacle bien moindre encore que l'incapacité de sa conformation aux efforts que nécessite le tirage.

Il est traditionnel de peindre Alexandre le Grand faisant son entrée dans Babylone sur un char attelé d'éléphants.

Le bœuf, le zébu, le buffle, ont de toute antiquité secondé le laboureur dans ses travaux.

Le renne attelé par une simple courroie au traineau du Lapon parcourt quelquefois en un jour la distance de 100 miles (40 lieues).

Nous lisons dans le *Cabinet du jeune naturaliste*, par M. Thomas Smith, tome 2, page 226.

« Il paraît, d'après les *Transactions de la Société de New-York*, qu'on est parvenu à rendre l'élan très-utile aux travaux de l'agriculture. M. Livingston, président de cette société, a fait mettre deux de ces animaux à la charrue, et quoiqu'ils n'eussent encore porté le mors que deux fois, ils paraissaient aussi dociles que des poulains de même âge : ils employaient toutes leurs forces pour tirer, et marchaient d'un pas très-assuré. Ils paraissaient avoir la bouche fort tendre, et il fallait beaucoup de précaution pour empêcher que le mors ne leur blessât les barres ; ainsi après différents essais on est parvenu à reconnaître que les élans peuvent être utiles comme bêtes de trait ; ce sera une acquisition fort avantageuse pour les Américains ; comme ces animaux ont le trot fort rapide, il est probable qu'attelés à de légères voitures, ils dépasseront le cheval ; ils sont aussi moins délicats sur leur nourriture que cet animal. Les femelles ont d'ailleurs plus de lait qu'aucune bête de somme. »

Le cochon même a été, dit-on, essayé dans un emploi dont on le croit ici tout à fait incapable.

« On voit souvent, dans l'île de Minorque, un cochon, une truie et deux jeunes chevaux attelés ensemble, et de ces animaux, la truie est celui qui tire le mieux; l'âne et le verrat sont aussi, suivant la nature du terrain, attachés à la même charrue pour labourer la terre. »

(*Le même*, tome 2, p. 201.)

Le chien est employé fréquemment en province par les boulangers, les bouchers, et les charcutiers, à traîner, pendant le jour, les marchandises qu'il défend pendant la nuit. Ce mode de transport, défendu, à Paris, depuis plusieurs années, par les ordonnances de police, a été fort en usage en Hollande et particulièrement à La Haye, mais ce sont surtout les Esquimaux, les Groënlandais et les Kamtchadales, qui ont tiré parti du chien comme animal de trait.

« Cet animal (le chien de Sibérie, qui se trouve dans la plupart des contrées voisines du pôle arctique) sert, dans le Kamtchatka, à tirer des traîneaux sur la neige glacée; le nombre des chiens employés est ordinairement de cinq, dont quatre sont attelés deux à deux, et le cinquième sert de guide. Les rênes du traîneau sont attachées à leur collier, et le conducteur se repose principalement sur leur obéissance à sa voix; il faut, par conséquent, beaucoup de soin et d'attention pour dresser le chef, qui, s'il est vigoureux et docile, devient d'un grand prix et se vend quelquefois 40 roubles.

« Le conducteur tient à la main un bâton crochu qui

sert en même temps de guide et de fouet : des anneaux de fer sont fixés à l'une des extrémités de ce bâton comme pour ornement; ils servent aussi à animer par leur bruit les animaux, car souvent, si les chiens sont bien dressés, le conducteur n'a pas besoin d'employer le fouet.

« Lorsqu'il touche de son bâton la glace, les chiens tournent à gauche, et s'il frappe les supports du traîneau, ils tournent à droite; lorsqu'il les veut faire arrêter, il lui suffit de placer son bâton entre la neige et l'avant-train de sa voiture.

« Si les chiens ne sont pas attentifs à leur devoir, le guide les châtie ordinairement en leur jetant son bâton, et son adresse à le ramasser est ce qu'il y a de plus difficile à expliquer. Il n'est pas étonnant néanmoins qu'il soit habile dans une manœuvre d'une aussi grande importance pour lui, car du moment que les chiens s'aperçoivent que leur conducteur a perdu son bâton, à moins qu'il ne soit très-robuste et très-vigoureux, ils partent malgré lui comme un trait, et ne s'arrêtent que lorsque leurs forces sont entièrement épuisées, à moins qu'ils ne soient parvenus, soit à renverser le traîneau, soit à le précipiter dans un abîme, où il reste enterré sous la neige avec eux et le conducteur.

« La manière dont en général ces animaux sont traités semble peu propre à fortifier leur attachement pour ceux qui les emploient; dans l'hiver, on les nourrit très-sèchement de viande gâtée, et l'été, on les envoie au dehors chercher leur vie, jusqu'à ce que le retour des frimas rende leur maître intéressé à les reprendre.

« Pendant qu'on les attèle au traîneau, ils poussent des

hurlements affreux ; mais, quand tout est disposé, ils font entendre un aboiement qui annonce de la gaieté, et qui cesse au moment où ils se mettent en route.

« On a vu ces animaux faire un voyage de près de cent soixante et dix miles en trois jours, et il n'est pas de chevaux qui soient plus utiles aux Européens que les chiens ne le sont aux naturels des stériles contrées du Nord. Lorsque, dans les plus grandes rigueurs de la saison, leur maître ne peut plus reconnaître la route qu'il doit suivre, ni même tenir les yeux ouverts, ils se trompent rarement de chemin ; et quand ils commettent quelqu'erreur à cet égard, ils courent de côté et d'autre, jusqu'à ce que par leur flair ils l'aient retrouvé. Lorsque au milieu d'un long voyage, comme cela arrive souvent, il est impossible à leur maître d'aller plus loin, les chiens se réunissent autour du conducteur pour lui tenir chaud et le préserver de toute espèce de danger, ils annoncent aussi une grande chute de neige, en s'arrêtant et en frappant de leurs pieds : dans ce cas, il est toujours prudent de chercher quelque village pour se retirer et se mettre à couvert. »

(*Le même*, tome 2, page 98.)

Du reste, il ne paraît pas que ces animaux soient d'une très-grande ressource ; on ne les emploie que faute de mieux : leurs forces sont rapidement épuisées, et l'on ne peut guère compter sur eux pour de longs voyages ; les explorateurs anglais, qui recherchaient la passe aux Indes par le pôle Nord, objet de tant de vœux, ont été obligés de renoncer aux services des chiens de Sibérie pour des voyages qu'ils projetaient à travers ces contrées glaciales.

Nous avons tous vu des attelages de chèvres, et l'on se rappelle encore la petite voiture du roi de Rome traînée par deux mérinos qu'avait dressés Franconi.

Il y a une trentaine d'années environ, des dromadaires étaient employés au manége d'une pompe au Jardin des Plantes.

Tous les pachydermes et tous les ruminants sont susceptibles d'être attelés avec plus ou moins de facilité et de profit, suivant leurs forces et leur conformation. Mais le cheval est celui qui réunit au plus haut degré, et au degré le plus avantageux, les deux qualités nécessaires pour le tirage, force et vitesse; aussi, est-il le plus magnifique pour les équipages de luxe comme le plus utile aux besoins de l'industrie. Il ne possède pas, il est vrai, la patience du bœuf qui, sans se rebuter d'une charge trop lourde, réitère continuellement ses efforts et finit par réussir; plus ardent, il donne d'abord tout ce qu'il peut, et se refuse ensuite à une tâche qui lui semble impossible (1).

---

(1) La même différence existe sous ce rapport entre le cheval de pur-sang et le cheval commun qu'entre celui-ci et le bœuf. De même que le bœuf est sans rival pour tirer de l'ornière une charrette embourbée, de même le limonier boulonnais est préférable au carrossier léger et bien né pour bien des gens. Ceux, par exemple, qui ne calculent en chargeant une voiture, ni le nombre ni la qualité des chevaux qui y sont attelés, ni l'état des chemins, ni la distance à parcourir; qui ne réfléchissent pas que la vitesse des parcours peut souvent compenser la lourdeur des chargements; et qu'enfin le véritable problème du voiturier est celui-ci : transporter un poids donné avec vitesse et à bon marché, l'une de ces deux données pouvant être la plus importante, suivant l'occasion. Il est évident que dans l'état actuel des choses, un gros cheval, mou et flegmatique, mal conduit, trop chargé, attelé avec des harnais qui le bles-

La puissance de traction du cheval est positivement plus grande que celle du bœuf, et son allure au pas beaucoup plus rapide. On voit fréquemment un seul cheval, sur les ports, tirer des poids de cinq, six et même sept mille livres pour de petites distances. Je ne crois pas qu'il y ait de paire de bœufs capable de traîner cinq, six ou sept mille kilogrammes dans son allure ordinaire. Ainsi, quoique dans les contrées où la civilisation n'a pas encore pénétré il soit possible que le buffle et le bœuf soient d'un usage plus profitable à travers le pays et sans route tracée, la préférence se donne de plus en plus au cheval. Des cultivateurs routiniers ont prôné le travail lent et mesuré du bœuf pour la perfection du labour ; mais aujourd'hui, il paraît reconnu que jamais les labours ne sont assez expéditifs, et que d'ailleurs ce travail comporte une assez grande vitesse d'exécution ; et l'on aime mieux employer le cheval, quoique plus cher d'achat et d'entretien. En un mot, aujourd'hui, pour l'agriculture, le cheval est décidément l'animal du progrès.

L'âne est peu propre à l'attelage à cause de l'exiguité de sa taille et le peu de vitesse de ses allures ; il sert comme le cheval, mais il le remplace fort imparfaitement.

Le mulet, plus grand et plus fort, est employé presque

---

sent et dans une route où il s'embourbe à tout moment, fera mieux ou moins mal qu'un cheval léger, vite, impatient et énergique ; mais la civilisation bien entendue ne consisterait-elle pas à conduire le cheval avec habileté, à l'équiper convenablement, à bien apprécier la charge qu'on lui donne, et à avoir partout des routes bien entretenues ? L'intelligence est la vraie force de l'homme : c'est celle dont l'emploi devrait lui coûter le moins.

partout comme bête de trait, et souvent même à l'exclusion du cheval; en Espagne, par exemple, il traîne la charrue, les diligences, l'artillerie et les voitures de luxe; il y déploie beaucoup de fonds et une vitesse satisfaisante, mais non pas égale à celle des trotteurs anglais, comme je l'ai entendu soutenir.

Attelé à de fortes charges, le mulet *n'est pas franc et demande à être maître du poids*, c'est-à-dire qu'il se rapproche sous ce rapport du cheval de sang; il en a tout le nerf, et les charretiers expérimentés en font beaucoup de cas comme limonier à cause de la *netteté* avec laquelle il peut arrêter à son gré, même sur une pente rapide, une voiture énormément chargée.

L'art de l'attelage peut se partager en trois parties distinctes :

1° La confection du véhicule;
2° Le harnachement;
3° La manière de conduire les animaux.

PREMIÈRE PARTIE.
Des voitures en général.

Évidemment, une pièce de bois traînée par une corde que l'on avait attachée au cou d'un cheval ou aux cornes d'un bœuf a été la première réalisation du tirage. Bientôt l'idée vint de diminuer les frottements sur le sol, et l'on inventa les traîneaux.

Le caractère essentiel de cette machine est de se composer de pièces parallèles à la direction de la marche, parce qu'ainsi elles ne rencontrent les inégalités du terrain que dans le sens très-restreint de leur largeur, et si le poids à porter est supérieur à la résistance du sol, elles coulent dans la trace que s'est faite leur extrémité antérieure.

Le traîneau est suffisant sur la glace ou sur la neige durcie par le froid ; aussi est-il resté en usage dans tous les pays du Nord. Les voitures les plus élégantes, en Russie et en Suède, sont débarrassées de leurs roues pendant l'hiver, et les Anglais établis dans le Canada ont adopté le traîneau l'hiver, tout en conservant la forme fashionable des caisses à l'anglaise. Le pavé même permet quelquefois le traîneau ; et l'on en voyait naguère l'usage à Paris, où les brasseurs transportaient ainsi un baril pour s'épargner la peine du chargement.

« En Angleterre, les traîneaux sont aujourd'hui fort peu en usage ; dans quelques villes de commerce, la facilité avec laquelle on y place des objets volumineux et lourds, sans avoir à les enlever à la hauteur d'une charrette, les fait encore employer, mais, même dans ce cas, on ne s'en sert en général que sur le pavé où le frottement est presque nul.....

« ..... Des trucks à roues basses auraient le même avantage... Pour l'agriculture, ils sont tout à fait hors d'usage, et pour toutes les relations de commerce entre des points éloignés on y a renoncé.

« Ce n'est qu'au nord de l'Angleterre et dans quelques parties du *Cornwal* que l'on en emploie encore quelques-uns dans les fermes.....

« Un traîneau est un cadre en bois ;... le frottement

entre le dessous du train et le sol entre pour beaucoup dans le poids; mais si le sol est très-inégal et rempli de trous, le traîneau qui s'étend sur une grande surface, et ne glisse que sur les points les plus élevés, c'est-à-dire naturellement sur les pierres et les parties les plus dures, cause moins de frottement sur une pareille pente; une roue, en tombant continuellement dans ces trous, opposerait ainsi une résistance considérable et exposerait fréquemment la charge à verser.

« Il paraît donc que, sur un chemin rompu, ou même très-mauvais et inégal, un traîneau peut être plus avantageux que des roues, et son extrême simplicité le rend très-économique quant à la première mise. *Mais il faut que le sol soit bien mauvais ou le pays bien pauvre et bien peu cultivé pour que la construction d'une route ne se paie pas elle-même en permettant l'usage des roues*; car la force nécessaire pour tirer un traîneau chargé est quatre ou cinq fois plus grande que celle demandée pour une charrette de même poids, sur une route tolérable.

« Le tirage d'un traîneau, même sur le pavé, est d'environ un cinquième du poids; ainsi, pour une tonne il faut une force de traction de 500 *livres*. Sur une route (macadamisée) le frottement est encore plus grand....

« Sur la glace le frottement est si peu de chose, que le traîneau oppose moins de résistance même que les roues, par la raison déjà énoncée, que les traverses couvrent un plus grand espace, et s'appuient sur les aspérités qui empêcheraient la marche des roues. » (*On draught*, p. 426).

Lorsque le traîneau est emmené rapidement sur une

surface parfaitement unie, comme celle de la neige bien gelée, il risque de couler en avant sur les chevaux si sa vitesse acquise devient supérieure à celle de l'attelage, ou de dévier à droite et à gauche suivant la pente du terrain. On a obvié au premier inconvénient en liant les chevaux au poids qu'ils traînent par une barre rigide et inextensible. Tel a été le premier but du timon et de la limonière. Quant au second, on a placé sur la partie latérale des traverses, et à la portée des pieds du conducteur des crochets, qu'un ressort tient habituellement au niveau du bois, mais que le poids de l'homme, lorsqu'il s'appuie, fait enfoncer dans le sol. La marche du traîneau est ainsi fixée sur une ligne droite, et de plus, retardée.

Il paraît même que ce moyen est suffisant pour arrêter tout l'équipage; car j'ai vu des gravures représentant des traîneaux canadiens attelés en *four in hand* ou en *tandem*, sans autre chose que des traits, et même d'une longueur médiocre. Il est vrai que, sur ces estampes, du reste fort exactes en apparence, il n'y a aucun vestige de ces crochets; je ne sais donc trop que penser de ces attelages.

Dans les pays tempérés et méridionaux où le sol est naturellement hérissé d'inégalités, souvent même détrempé par la pluie, l'usage du traîneau a nécessairement dû être borné et insuffisant.

« Les Esquimaux avec leurs chiens, les Lapons avec leurs rennes, les Russes avec leurs chevaux, usent beaucoup de traîneaux en hiver sur les rivières gelées et la neige durcie.

« Dans les climats chauds, au contraire, non-seulement ils sont aujourd'hui tout à fait inconnus; mais les souvenrs, qui remontent à une période de trois mille ans, ne font pas mention de ce moyen de transport. »

(*On draught*, p. 427).

La roue fut un grand perfectionnement dans le tirage, cependant le nom de l'auteur d'une si belle invention s'est dérobé par l'oubli à notre reconnaissance. On sait pourtant que l'invention de la brouette est toute récente, et est due à Pascal. Ovide décrit l'invention de la scie, et l'attribue à Perdrix, neveu et élève de Dédale.

> *Ille...... medio spinas in pisce notatas*
> *Traxit in exemplum ; ferroque incidit acuto*
> *Perpetuos dentes ; et serræ repperit usum.*

Un jour qu'il avait examiné l'arête des poissons, il voulut l'imiter : il aiguisa sur le fer des dents continues, et la scie fut inventée.

Celle du compas :

> *Primus et ex uno duo ferrea brachia nodo*
> *Vinxit ; ut æquali spatio distantibus illis,*
> *Altera pars staret ; pars altera duceret orbem.*

Il réunit par un nœud commun deux baguettes d'acier dont l'une portait sur un point fixe, tandis que l'autre décrivait un cercle; et le compas fut trouvé.

Ce même Perdrix trouva encore la lime et la roue du potier de terre.

Je n'ai vu nulle part faire mention de la roue des chariots. Un ouvrage anglais, déjà cité, suppose que l'homme employa d'abord le rouleau ou rondin ; puis une paire de roues pleines et faisant corps avec l'essieu ; de la sorte la masse à transporter glisse sur cet essieu et le fait rouler; un mouvement quelconque de l'essieu amène alors un plus grand mouvement des roues sur le sol, à cause de la différence des diamètres, et par conséquent des arcs décrits par un même angle.

Les rais durent bientôt remplacer les parties pleines de la roue primitive, telle que l'on en voit encore, dit-on, dans certaines partie de l'Italie et de l'Espagne, à des charrettes à bœufs (*Stridentia plaustra de Virgile*).

Enfin, la création des moyeux a porté cette machine à son dernier degré de perfection élémentaire.

Car tous les divers modes de fabrication, dont nous parlerons plus tard, ont toujours pour base cette forme générale, et leur supériorité relative dépend en grande partie du fini de la main-d'œuvre, ainsi que du mode plus ou moins judicieux d'application à tel ou tel objet spécial.

Une fois ce mode de roulage adopté, savoir l'essieu fixe à moyeu avec rais et jantes, il s'agit de placer la voiture dans un état propre à se mouvoir.

Deux roues, un essieu et un timon fixé perpendiculairement à cet essieu, voilà le squelette le plus élémentaire possible d'une voiture (*fig.* 35). Nous voyons employer journellement cette machine au transport des pièces de bois, poutres, etc. (*fig.* 36, p. 288).

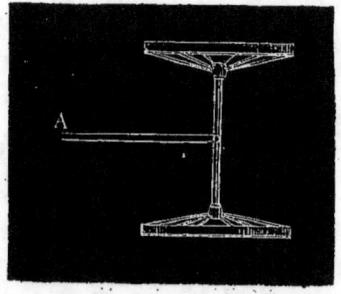

Fig. 35.

La partie la plus importante

— 288 —

du poids total est en A, chargée sur les roues qui facilitent le mouvement. L'extrémité B traîne sur le sol et y cause

Fig. 36

un frottement, insuffisant pour entraver la marche, nécessaire pour assujettir l'ensemble à une certaine fixité de position. Le tirage est en C.

Si maintenant vous supposez une poutre, aux deux extrémités de laquelle on fixe deux essieux ayant chacun leur paire de roues, il en résultera un ensemble de machine facile à rouler et dans lequel il n'y aura pas de force perdue par le frottement, comme dans la machine précédente, mais il aura, à un plus grand degré encore, l'inconvénient de n'être pas dirigeable (*fig.* 37).

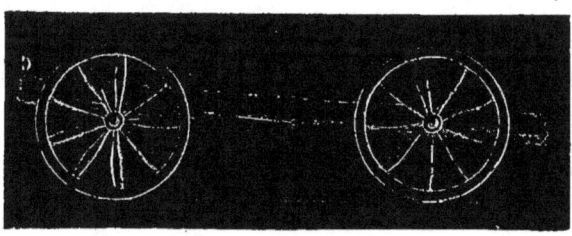

Fig 37.

Supposez, en effet, que les chevaux dont les traits sont fixés en C (*fig.* 36) soient conduits dans une direction oblique vers la droite ou vers la gauche, le point de frottement B sera porté vers la gauche ou vers la droite, sans plus de résistance que d'arrière en avant, dans la supposition d'un terrain plat et uni.

La machine à quatre roues, au contraire, ne pourra être changée en aucune manière de direction ; elle ira droit dans certaines conditions de terrain ; dans d'autres, elle obliquera en dépit de tous les efforts imaginables. Viennent ensuite une foule de conditions accessoires, telles que les diverses pentes, les inégalités du terrain, sa dureté, le défaut de cohésion absolue entre les diverses parties de la machine, etc.

Passons donc à deux perfectionnements aussi anciens peut-être que le monde : le timon ou brancard, et la cheville ouvrière.

L'essieu placé avec ses deux roues sous le poids qu'on avait à transporter, on a imaginé, pour maintenir le tout en équilibre, de fixer le timon A (*fig.* 35) sur le cou des animaux attelés.

La figure 35 est la représentation linéaire mathématique de l'idée ; son exécution se trouvera dans la figure (*fig.* 38, page 290) tirée d'un bas-relief antique dont j'ignore l'origine, ou sur une planche de Niebuhr (*fig.* 39, page 291).

« D'abord, à la tête (d'une procession à Surate), il y avait quantité de personnes bourgeoises dans des *hakkris*, ou voitures petites et légères, dont on voit une représentation.

« Le maître est assis dedans, ou plutôt dessus, sur un coussin, les jambes croisées sous le corps, son siége est couvert sur la tête et fermé dans le dos, et ordinairement il y a des rideaux de soie des trois autres côtés. Le cocher

Fig. 38.

a sa place sur le devant d'un large timon, fait de plusieurs cannes de bambou. Deux grands bœufs blancs, dont les cornes ont une longue pointe de laiton ou d'argent, tirent ces hakkris. Cet équipage de bœufs n'accommode pas d'abord les Européens, et moi-même je m'en suis déjà plaint dans mon voyage de Domûs à Surate. Mais la machine que j'avais alors n'était pas si bien faite, car ce n'était qu'une espèce de bac, ou de grand coffre, dans lequel les paysans ont sans cela la coutume de porter des vivres en ville, qui était posé sur l'essieu; puisque moi et mes compagnons de voyage nous étions tous habillés à l'Européenne, nous ne pouvions pas bien nous mettre les jambes croisées sous nous, dans cette

— 291 —

voiture, mais nous devions nous placer tout autour sur le bord, et si la poussière nous incommodait si fort dans ce voyage, c'est que le pays était alors extrêmement sec,

Fig. 39.

et que justement, dans ces jours, il n'y avait pas du tout de vent qui pût chasser la poussière. Les Indiens trouvent leurs bakkris de ville fort commodes, et, en effet, elles sont aussi bonnes que nos chaises-cabriolets ou autres

19.

voitures à deux roues ; seulement les bœufs ne marchent pas si bien que les chevaux. En attendant, on paie ici d'un couple de grands bœufs blancs jusqu'à 600 roupies (400 écus), et même des Européens, à Bombay, s'en sont servis quelquefois pour les carrosses. Ils ont, comme les bêtes à cornes en Arabie, un grand morceau de graisse sur le dos au-dessus des pieds de devant. » (NIEBUHR, t. 2, p. 52).

Le dernier perfectionnement de cette voiture est le curricle à pompe.

Je n'ai vu dans aucun bas-relief la représentation du brancard, c'est-à-dire de l'assemblage de deux timons entre lesquels on place l'animal à atteler qui maintient alors, au moyen d'une dossière B et d'une sous-ventrière C, l'équipage dans la même position que dans le premier cas (*fig. 40*).

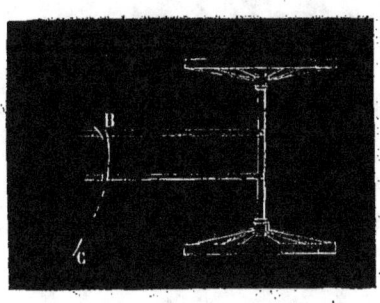

Fig. 40.

Il paraîtrait que les chars de guerre, décrits par Homère, étaient à brancard avec trois chevaux : un limonier et un autre cheval de chaque côté, comme aujourd'hui beaucoup de voitures russes. Mais le texte est obscur et difficile à comprendre à cause de l'impossibilité d'appliquer les termes techniques à des objets qui n'existent plus, qui ont changé de forme, ou que nous ne connaissons pas.

Un des passages les plus curieux est la description des

chars avec lesquels Priam, arrive apportant à Achille les présents destinés à obtenir les restes d'Hector.

Un autre est la mort du cheval d'Achille, *Xanthus*, et l'accident qui en résulte.

Toujours est-il que l'élément de la charrette est ce que nous venons de décrire, et de là, la voiture informe décrite dans un ancien livre intitulé la *Chine en miniature*, machine absurde, puisque l'essieu, placé à l'extrémité des brancards, fait au cheval la moitié du poids total (*fig. 41*).

Fig. 44.

De là aussi la voiture en usage à la Havane, espèce de cabriolet où le poids est à la vérité sur l'essieu ou à peu près, mais dont le conducteur est *ingénieusement* placé sur le cheval.

De là encore la carriole italienne où un même cheval

traîne jusqu'à douze personnes, dessous, en dedans, en dehors, et jusque dans un filet qui ballotte entre l'essieu et le sol.

La voiture à deux roues et à timon une fois en usage, divers modes ont été employés pour fixer le timon aux animaux chargés de la traîner.

Un joug fut posé en travers et à l'extrémité du timon, sur les cornes des bœufs, sur le front des mules, comme je l'ai vu quelquefois dans le Poitou, sur le garrot des bœufs et des chevaux.

Et qui sait si le frottement de ce harnais n'a pas été l'origine de la bosse des zébus et autres bœufs des Indes et de l'Arabie? Car les qualités acquises se transmettent, et une pratique continuée de génération en génération pendant des siècles, sans être interrompue, doit nécessairement arriver à des résultats surprenants.

Revenons maintenant à la voiture à quatre roues, c'est-à-dire à la poutre unissant deux essieux fixés d'une manière immuable. En permettant un certain jeu à l'essieu antérieur, il a tourné comme celui de la voiture à deux roues, suivant la direction imprimée à l'attelage, et le second a suivi le milieu mobile du premier, comme le premier suit le point d'attache du joug.

Voilà l'utilité de la cheville ouvrière.

Dans cette nouvelle voiture, le timon ne porte presque rien ou même rien, grâce à l'invention du cercle ou de la sassoire; on a pu renoncer au joug, atteler avec des traits, et même se passer de timon, comme on voit encore beaucoup de voitures dans le nord de la France et dans la

Hollande : pourvu que le pays n'offre pas de montées ni de descentes, et que le conducteur soit attentif à prévenir les effets d'une force d'impulsion trop considérable, cet attelage peut devenir d'un usage général.

En Hollande, un voiturier mène rapidement un attelage à trois chevaux de front sur les chaussées plates que forment les digues de ce pays, et pour descendre les ponts, il lui suffit d'appuyer le pied sur la croupe du cheval du milieu.

S'il faut tourner, il pousse du pied une espèce de flèche courte qui remplace le timon, et tout va bien, à la condition de charges assez lourdes, d'allures assez lentes, et d'animaux assez paisibles.

C'est à peu près l'ensemble des traîneaux canadiens dont nous avons parlé.

Ici se trouvera naturellement l'occasion de parler d'une autre espèce de tirage, celui de la charrue et des bateaux.

Ce qui nous amène à traiter précisément ici cette question, c'est que l'usage des roues va nous amener à distinguer deux sortes de tirages.

Déjà, avec les traîneaux, si la surface de la neige gelée est très-unie et suffisamment durcie, la vitesse acquise du véhicule peut durer encore après que les animaux ont cessé de tirer, mais il faut pour cela une certaine rapidité dans l'allure.

Avec les roues, une vitesse très-modérée, la moindre pente produira cet effet, et une nouvelle nécessité va compliquer le problème à résoudre, celle d'arrêter l'élan imprimé au véhicule.

Dans le tirage de la charrue, cette circonstance ne se présente jamais, la résistance du sol étant dans des conditions telles que jamais un coup de collier n'a d'influence que pour l'instant où il se donne.

Dans le halage des bateaux, même en remontant le cours d'une rivière, l'impulsion donnée par un effort puissant peut encore avoir un résultat de quelques instants ; mais l'accroissement de la résistance est si grand par rapport à la rapidité de la marche, que la vitesse acquise meurt en peu de moments et peut être considérée comme nulle.

Tout à l'heure nous verrons de quelle importance il est de faire la distinction entre le cas où le cheval n'a qu'à tirer, et toujours à tirer, et celui où il a à mouvoir un véhicule variant sans cesse de l'une à l'autre de ces deux positions, résister au tirage, ou pousser en avant au moyen d'une force acquise.

Cela posé, revenons à l'emploi des deux espèces de voitures primitives, la voiture à deux roues, la voiture à quatre roues.

Il est établi que la voiture à deux roues peut être, 1° à timon, et 2° à limonière.

Dans le premier cas, le timon repose sur deux animaux par un joug ou une pompe ;

Dans le deuxième, sur un seul animal placé entre les deux brancards.

La voiture à quatre roues peut également être à timon et à brancard.

Dans ces deux cas, il n'y a rien à porter pour l'animal ou les animaux attelés.

Cela posé, voyons à laquelle de ces deux machines donner la préférence, ou plutôt dans quels cas on doit employer l'une et rejeter l'autre.

Ici se présente une nouvelle occasion de remarquer avec quelle précaution on doit employer les raisonnements mathématiques. En effet, il se présente deux questions fondamentales à poser : quel train veut-on donner au véhicule ? quel poids veut-on transporter ?

Non-seulement les circonstances vont varier avec le degré de vitesse, ce qu'expliqueraient fort bien, par la dynamique, ceux qui savent la dynamique, et ceux-là sont rares parmi les hommes de cheval, moi compris ; mais encore, ce qui est vrai pour un poids sera complétement faux pour un poids beaucoup moindre ou beaucoup plus considérable, sans qu'il soit possible de réduire au calcul toutes les différences que l'on observe. Je dirai plus : en supposant, ce que je nie, qu'un mathématicien puisse se rendre mathématiquement compte de tout, il ne pourra ni résoudre son problème pratiquement, puisqu'il n'est pas homme de cheval, ni se faire suffisamment comprendre de l'homme de cheval, puisque celui-ci n'est pas mathématicien.

Il est vrai que l'homme de cheval, mathématicien, ou, pour parler plus hiérarchiquement, le mathématicien, homme de cheval, peut se rencontrer ; mais cet homme-là en sait plus que moi ; je n'écris pas pour lui, au contraire, s'il écrit, je le lirai.

Revenant donc à nos voitures élémentaires, je dirai que d'abord le poids à porter fut originairement très-peu considérable. En effet, le premier de nos besoins, l'agriculture, exige le transport de matières plus embarrassantes par leur volume que par leur densité.

Voyez si les charges de paille et de foin à rentrer dans les greniers, ou même le fumier à transporter, sont bien pesants relativement à leur volume ; considérez ensuite que le manque de routes aux temps passés, et aujourd'hui encore la nécessité de parcourir des terres labourées ou des prairies plus ou moins humides, ne permet pas de donner au chargement un poids qui pourrait faire verser la voiture ou faire enfoncer les roues dans le sol.

Donc, dans l'hypothèse des charges légères, la voiture à deux roues à laquelle un seul animal suffit, deux au plus, aura un avantage marqué. Le poids de deux roues en moins, poids considérable par rapport au poids à porter que nous supposons faible, le frottement diminué, la facilité de tourner dans un petit espace, sans compter, ce que nous verrons plus tard, la simplicité de l'attelage, en voilà assez pour décider la question, et elle a été décidée en faveur de la voiture à deux roues partout où la civilisation encore en enfance, la difficulté des terrains accidentés, le manque de routes et mille autres circonstances de cette nature, ont prédominé.

Si maintenant les masses à transporter sont d'une pesanteur très-considérable, la voiture à deux roues présente divers inconvénients : le poids qui porte sur l'animal ou les animaux peut devenir accidentellement très-incommode. En effet, quelque soin que l'on mette dans le chargement, il est difficile de tenir une masse en équilibre sur l'essieu.

En avant, l'animal est surchargé ; en arrière, il est enlevé, ce qui lui fait perdre une partie de ses forces. Si la voiture a un timon, il est difficile d'ajuster l'appareil sur deux animaux qui peuvent se contrarier.

Dans une chute, tout le poids tombe précisément là où on désirerait qu'il ne fût pas.

Le chargement est plus facile à établir sur une machine établie elle-même à poste fixe sur le sol ; il n'y a plus qu'à s'occuper de la remuer. Aussi, partout où il y a des plaines, des routes bien entretenues, des masses énormes à faire voyager loin, le chariot à quatre roues est en vogue.

Voilà ce que l'on peut dire pour le moment.

De l'attelage.

Soit maintenant la question de mettre l'animal à même de mouvoir le véhicule donné.

Puisqu'il paraît établi que la première voiture fut à deux roues et à timon, il faut admettre que le premier mode d'attelage fut un joug.

Le mot joug vient du latin *jungere* (joindre), et, dans presque toutes les langues anciennes, le mot qui désigne cet instrument a la même signification ou une étymologie analogue.

Que ce joug fût fixé aux cornes de deux bœufs, comme nous le voyons dans une grande partie de la France, qu'il fût assujetti sur le front de deux mules, comme je l'ai remarqué une fois en Poitou, ou sur le garrot de deux chevaux, comme le voici tiré d'un ouvrage anglais, d'après je ne sais quel bas-relief antique, peu nous importe (*fig. 42*).

Fig. 42.

Toujours est il que cela était simple, primitif, élémentaire.

Voyons maintenant si c'était bon, judicieux, praticable même. Eh bien ! moi je dis que cela est absurde.

Voyez d'abord deux bœufs ainsi accouplés. Je suppose encore que le timon et le joug puissent jouer ensemble, de manière que le timon s'écarte facilement de la ligne perpendiculaire au joug, ce qui n'arrive pas toujours; les deux malheureux animaux sont tellement assujettis, que l'un d'eux ne peut ralentir ou allonger son allure de quelques décimètres sans tordre, d'un côté ou de l'autre, à droite ou à gauche, l'encolure de son compagnon. Supposez maintenant que l'un d'eux s'abatte ; et pour vous rendre bien compte de ce qui arrive, regardez bien de face la position de deux bœufs dont l'un est debout et l'autre couché, et si vous avez quelque idée de physiologie et un peu de compassion, vous conclurez.

Je sais bien que l'on me dira bien des choses en faveur du joug. D'abord que l'on y est accoutumé, que ça a toujours été comme ça ; les plus intelligents objecteront que les expériences ont prouvé que les bœufs attelés de n'importe quelle autre façon n'ont pas fait plus de besogne ni duré plus longtemps ; qu'ils sont plus promptement attelés (c'est possible) ; qu'ils sont plus assujettis (je le crois bien) ; que, que..... Bien ! assez ! vous le voyez, je le sais,

« *Et je vous dis cela, ma sœur, afin que vous ne vous donniez pas la peine de me le dire.* »
Molière.

Et puis enfin, si on tient à atteler les bœufs comme ça, ça m'est égal, d'autant plus que je crois que la civilisation et le perfectionnement de l'agriculture ont pour effet de retirer le bœuf de la voiture et de la charrue ; c'est mon avis ; c'est, je crois aussi, l'avis général en Angleterre.

Mais, pour les chevaux, c'est autre chose ; je ne serai pas d'aussi facile composition. Il est vrai qu'à l'exception de mon attelage de mules que j'ai sur le cœur, je l'avoue, on paraît avoir renoncé au joug pour les chevaux sur toute la surface du globe.

Comment donc attelle-t-on aujourd'hui deux chevaux au timon d'une charrette à deux roues ? Avec une pompe.

Une pompe est une pièce de bois ou de fer, peu importe, qu'on place sur le dos des deux chevaux au moyen d'une sellette. Ici se présente une difficulté : si les deux chevaux se rapprochent ou s'éloignent, la pompe tend à faire verser les sellettes, soit en dedans, soit en dehors ; on y a obvié en plaçant la pompe *en coulisse,* c'est-à-dire que chaque sellette porte un anneau dans lequel la pompe peut exercer un mouvement de va et vient de quelques décimètres.

Dans certains cas on s'en passe, à la condition de n'atteler que des chevaux fort tranquilles.

J'ai vu cet attelage à pompe en usage dans quelques petits établissements de messagerie, où il paraît avoir mal réussi, et encore aux environs de Blaye, où l'on m'a dit que les cultivateurs en étaient très-contents, même pour des poulains qu'on formait au travail ; c'est possible, mais, dans tous les cas, je crois qu'avec ce système il y a beaucoup de forces perdues.

Au reste, ici je décris, je ne discute pas. Toujours est-il que cette pompe remplit le but de porter le timon ; mais pour tirer, il fallait autre chose.

Il est évident que ce fut ce qu'on a appelé plus tard la bricole (*fig.* 43, page 303), c'est-à-dire une bande horizontale qui fait le tour de la poitrine en avant et qui est maintenue par un sur-cou.

Quelques-uns parlent bien d'un harnachement encore plus simple, et ils prétendent l'avoir trouvé dans Homère ; ce serait un collier avec un seul trait, en d'autres termes, une corde avec un nœud assez grand pour y passer le cou du cheval.

Autant vaudrait employer au tirage la force que peut

développer un chien de garde avec son collier d'attache. La bricole A munie de deux traits $b\ b'\ c\ c'$ et attachée par deux points fixes au poids à traîner permet au cheval de s'em-

Fig. 43.

ployer assez vigoureusement; mais à la longue il ne peut résister à cet exercice (*fig. 44*).

Voici pourquoi. La marche consistant à avancer alter-

Fig. 44.

nativement chaque épaule, si les points $b'c'$ restent fixes, il existe sur toute la partie du cheval où s'applique le harnais un mouvement de va et vient qui excorie nécessairement la peau.

On y a remédié par l'invention du palonnier $d\ e$, pièce de bois qui pivote sur un point fixe f, en sorte que quelle que soit la position du poitrail et des épaules, la ligne $d\ e$ la suit, comme on le voit dans les trois positions successives indiquées (fig. 45).

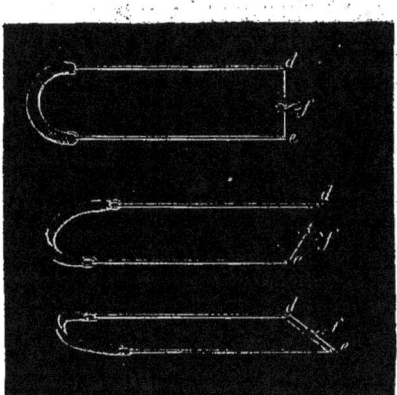

Fig. 45.

Il est probable que l'inconvénient des blessures continuelles a donné lieu à l'invention du collier, car nous ne voyons guère la bricole employée que par les voitures de place où le tirage n'est qu'une question accessoire ; les messageries y ont en partie renoncé, et le roulage ne s'en sert jamais.

Le collier est essentiellement composé d'une partie rigide et inextensible, prenant à peu près le contour de l'encolure à sa base, et appliquée sur la surface antérieure de l'omoplate.

Cette partie, que l'on nomme attelle, est en bois ou en fer ; on la garnit d'un coussin qui varie à l'infini, tant pour la forme que pour la matière, l'élégance, etc.

Les traits n'ont plus besoin de palonnier, car le collier, étant fixé sur l'épaule dans l'effort du tirage, opère une tension dont le terme est le mouvement de la voiture. Le cheval exécute sa tâche tantôt avec une épaule, tantôt avec l'autre, et l'important est que la tâche s'opère sans aucune perte de force : car, autrement, il y a usure inutile de l'animal ou perte de gain au préjudice du voiturier, qui eût pu charger davantage ; toute la question est là.

Mais voici deux systèmes opposés qui se présentent : l'un est celui des praticiens peu savants, mais doux, bienveillants et ménagers de leurs chevaux.

Ils veulent des colliers bien rembourrés, de peur de meurtrir les épaules, et un palonnier pour adoucir le tirage, les traits longs pour épargner les chocs soudains, les efforts violents, etc.

D'autres disent, au contraire, *que la résistance doit être autant que possible rigide et inélastique, de manière à recevoir immédiatement et sans perte les effets directs des efforts légèrement irréguliers de l'animal ; que cette résistance ne doit pas être de nature à s'opposer tout de suite à une soudaine impulsion ; qu'elle doit être assez uniforme pour être exempte de changements violents et de chocs soudains, mais pas assez constante pour n'admettre jamais ni rémission, ni ces alternatives d'exercice et de repos comparatif que nous avons établi être avantageux au développement complet du pouvoir animal.*

Voilà une phrase bien lourde, bien lente, bien anglaise, si vous voulez ; avec cela que la traduction ne l'a pas embellie ; mais que de faits, que de vérités, que de positif, que d'intelligence !

Point d'interposition de surface élastique entre la force qui doit mouvoir et la masse inerte. En effet, si vous mettez par exemple à l'extrémité du trait un ressort à boudin qui exige une force de 10 kilogrammes pour être tendu, toutes les fois que le cheval s'emploiera sur ce trait, il aura en sus de la force nécessaire pour mouvoir la masse, à dépenser celle qu'il faut pour tendre le ressort, c'est-à-dire 10 kilogrammes en pure perte.

Maintenant, que ce soit tout ou partie de cette force, je le laisse à expérimenter à ceux qui n'ont rien de mieux à faire; je m'adresse aux souvenirs de ceux qui ont essayé une fois dans leur vie de remiser une voiture ; lequel ont-ils trouvé le plus avantageux, de saisir avec la main la poupée de la volée ou d'y attacher une corde, un mouchoir ?

Ainsi donc, tout palonnier, tout ressort, depuis le ressort à boudin que j'ai vu essayer quelquefois, jusqu'à ces bandes en acier qui remplacent actuellement le palonnier dans les élégants dog-cars du jour ; tout cela est, non pas inutile, mais directement contraire à l'effet que l'on veut produire.

Si l'expérience routinière des cochers anglais s'est traduite ainsi : *le trait long est plus fatigant que le trait court;* ce n'est pas en raison de sa longueur, mais à cause de la dilatation : huit pieds de cuir s'allongeant plus que cinq de ce même cuir. Sous ce point de vue, le trait de chaînes est le meilleur.

Le cheval garni de son collier et de ses traits est complétement équipé pour tirer. Parlons un peu du collier en lui-même.

Sitôt placé sur le cheval en repos, il pèse verticalement

de tout son poids sur le garrot ; il doit donc être le plus léger possible, afin de ne causer sur cette partie, ni contusion, ni échauffement. A cette qualité, il ne doit y avoir de limite que les exigences de solidité. Trop étroit latéralement, le collier arrête la circulation ; trop court, il gêne la respiration ; trop large, les parties destinées à lui servir d'appui s'y engagent en se froissant ; trop long, le même inconvénient a lieu plus bas. Tout le soin doit donc se porter à rendre ces parties solides, incapables d'extension et à dégager par en bas la place de la trachée artère, pour tous les cas à prévoir d'efforts suprêmes et d'accidents possibles.

Une fois le cheval occupé à tirer, on voit remonter le collier à cause de l'obliquité de l'épaule ; de là, ce principe fondamental que le cheval de pur sang est de tous les chevaux le plus mal conformé pour le tirage.

Les Anglais le savent bien. Examinez, pour vous en convaincre, l'épaule longue, mais droite, de leur ancienne race des *Suffolk-Punch*, espèce qu'ils avaient, dit-on, perdue, et qu'ils ont refaite depuis peu, et concluez en passant que, par conséquent, il serait peu profitable sous ce rapport, de croiser le Suffolk avec le pur-sang dans l'espoir de produire des chevaux de selle volumineux et puissants.

Le cheval de trait français a l'épaule courte, mais il ne l'a pas aussi droite que le Suffolk ; donc l'éleveur français est au-dessous de l'éleveur anglais, puisqu'il ne plie pas la nature à son but.

Nos bourreliers ont inventé d'alourdir sans limite les

colliers de charrette. Erreur, parce que le poids spécifique, quelque énorme qu'il soit, n'est rien en comparaison du frottement qui résulte du tirage et qui agit en sens contraire. Qu'en résulte-t-il ? Le collier remonte tout de même pendant le travail, et pendant le repos, le poids et la chaleur développent sur le garrot une foule de maladies, que la peau de mouton, garnie de laine et teinte en couleur foncée ne peut qu'augmenter encore.

Si on veut éviter la pluie, c'est une peau tannée et légère, une toile imperméable, qu'il faudrait employer à la place.

Mais pour empêcher le collier de remonter, il existe un moyen bien simple, c'est de donner au trait une direction perpendiculaire à l'épaule du cheval : les efforts tendront à maintenir le collier à sa place ; de plus, le tirage ayant lieu de bas en haut, tendra à enlever la voiture, ce qui est un avantage, surtout si la route est sablonneuse, car, dans ce cas, la roue étant à chaque instant enfoncée dans le sol (*fig.* 47), la traction éprouve moins de résistance dans la direction ascendante *cd* que dans la direction horizontale *ba*.

Fig. 47.

Remarque. Dans la figure, le collier est

trop horizontal, d'où il résulte que le trait va rencontrer le sol beaucoup plus en avant qu'il le devrait : cette rencontre doit avoir lieu environ un mètre et demi en arrière du pied postérieur.

Le trait horizontal de notre artillerie est donc une faute. Je ne parle même pas du cas où le point d'attache des traits ayant été calculé pour rendre le tirage horizontal avec de grands chevaux, le cheval plus petit que l'on emploie par hasard ou par nécessité, se trouve enlevé du sol et en même temps plonge la voiture en terre par les efforts même qu'il fait pour la traîner.

Voici, du reste, une figure anglaise avec son explication; elle résume ingénieusement bien des questions ; spécimen trop commun d'un système de harnachement contraire à toutes les règles.

Le cheval, léger, musculaire, petit, susceptible d'un effort considérable, est presque enlevé de terre ; il ne peut s'employer

Fig. 48.

parce que ses traits le tirent en haut, tandis que le cheval faible, à peine capable de porter sa propre masse, est précipité sur le sol, contraint d'user toutes ses forces à se soutenir lui-même, et par surcroît, à porter le conducteur; en sorte que la force de l'un, qui veut faire, n'est pas utilisée, et que l'autre est tellement surchargé qu'il ne peut servir.

Nous avons établi dans le premier volume que, sur des routes ordinaires, un bon cheval de trait pouvait tirer seul, au pas et habituellement, une charge de 1,500 kilogrammes par un effort moyen de 75 kilogrammes.

Les Anglais, en comparant la force du cheval à celle de la vapeur, l'ont évaluée à 125 livres anglaises (ce qui est beaucoup moins); mais ils ajoutent qu'avec des chevaux tolérablement bons, on peut adopter une moyenne très-supérieure.

Il est donc évident que cette appréciation est d'une exactitude suffisante, surtout si on considère la difficulté d'établir des données mathématiques pour une suite d'efforts qui varient à tout instant et d'une manière aussi considérable.

Le cheval étant préparé et équipé pour faire avancer la voiture, il reste à le mettre à même de la retenir, soit dans les descentes, soit pour arrêter ou ralentir lorsqu'il y a à combattre une vitesse acquise.

Avec le timon, on a eu de tout temps recours à la chaînette, chaîne ou courroie qui unit l'extrémité du timon à la base du collier ou de la bricole. Chaque cheval, en s'arrêtant, fait obliquer le timon de son côté; les efforts combinés des deux chevaux l'arrêtent droit (*fig.* 49, p. 311).

Pour maîtriser une impulsion médiocre, l'appui du collier sur le garrot est suffisant.

S'il s'agit d'une bricole, le surcou ne suffit pas, parce

Fig. 49.

que la chaînette tirant à elle tout le harnais, le surcou glisserait jusqu'aux oreilles, et le cheval serait ce qu'on appelle déshabillé. On a donc inventé une sellette ou mantelet assujetti au moyen d'une sous-ventrière, et le long de cette pièce est assujettie l'extrémité de la bricole par deux petites courroies, une en haut, une en bas. Le cheval retient, dans ce cas, par la poitrine.

Ce moyen est indirect, peu puissant ; c'est, en terme de métier, un véritable porte-à-faux, c'est-à-dire que l'impulsion est dans le sens horizontal et d'arrière en avant, tandis que la résistance est confiée à une courroie tendue verticalement à l'entour du corps du cheval.

Du reste, cela peut suffire si l'effet demandé n'est pas considérable. C'est ainsi que l'on a vu des tilburys attelés sans collier, ni bride, ni traits; rien qu'un mors lycos (1), une sellette, une sous-ventrière. Il tire et retient par la seule adhérence de la ceinture dont il est entouré. Il existe une gravure anglaise qui représente un cheval ainsi équipé avec cette suscription : *Very spicy* (très-piquant). Il est piquant, en effet, de poser ce problème à un

Fig. 50. — *Very spicy*.

cocher : « Attelez un cheval sans reculement, sans croupière, sans traits, sans collier, sans bride. »

C'est ainsi encore que les *Gauchos* de l'Amérique méridionale, à l'aide d'une corde tenant d'un bout à l'extré-

---

(1) On appelle ainsi un mors qui s'adapte sans montant de bride et qui est maintenu en place par les dents et le menton du cheval.

mité antérieure de leur selle à piquet, de l'autre à des objets assez lourds, tels que de fortes pièces de gibier, un jaguar pris au laço, les traînent avec rapidité à de grandes distances.

Mais, si la résistance à vaincre est en proportion notable du poids du cheval ou de sa force musculaire, comme dans le cas d'une descente très-rapide ou d'une voiture à quatre ou six chevaux, et où, par conséquent, les deux timoniers sont seuls chargés de retenir, cette manière d'atteler serait insuffisante, incommode, dangereuse ; de là l'origine du reculement ou avaloire. C'est une sorte de bricole placée sur la croupe comme la bricole véritable se place sur le poitrail, et dont les extrémités sont liées à la chaînette.

Cette liaison a lieu de diverses manières. Tantôt l'avaloire est unie à la bricole, en sorte que le tout forme une ceinture horizontale qui entoure le corps du cheval et qui se tend en avant ou en arrière, suivant qu'il avance ou qu'il recule ; tantôt, lorsqu'il y a un collier, l'avaloire est liée au collier et le collier à la chaînette (*fig.* 51, page 314) ; tantôt encore, indépendamment du collier, il existe une sorte de prolongement à l'avaloire en forme de fausse bricole, qui ne sert qu'à retenir et qui porte un anneau où se passe la chaînette ; de la sorte, tout l'effort du cheval qui retient la voiture porte en plein sur la croupe, et le cheval peut employer utilement toutes ses forces et tout son poids dans le sens voulu.

Dans le cas du brancard, le cheval peut retenir avec sa dossière, absolument comme dans la circonstance décrite dans la figure 50. Si la limonière est fixe (dans la voiture à quatre roues), on se passe de dossière, et l'avaloire s'attache au brancard comme on peut voir (*fig.* 52, p. 315).

Fig. 51.

S'il y a à la fois avaloire et dossière, ces deux moyens ne peuvent agir ensemble, car pour cela il faudrait dans l'ajustement général du harnais une symétrie difficile à obtenir, impossible à conserver dans le mouvement, à cause du déplacement que l'exercice occasionne nécessairement. Aussi nous voyons dans les charrettes ordinaires à deux roues, la dossière disposée de telle manière que les brancards glissent dans la manchette jusqu'à ce que l'avaloire se tende d'elle-même et remplisse seule l'office de retenir la charge dans les descentes.

Nous venons de décrire sommairement les moyens d'atteler un cheval à un brancard, ou deux chevaux à un timon, dans le double cas d'une voiture à deux et à quatre roues.

Il est entendu qu'il ne s'est agi jusqu'à présent que de

Fig. 52.

marcher lentement, au pas, sur des routes bonnes ou mauvaises, ou même à travers champs, mais en ce sens qu'il n'était pas question de profiter des moyens que fournit le perfectionnement des chemins pour augmenter la vitesse, la sûreté, l'agrément ou la précision du menage. Nous nous en sommes tenu aux éléments les plus primitifs; mais nous ne saurions trop recommander à ceux qui veulent arriver un jour à la connaissance nette et précise de ce que c'est qu'atteler des chevaux, une certaine attention à ce que nous venons de dire.

L'esprit de la chose est ce qu'il y a de plus important dans une étude quelconque; et un mauvais choix de principes en débutant est la source de bien des erreurs dont on ne veut plus revenir dans la suite.

Dans le sujet qui nous occupe, on ne peut pas tout dire, et, à plus forte raison, tout écrire. Les hommes qui savent déjà quelque chose se fatiguent de revoir ce qu'ils connaissent de reste; l'ennui les empêche de saisir la nuance, le détail qui était précisément à leur adresse.

Ceux qui ont tout à apprendre ne trouvent jamais, dans un livre, ce que donnera la pratique, sans fatigue d'esprit, sans même aucune espèce d'attention.

Ce traité ne peut donc pas éviter le double inconvénient de paraître à la fois prolixe et trop laconique.

Quoi qu'il en soit, je suis persuadé qu'en regardant tout ce que j'ai dit comme une route tracée, comme un guide à suivre dans ses lectures ou dans ses études pratiques, on arrivera avec le plus de facilité, et dans le moins de temps possible, à un résultat convenable; c'est dans cet espoir que je poursuis.

De la manière de conduire les animaux attelés.

Je crois qu'il serait inutile et ennuyeux de revenir sans cesse à rechercher l'historique de chaque détail, et de s'étendre, comme je l'ai fait trop souvent peut-être, sur les applications des diverses méthodes aux animaux autres que le cheval. Je sais qu'aujourd'hui ces longs préambules sont assez à la mode; il est peut-être à propos de s'en abstenir.

Je ne parlerai donc ni de l'art du bouvier armé de l'aiguillon, ni de la possibilité de brider les bœufs, ni d'autres curiosités analogues.

Je me contenterai de dire que le cheval attelé se dirige avec la bride, avec le caveçon, avec la voix et même avec rien du tout ; car j'ai vu souvent, à Londres, des charrettes de charbon attelées de trois chevaux en team, c'est-à-dire l'un devant l'autre. Le mors était placé en dehors de la bouche, sous la ganache, à peu près où est, en général, la gourmette. Il n'y avait ni guides, ni cordeau ; le charretier cheminait dans un silence complet, sans faire un geste, et, d'ailleurs, les chevaux avaient des œillères, et cependant l'attelage marchait, tournait, s'arrêtait, etc. Cela revient à dire que, pour un certain nombre borné d'exigences, on peut arriver à un résultat suffisamment complet, presque sans aucun moyen, et c'est là, sans contredit, le meilleur système ; quand ce ne serait qu'en ce que nous serions ainsi délivrés des cris inhumains, des claquements insupportables et des coups de fouets meurtriers qui excitent la compassion des passants quand ils ne donnent pas de la besogne aux médecins (1).

---

(1) Je dis cela parce qu'une femme a été entraînée sous les roues d'une diligence et tuée, grâce à un merveilleux coup de fouet d'un aimable postillon français. La monture s'était enroulée autour du cou de la malheureuse, et l'effort fait involontairement pour ramener le manche avait déterminé la chute.

Un passant a eu l'œil crevé par le fouet d'un charretier qui était jaloux d'enlever brillamment son limonier sur un pavé difficile.

L'ordonnance de M. Carlier coupait court à toutes ces gentillesses en prescrivant aux fouets une force et des dimensions raisonnables ; elle est, à ce qu'il paraît, éludée, tombée en désuétude.

La bride d'attelage diffère en général de la bride de selle, en ce qu'on lui adapte des œillères. Quelques brides arabes, quelques filets anglais destinés à des chevaux de course très-vicieux ou singulièrement timides, sont les seuls exemples que j'ai vus de l'œillère employée par le cavalier; mais en France, elle est d'un usage presque général à la voiture. J'ai vu, dans une publication allemande, blâmer la bride à œillères ; on l'appelait l'outil du mauvais charretier. Cette opinion peut se soutenir ; cependant, pour la plupart des chevaux doués de quelque sang et de quelque énergie, je crois qu'il serait difficile de s'en passer, et ce qui me confirmerait dans cette manière de voir, ce sont les nombreux accidents survenus pour avoir débridé des chevaux en apparence très-doux et même peu capables de marcher.

Arrêtés à la porte d'une auberge pour rafraîchir, ils renversaient le tréteau à avoine qu'on mettait devant eux et se sauvaient avec une véhémence dont on ne les aurait jamais crus susceptibles.

Pour guider une charrette ou une charrue, l'homme *à pied* se sert d'un cordeau en manière de guide.

A la charrue, ce cordeau s'attache au côté extérieur de l'embouchure de chaque cheval ; les côtés intérieurs sont joints par une corde qui empêche les chevaux de s'écarter, ou par un morceau de bois qui les empêche aussi de se joindre et de se battre. Le cordeau tiré à droite ou à gauche, dirige : tiré des deux côtés, il écarte les chevaux qui, retenus d'autre part au moyen de la quenouille (1),

---

(1) Quenouille est le nom de la pièce de bois destinée à empêcher les chevaux de se rapprocher et de se mordre.

s'arrêtent. Ceci suffit pour des exigences très-bornées.

A la charrette, le conducteur attache son cordeau, soit des deux côtés du mors de son cheval de devant et dirige alors à peu près comme un cavalier ou un cocher; soit encore d'un seul côté, et, dans ce cas, il se passe un fait assez remarquable. Pour tourner à gauche, on tire graduellement et continûment; pour aller à droite, on arrête par une double saccade, et, lorsque le cheval est *bien dressé*, ceci suffit parfaitement pour le faire obliquer dans la direction voulue; il est même possible d'arriver à un certain degré de précision. Dans une grande partie de l'Allemagne et même à Strasbourg, on voit les routes et les rues parcourues par des charrettes à un cheval; l'homme ne tient à la main qu'un seul cordeau qui se bifurque à la hauteur du garrot et va aux côtés de la bouche du cheval; l'animal comprend et obéit.

Il faut, pour arriver à ce dressage, beaucoup d'intelligence de la part du cheval et une certaine patience chez l'homme. Je présume qu'on trouvera avec moi que c'est mal employer l'une et l'autre qualité; le double cordeau est une invention plus commode et plus simple.

C'est ce que l'on ne fera jamais entendre à nos charretiers; ils sont d'un entêtement sans ressource à l'endroit de leurs routines. La question est de savoir si nos hommes de cheval les plus distingués par leur science ou leur position sociale ont sur eux une supériorité relative bien réelle.

Nous avons donné une analyse succincte, mais suffisante, de la fabrication élémentaire des voitures et du harnachement; nous avons dit quelque chose du menage des chevaux de charrette. Des notions plus étendues sur ce dernier objet eussent été utiles peut-être et bien certainement à leur place ici; mais le cadre que l'on s'impose pour écrire un livre doit nécessairement avoir des bornes. Mon intention est moins de réunir en un faisceau commun toutes les branches qui constituent ce que l'on pourrait appeler l'art du cheval, que d'indiquer la manière d'envisager cet ensemble et de diriger les études que l'on voudra faire.

De plus, un ouvrage doit être conçu dans une seule pensée, et non pas dans un but complexe; et autre chose est de donner, comme ici, un aperçu de ce qui se fait partout et de ce qui doit se faire de préférence; autre chose est de rédiger les paroles d'un cours pratique à l'usage de l'élève qui exécute une série de leçons et qui en suit pas à pas l'ordre et la répétition dans un ouvrage spécial.

Je serai forcé de déroger ici à la marche suivie jusqu'à présent au sujet de *l'aurigie* ou art de mener les voitures. Le néologisme même de ce mot, emprunté à un ouvrage peu connu de M. le chevalier d'Hémars, nous prouve que cette partie de l'équitation n'a pas été traitée, puisqu'elle n'a pas même de nom.

En effet, à côté de la foule des écrivains dont les ouvrages nous restent, sur la manière de monter à cheval, de dresser, d'élever, etc., c'est à peine si nous trouvons deux ou trois opuscules adressés aux cochers.

La bibliothèque d'Huzard, si complète en tout ce qui

avait rapport directement ou indirectement au cheval, ne contenait guère que :

1° *Instruction aux voituriers*, par Huzard, qui n'est qu'un manuel d'hygiène ;

2° *Le Parfait cocher*, sans nom d'auteur, de 40 pages ;

3° *Le Parfait cocher*, par le duc de Nevers, 1744, où il est dit fort peu de choses spéciales.

Thiroux a bien annexé à son grand ouvrage quelques compléments sur le *ménage en guides*, mais tout cela ne me paraît ni suffisant, ni surtout rédigé suivant l'esprit de la chose.

J'ai donc pensé qu'il fallait faire ce que nous n'avions pas, et je vais donner un traité de l'art de mener, comme je n'ai pas voulu donner un traité de l'art de monter à cheval.

Traité de la manière de mener les voitures.

Jusqu'ici nous avons expliqué ce que c'était qu'un véhicule quelconque ; nous avons dit comment on le construisait, comment on harnachait les chevaux, comment on les attelait.

Plus un art se perfectionne et plus le luxe devient recherché, plus il faut d'habileté pour satisfaire les exigences croissantes et les besoins nouveaux que l'homme cherche sans cesse à se créer.

« Van der Westhuyen me prêta les attelages qu'on mit
« à mes voitures... Son fils aîné, par politesse et par égard,
« voulut conduire le chariot que je montais. Tel est l'u-

« sage des colons; c'est là une manière d'honorer quel-
« qu'un, et l'un des plus grands témoignages de considé-
« ration que l'on puisse donner. D'après les idées reçues,
« je ne pouvais, sans lui faire un affront, me refuser à cet
« honneur; mais à peine fut-il sur le siége, que, mettant
« les bœufs au galop, il me conduisit ventre à terre. Ce
« préjugé est encore un de ceux qui ont généralement lieu
« dans la contrée: en pareil cas, un guide ne croit montrer
« son talent qu'en menant le plus lestement qu'il lui est
« possible; dût-il crever ses bêtes, il veut faire preuve de
« prouesse. En vain je priai le mien de modérer les sien-
« nes: les chemins étaient détestables, et les cahots me
« faisaient craindre à chaque instant que la voiture ne ver-
« sât et ne fût brisée; mais il eût cru son honneur com-
« promis d'aller au pas, et sa gentillesse me coûta deux
« cruches de jus de limon, qui furent cassées, et que je
« regrettai beaucoup. »

LEVAILLANT, *Second voyage en Afrique*, t. 2, p. 72.

C'est l'avis de ce pauvre Levaillant, et sans doute de beaucoup d'autres avant lui, qui fit tendre au but d'aller à la fois vite, avec sûreté, et, autant que possible, avec agrément, et de là est arrivée, de perfectionnement en perfectionnement, la mode de nos attelages d'aujourd'hui.

On s'est aidé, pour ce grand œuvre, de trois moyens:

1° L'amélioration des chemins par des lits de cailloux, des réunions d'arbres juxtaposés, comme en Russie; le pavage, enfin le macadam; mais ceci n'est pas de notre ressort;

2° L'art de la carrosserie;

3° L'art du ménage.

Du temps des Romains, qui déjà remplaçaient leurs litières par des chariots, il paraît que les ornières sillonnaient les rues de Pompeïa.

Le vers de Lucrèce :

> *Currit agens mannos ad villam hic præcipitanter,*

s'il est un aussi heureux exemple d'harmonie imitative qu'un autre vers de Virgile beaucoup plus connu, nous rappellera plutôt les angoisses déjà citées de Levaillant ou le sauvage *hourah !* de nos postillons français, que le roulement calme, réglé, sourd et rapide d'un attelage des environs de Londres.

Avait-on déjà, de ce temps, eu recours à la suspension des voitures, à défaut de l'habileté des cochers ? *Non liquet.*

Nos professeurs ne nous ont pas suffisamment édifié sur la signification de :

> .... *Castæ ducebant sacra per urbem*
> *Pilentis matres in mollibus*....................

Je sais seulement que nos pères voyaient dans la traduction de Delille :

> Et ces chars suspendus où des femmes pudiques
> Conduisent l'appareil de nos fêtes publiques,

y voyaient, dis-je, au moyen d'une simple transposition d'adjectifs, le tableau de nos solennités sous la République.

Chose que j'ai moi-même vérifiée en 1848.

Toujours est-il qu'après s'être si longtemps fatigué à courir les grandes routes sur l'essieu, on inventa les carrosses à soupente et à cric.

21.

L'élasticité du cuir faisait balancer la caisse à droite et à gauche ; on y souffrait moins. Toutefois, E. Sue, très-fidèle aux couleurs locales, comme on sait, ne donne pas une idée très-agréable de la position de mesdames de Montespan et de La Vallière, menées à la chasse par Louis XIV. « La calèche, que le Roi conduisait fort vite, très-mal suspendue, comme toutes les voitures d'alors, était d'une horrible dureté : aussi, recevant la secousse d'un violent cahot, madame de Montespan s'écria : « Ah ! de grâce, Sire, « n'allez pas si vite.... » (*Latréaumont*, t. 1er, p. 252.)

L'auteur anonyme d'un traité sur les voitures, imprimé en 1756, pour faire suite au *Nouveau parfait maréchal*, de Garsault, parle d'anciens ressorts *en écrevisse* dont il est inutile de donner ici la description ; il parle aussi de ressorts en bois, et d'une nouvelle invention *à la Dalem*, très-habile serrurier du temps (*fig*. 53, page 325).

Telle a été l'origine du ressort en C, en anglais C *spring*. Sans entrer dans plus de détails, nous renverrons au plan de la voiture ordinaire à quatre ressorts, que tout le monde connaît, et dont on doit examiner par soi-même la construction (*fig*. 54, page 326).

Ce mode de suspension est excellent pour la commodité des personnes placées dans la voiture, pourvu que l'exécution réponde convenablement à toutes les exigences. L'élasticité des ressorts doit être telle, que le poids qui leur est imposé ne les empêche jamais de se restituer à la hauteur voulue. Ils ne doivent ni résister comme une barre rigide et inextensible, ni ployer au point de laisser prendre à la caisse une position trop basse dont elle ne sortirait plus.

— 325 —

On comprend facilement le soin que nécessite l'ensemble de ces conditions.

Mais la suspension par les ressorts en C offre divers in-

Fig. 53.

EXPLICATION DE LA FIGURE

Ce ressort est composé d'un assemblage de feuilles F G, maintenu par un mouton I H, qui lui est lié par la pièce K L. La soupente s'attache d'un côté à l'extrémité F du ressort, de l'autre à la caisse de la voiture. D E est une pièce de bois ou de fer qui maintient de chaque côté une lanière de cuir qui va rejoindre le brancard et empêche la caisse de ballotter à droite et à gauche ; c'est la courroie de guindage ; une autre courroie A B empêche la caisse d'être enlevée trop haut par les cahots. On voit combien la carrosserie a été perfectionnée depuis cette époque.

convénients : 1° pour le tirage. En effet, l'élasticité des aciers et la longueur des soupentes permettent au poids total de la masse un flottement d'avant en arrière et d'arrière en avant très-préjudiciable.

Le premier coup de collier enlevant le train, la caisse

profite du jeu des ressorts pour rester inerte ; il y a alors un mouvement du train, auquel la caisse ne participe pas,

Fig 54.

ou du moins très-peu ; il faut un second effort pour la faire mouvoir elle-même, et par conséquent il y a une force perdue.

On a, depuis le ressort en C, inventé une nouvelle espèce de ressort, le ressort dit *malle-poste*, en anglais *grasshopper spring* (sauterelle) (*fig.* 55) ; il n'a pas de soupente, c'est un assemblage de bandes de fer, ou mieux, d'acier, élastiques. Il en est de diver-

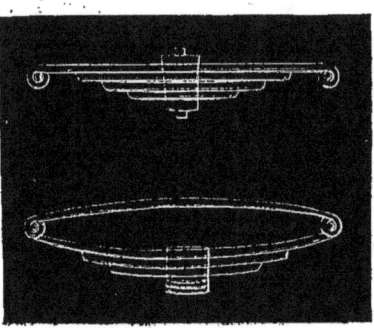

Fig 55

ses sortes, et on les combine tant en long qu'en travers.

Moins agréables pour la personne qui se fait transporter dans la voiture, les *grasshopper springs* suffisent sur les routes à la *Mac-Adam* bien entretenues, et même sur un très-bon pavé.

Leur avantage est de donner moins de balancement aux parties suspendues, et surtout d'empêcher totalement les mouvements d'arrière en avant et *vice versâ*.

De plus, le mouvement de bas en haut qu'ils produisent à chaque inégalité saillante du terrain facilite le tirage en jetant précisément la charge sur la partie plate du chemin, qui se trouve par conséquent la plus basse au moment du cahot.

Il est facile de comprendre que plus la voiture est haute, plus ce mouvement est prononcé. De là la préférence que l'on donnait en Angleterre aux anciens *stages*, très-hauts, et dont la charge était précisément dans la partie supérieure de la voiture.

Il est évident que cette conséquence, poussée à l'extrême, rendrait la voiture sujette à verser et très-dangereuse.

Il faut donc, toutes les fois que l'on a à construire une voiture, se rendre compte de toutes les conditions auxquelles son usage doit être soumis : le train, la nature des routes à parcourir, la charge que l'on devra porter, l'habileté des conducteurs, la sûreté des attelages, etc., etc.

Il serait trop long de donner ici un cours complet de carrosserie, même d'énumérer les diverses variétés de voitures fashionables dont on pourrait être appelé à faire usage.

Qu'il nous suffise de dire que les unes, telles que les berlines, les diligences ou coupés, les cabriolets, les tilburys à télégraphes, étant des véhicules purement de parade, leur légèreté serait un avantage très-secondaire. Les chevaux appelés à les traîner n'ont jamais une tâche difficile à effectuer, ni comme train, ni comme durée, ni comme tirage, puisqu'on va lentement, pendant quelques minutes de suite, tout au plus, et dans les rues d'une grande ville.

Aussi prodigue-t-on les ressorts en C, les *grasshopper springs*, en un mot, tout ce qui peut contribuer à la douceur du transport.

Les stanhopes, les phaétons, les gigs, les dog-cars, au contraire, doivent être roulants, légers, et ne jamais donner de ces secousses élastiques, capables de jeter dehors les personnes qui les mènent ou qui s'y font mener, tout cela fût-il à la condition de sacrifier la douceur dans de certaines limites

Des voitures sous le rapport de la commodité de celui qui les mène.

On comprendra que le cocher est forcé d'apporter la plus grande attention à la manière dont il peut se poster sur son siége.

Il faut d'abord qu'il soit aussi immuable que possible; un siége non suspendu ne serait supporté par aucune constitution, quelque robuste qu'elle fût, mais les ressorts en C donnent trop de balancement : aussi voyons-nous, dans toutes les voitures bien faites à huit ressorts, le siége indépendant de la caisse et fixé au train sur des ressorts à pincette (*grasshopper* ou *elliptic springs*).

Ceci est indépendant d'une autre raison, l'inconvénient de voir la caisse changer inégalement de niveau à tout instant, lorsque les cochers ou laquais viennent à monter ou à descendre.

Lorsque le hasard vous force à conduire une voiture dont le siége est suspendu sur des ressorts en C, on rencontre une gêne pour le menage, très-difficile à surmonter quand on n'en a pas l'habitude : c'est de se trouver, par un ressaut de terrain, sur le passage d'un grand ruisseau, par exemple, avec une différence subite de plusieurs décimètres dans la longueur des guides. En effet, au moment où les roues de devant touchent le fond du ruisseau, la force d'impulsion jette tout le poids en avant et fait baisser les ressorts autant qu'ils ont d'élasticité; à cet instant même où toute votre personne s'abaisse, les chevaux se trouvant élevés, puisqu'ils sont sur le haut de la rive opposée, se rapprochent de vous; vos guides deviennent trop longues; tout à coup la secousse du ruisseau vous relève et rejette la voiture en arrière, en tendant à arrêter l'équipage, qui est sur la pente de la berge; les chevaux, en tirant, s'éloignent de vous, vos guides deviennent trop courtes, et vous avez besoin de rendre la main d'autant plus que les chevaux sont dans un instant de tirage exceptionnel.

En voilà assez pour satisfaire ceux qui savent, pour appeler l'attention de ceux qui veulent apprendre.

Maintenant qu'il est établi que le siége doit être fixe, où doit-il être posé? Loin du sol et près des chevaux.

En effet, placé trop bas, vous ne pouvez voir devant vous ni de loin ; et il est bon que vous puissiez à volonté même jeter les regards en arrière par-dessus la caisse ouverte ou fermée de la voiture.

Ce n'est pas seulement comme observatoire que le siége a besoin d'élévation, c'est encore pour faciliter le jeu des guides. Voici comment. Tout le monde sait que les guides horizontales ou à peu près, depuis l'embouchure jusqu'aux clefs de mantelet, vont de là en s'élevant plus ou moins verticalement jusqu'à la main : eh bien! plus elles se rapprochent de la verticale, moins la main a besoin de force pour faire effet, car l'homme assis a plus de force pour lever que pour tirer à lui. De plus, s'il est non pas assis, mais simplement appuyé sur son siége, ce n'est plus avec les mains ni avec les bras que l'on agit sur les rênes; c'est avec les reins et les jambes, et l'on doit savoir que le mouvement est d'autant plus adroit, qu'on peut le rendre plus fort avec le moins d'emploi de force possible.

La proximité de l'attelage peut encore ajouter à la verticalité des guides, car plus vos pieds seront près des mantelets, plus la ligne des clefs à la main se rapproche de la verticale.

Autrefois, les *stagecoachs* étaient mieux construits sous ce rapport que nos breaks actuels : la coquille s'avançait au-dessus de la croupe des chevaux.

Le cocher placé trop bas est en outre exposé au danger de recevoir une ruade dans la poitrine (*fig.* 56).

Trop loin, les rênes flottent, se prennent dans la queue des chevaux, s'allongent, et le menage n'a plus de préci-

Fig. 56.

sion. Une dame du *high life* peut cependant parcourir les allées de son parc dans une vittoria, avec un fouet qui sert d'ombrelle, à la condition seulement d'avoir des chevaux *qui ont donné leur parole de se bien conduire*, style d'écurie (*fig. 57*, page 332).

Je préfère, pour les cas ordinaires, cette voiture; le cocher la mène avec sûreté, tient ses chevaux, les maîtrise, voit tout autour de lui et peut agir avec justesse (*fig. 58*, page 332).

Mais, comme tout a son excès, le cocher de nos omnibus, tels qu'ils sont, est trop haut; il a une telle puissance que, surtout avec des percherons sans action, aucune main ne saurait être assez légère pour être juste.

Une fois le principe général bien posé, on comprend que l'homme qui veut mener doit s'habituer à supporter et à

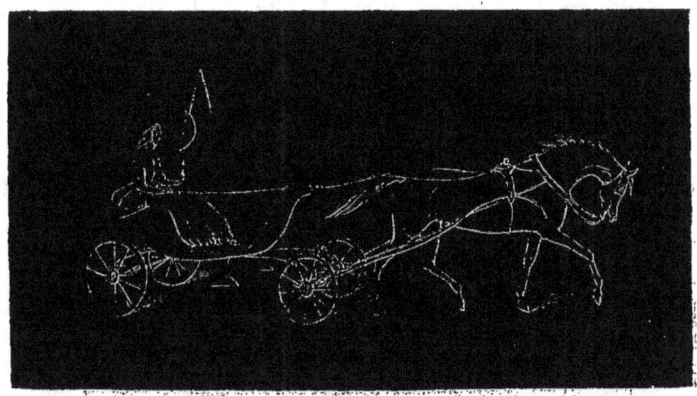

Fig. 57.

annuler tous les inconvénients, à ne se laisser surprendre par rien de ce qui se présente.

Il doit surtout connaître les modes et, quelque absurdes qu'elles se présentent, se montrer, en les suivant, d'une adresse à désespérer les lions les plus effrénés.

Fig 58.

J'ai connu une vieille marquise qui en était venue à trouver les paniers une chose commode pour passer dans une porte de salon trop étroite.

Par conséquent, on doit se trouver *à l'aise* pour mener un attelage dans ce goût-ci : j'en ai vu fleurir la mode (*fig. 59*).

Fig. 59.

Du ménage des voitures.

Il est deux arts très-prisés dans le monde, dont il est, je crois, plus facile de parler que de l'équitation : c'est la musique et la cuisine. La raison en est simple ; tout le monde s'entend, ou à peu près, sur ce que c'est qu'un bon opéra ou un bon souper, les profanes exceptés, tandis que, lorsqu'il s'agit du cheval, personne ne veut être profane ; tous prétendent s'y entendre, même, je me trompe, surtout ceux qui n'ont pas étudié, et quiconque a sérieusement travaillé le sujet est traité par eux de maniaque ridicule.

Quoi qu'il en soit, aux yeux des amateurs prétentieux, comme on les appelle, savoir mener n'est pas courir les rues de Paris avec un cheval quelconque, brûler le pavé, raser les trottoirs avec plus ou moins de bonheur, accrocher peu ou point et amener son monde à destination en bon état ou à peu près.

C'est : 1° de faire passer une voiture partout où elle peut, partout où elle doit passer, même avec des chevaux difficiles à conduire ;

2° De donner à son attelage une apparence brillante, un train ou un *genre* dont on ne l'aurait pas cru susceptible ;

3° De ménager ses chevaux de telle sorte que nul ne puisse leur faire exécuter avec moins de fatigue la même tâche, quelle qu'elle soit, et de prolonger leur durée jusqu'aux dernières limites du possible ;

4° D'imprimer à un équipage une marche si mesurée, si savante, si sûre, si égale en apparence, que les personnes enfermées dans la voiture ne se doutent, ni du train qu'elles vont, ni des obstacles qui encombrent la route ; ou encore qu'une femme peureuse ne s'occupe en rien des dangers imaginaires ou réels dont elle a l'habitude de se pâmer ;

5° Il y a encore une multitude d'etc. dont je vous fais grâce. Toujours est-il que l'aurigie est un art, oui, un art, pardon de ce mot ambitieux, mais la langue française est si pauvre ! Les Anglais disent un *sport*.

Or donc, prendre un cheval qui va à peu près tout seul et le laisser aller d'un endroit à un autre avec une voiture derrière lui, cela se peut toujours, même sans aucune adresse naturelle, du premier coup, quand même la prudence n'y serait pas.

L'habitude, le coup d'œil et surtout le plaisir que beaucoup de gens éprouvent à cet exercice, ont bientôt amené à une certaine aisance, à un certain aplomb, et de là tout de suite aux plus imperturbables prétentions, il n'y a aucune transition.

.... *Natura non facit saltus.*

« Je ne suis jamais tombé de cheval, je n'ai jamais versé, » et tout est dit........

Jusqu'à un de ces malheurs qui désolent des familles et remplissent les lacunes des journaux.

Malheureusement il n'y a pas de science sans principes, il n'y a pas de grâce sans étude; il est vrai qu'il y a des érudits sans pratique et des savants très-disgracieux, cela est encore vrai.

Pour commencer donc, enfin, je dirai que la manière de tenir les guides est une, exacte, précise, repose sur des principes raisonnés et raisonnables, et que d'eux seuls résultent la sûreté et la grâce.

Il y avait autrefois une manière française de mener les voitures, mais alors ce n'étaient que les cochers qui étaient chargés de ce soin; ce n'était pas une affaire de *gentleman.*

Le duc d'Orléans fut le premier, je crois, qui ramena en France, peu d'années avant la révolution, les phaétons et l'habitude de les mener soi-même.

Les cabriolets étaient inventés depuis quelques années, *les cabriolets, que Louis XV eût défendus, s'il eût été préfet de police!*

Et Thiroux! « Je ne m'en fais assurément pas accroire en *avouant* que je sais mener en guides : eh bien ! il ne m'est jamais arrivé de mener un cabriolet, même à la campagne, sans désirer très-sincèrement de les voir proscrire par une loi formelle. »

Je me rappelle avoir entendu raconter dans mon enfance, à un grand seigneur de ce temps-là, comme quoi, voulant savoir mener un cabriolet, il s'était enfermé avec un piqueur dans les communs de Versailles, pour n'en sortir que sûr de son fait.

Revenons à la manière française.

Le cocher, bien carrément assis, et bien assis dans le milieu de son siége, les jambes d'aplomb, les pieds ni trop hauts ni trop bas, le corps droit et soutenu, la poitrine effacée, les bras bien tombant de leur propre poids et les coudes au corps, mais non serrés, tenait la guide gauche entre le médium et l'annulaire de la main gauche, la guide droite de la même manière dans la main droite, avec le fouet, la monture en avant et à gauche, le manche un peu plus relevé que l'horizontale, du côté opposé à la poignée.

Les chevaux étaient bridés comme il va être dit : la guide gauche se bifurquait en croisière pour aboutir aux deux côtés de la bouche du cheval de gauche.

Et de même la guide droite pour l'autre cheval.

De la sorte, le cocher, de chaque main, arrêtait complétement un cheval sans toucher à l'autre.

Pour tourner, une *italienne* ou courroie ajustée prenait d'un bout à la barre droite du cheval de gauche, et de l'autre au côté gauche du mantelet du cheval de droite.

De la sorte, le cheval de droite, étant ralenti ou arrêté par la main droite du cocher, se trouvait tout naturellement amener à lui le cheval de gauche, qui tournait à droite sur son camarade.

Exactement de la même manière pour tourner à gauche, en changeant de place les mots *droit* et *gauche* dans tout ce qui précède.

Il est facile de comprendre que ce menage, facile avec des carrossiers tranquilles, était susceptible de précision et de finesse, et pouvait même s'appliquer à des chevaux ardents et vigoureux, pourvu qu'ils fussent bien dressés, bien préparés, et que tout fût ajusté au point convenable.

Il y avait une manière plus simple, c'était de boucler autrement les croisières, et de telle sorte que la guide gauche, au lieu d'arrêter le cheval de gauche tout seul, tirât à gauche les deux chevaux, étant attachée au fonceau gauche de chaque mors, et de même symétriquement pour la guide droite : cela s'appelait mener à croisières ; il n'y avait plus alors d'Italiennes. Je croyais cette manière d'origine anglaise, mais Thiroux nous apprend qu'on la doit à *ses ingénieux* compatriotes, et le perfectionnement ci-dessus est attribué aux *spirituels Italiens*. Les épithètes flatteuses ne lui manquent pas pour le midi, mais les peuples septentrionaux, les Allemands et les Anglais, ont le triste privilége d'attirer son indignation et le tonnerre de son éloquence, comme nous le verrons plus loin.

(Cette manière de disposer les guides est celle d'aujourd'hui.)

Lorsque le cocher avait besoin de donner un coup de

fouet, il passait la guide droite dans la main gauche, au-dessus de l'autre guide, entre l'index et le médium.

S'il voulait tenir son attelage de la main droite seule, c'était alors la guide gauche qui était en dessus, la droite restant toujours entre le médium et l'annulaire.

Mais, en règle générale et ordinaire, les deux mains étaient toujours occupées à guider l'attelage et avaient chacune leur occupation continuelle.

Lorsqu'il n'y avait qu'un cheval, c'était la même chose : une main pour chaque guide.

Les chevaux portaient des mors doux, à branches courtes, étaient peu rênés, et on les laissait courir avec la main légère, peu assujettis, à peu près abandonnés à eux-mêmes.

Les harnais étaient à bricole, les voitures portaient des palonniers.

Il n'était pas régulier de mener quatre chevaux sans un postillon pour conduire la volée.

A six et à huit, il n'y avait qu'un postillon, et les guides des chevaux dits de *volée* et *sixièmes* étaient bouclées sur celles des chevaux de timon, en sorte que, dans aucun cas, le cocher n'avait en main plus de deux guides.

Il est superflu de parler davantage de l'ancienne méthode française, à laquelle on a renoncé même pour les équipages de gala. C'est tout au plus si, dans les maisons souveraines, on en conserve encore la tradition. Le genre français avait un style particulier de mérite et de magnificence. Le gala anglais ne s'en éloignait pas autant qu'on le croit généralement ici. Quoi qu'il en soit, où les souvenirs se perdent, ou l'on juge que les usages doivent se modifier comme toute autre chose, mais il y a bien longtemps que des attelages réguliers à la française n'ont été employés.

Du menage actuel ordinaire.

Quels que soient le véhicule, le nombre et la nature des chevaux, leur degré de dressage et leur mode de harnachement, l'homme qui s'apprête à les mener doit trouver les guides accrochées à la clef gauche du mantelet ou de la sellette du cheval hors la main; il les ajuste provisoirement dans la main gauche, la guide gauche entre le pouce et l'index, la droite entre l'index et le médium, et prenant le fouet dans la même main, il s'aide de l'autre pour monter à sa place.

On se présente à la gauche de la voiture pour plusieurs raisons : d'abord, la facilité de garder les guides dans la main qui les a saisies ; puis, comme on se place à la droite du siége, cela indique qu'il ne doit y être monté personne avant celui qui doit mener, non plus que dans la voiture, mesure de sûreté si importante, que ce doit être regardé comme une preuve de mauvaise éducation de monter dans une voiture fermée avant que le cocher soit en place, ou le premier dans un cabriolet ou un stanhope, sans tenir préalablement les guides.

Une fois en route, si celui qui mène quitte sa place, il donne les guides à son voisin de gauche, et descend et remonte par la droite.

Le menage n'a d'autres principes que ceux que donne

l'équitation à l'homme à cheval pour le maniement de ses rênes. Une seule règle générale peut être indiquée ici : c'est que l'homme n'ayant plus, comme le cavalier, le secours des jambes, il doit placer son cheval dans un degré d'équilibre tel, que l'impulsion se fasse sentir continuellement sur le mors, afin d'avoir toujours quelque chose à diriger.

Quelques personnes prétendent remplacer les jambes par le fouet, mais il y a une différence fondamentale : les jambes d'un bon cavalier ne quittent jamais les flancs du cheval, non qu'elles soient *plaquées*, mais il y a cette sorte de cohésion délicate en raison de laquelle l'attention du cheval est sans cesse en éveil et aux écoutes. A la voiture, c'est à la main qui tient les guides de remplir cet objet.

Le fouet ne saurait avoir qu'un effet de surprise ; il peut servir à réveiller pour longtemps un cheval qui se néglige ; il est indispensable dans un moment de presse et de soudaineté ; en un mot, c'est un châtiment, et ce ne saurait être une aide.

Les premières fois qu'on se place sur un siége, il est important d'y prendre de bonnes habitudes de position et de maniement, quoique cela puisse coûter d'abord et quelque gênant que cela paraisse ; plus tard, on en sera récompensé par l'aisance et la grâce.

On doit avoir soin d'abord de se poser d'aplomb, le corps un peu effacé à gauche, dans tous les cas ; plus ou moins, selon la voiture que l'on mène, le train qu'on doit aller, et la qualité de l'attelage. Il faut surtout éviter toute espèce d'affectation, la simplicité régulière étant la première condition de l'élégance.

La retraite plus ou moins sensible de la partie gauche du corps a divers avantages.

Premièrement, cela donne la facilité de reculer le coude en arrière, dans un moment de nécessité imprévue, quoique en général, le bras ne doive guère s'écarter de la verticale, ni le coude du corps. Dans ce cas, la main glisse de droite à gauche, le long du flanc, et n'est point arrêtée au ventre.

De plus, on ne risque pas de gêner son voisin de gauche, et de se gêner soi-même, car rien ne nuit à la sûreté et à la promptitude des mouvements comme de se sentir à chaque instant en contact avec une autre personne (1).

Bien des cochers novices s'inquiètent de rencontrer leur ventre avec leur main gauche avant que l'effet voulu ait été obtenu des guides. Ils prennent alors la vicieuse habitude de tordre leur poignet en dehors, ce qui fait que la partie inférieure de l'avant-bras, du côté de la paume,

---

(1) On doit observer aussi que la personne placée à gauche et qui ne mène pas doit avoir le même soin en sens inverse ; c'est-à-dire de se renfoncer diagonalement dans le coin gauche en effaçant la partie droite. Rien de plus ridicule dans un cabriolet qu'un homme assis droit devant lui perpendiculairement à la banquette et débordant avec aisance sur celui qui mène. Au temps passé, qui était celui de la politesse et des gens bien élevés, c'était l'objet d'une étude que de savoir se placer dans une voiture. J'ai vu autrefois de vieilles femmes, à qui il restait cette coquetterie de dissimuler leur embonpoint jusqu'à tenir moins de place dans leur voiture qu'une mince et frêle jeune fille, à qui elles disaient d'un air de commisération profonde : « Ma chère, dans mon temps, on nous élevait. »

touche au ventre, pendant que les ongles s'en éloignent de quelques centimètres. Ce geste est disgracieux et gênant ; il paralyse les mouvements du poignet et oblige de mener du coude et de l'épaule.

Au contraire, arrondissez le poignet quand il le faut, c'est-à-dire prenez l'habitude de tenir constamment le dos de la main en ligne droite avec l'avant-bras, comme si une éclisse maintenait le tout. J'ai vu souvent employer ce moyen pour former pendant les premières leçons. Au moment d'agir, la flexion du poignet vers le corps raccourcit les rênes de plusieurs centimètres. Quand on mène bien un cheval dressé, cela suffit pour les cas ordinaires.

Si cela cependant n'opère pas la tension voulue, alors on saisit vivement les rênes de la main droite, en avant de la gauche, à peu de distance, et plus vivement encore on les reprend de la gauche aussi en avant qu'on le veut. Ce jeu de guides est le grand secret du métier, en argot, *la grande ficelle ;* il exige une étude particulière, mais quand on s'y met avec résolution, on en vient à bout en peu de jours.

Prendre, lâcher, ressaisir, sans jamais se tromper d'une guide à l'autre, ni changer le degré de tension de toutes les deux, ou de l'une d'elles, doit être l'objet de fréquents exercices.

Le maniement du fouet offre encore des difficultés : la manière de le tenir peut changer avec la mode ; la manière de s'en servir, jamais.

On doit être sûr de ne jamais toucher, involontairement surtout, les chevaux à la croupe ; cela peut faire ruer l'animal le plus tranquille; le coup de fouet ne doit s'adresser qu'à l'épaule, au poitrail, au garrot, sur la crête de l'encolure, suivant les occasions, quelquefois même aux oreilles, mais c'est seulement lorsqu'on voit le cheval disposé à quelque sottise, telle que ruer, se secouer, chercher à se déshabiller, etc.

En général, tout cheval qui a besoin du fouet est lent et mou; il est nécessaire de le réveiller; ou bien il est sournois et susceptible de mauvaises intentions, et a besoin d'être tenu en respect.

Il faut, dans le premier cas, prendre le moyen le plus sûr et le moins apparent de corriger la paresse, sans fouailler, sans se donner l'air de conduire un mauvais attelage. Chaque cheval a son endroit particulier où le coup de fouet fait de l'effet et n'en fait pas trop; il faut que le cheval soit poussé en avant, autant que possible sans tressaillement et sans à-coup, ce qui troublerait la régularité de la marche et donnerait à la voiture des secousses désagréables et ridicules.

On croit souvent faire de l'effet en faisant du bruit et de l'éclat; mais ici, comme en d'autres circonstances, il ne s'agit pas de frapper fort, il faut frapper juste.

Le coup de fouet doit se donner, autant que possible, par le mouvement seul du poignet; tout effort visible de l'avant-bras, du bras, du corps, est de mauvaise façon.

On doit s'y prendre en sorte que lorsque le cheval est touché, la monture soit en ligne droite et en prolongement du manche; que jamais on n'entende claquer : supprimez plutôt la mèche.

Évitez surtout les coups de fouet en spirale, en remontant, en ramenant la main à soi ; tous ces gestes sont proscrits par le bon goût.

Les mains doivent être basses, les ongles en dessous, les avant-bras inclinés vers la terre du coude au poignet, horizontaux seulement lorsque la portière du cabriolet ou le tablier du phaéton vous y force.

Quelques personnes croient se donner de la grâce en levant les mains, en agitant les bras ; elles se trompent : baisser la main et dégager la poitrine est le meilleur moyen de se donner une belle attitude.

Passons maintenant au menage en lui-même, c'est-à-dire à la manière de se mettre en rapport avec le cheval.

En toute circonstance, il s'agit d'abord de faire connaissance avec le cheval, de comprendre sa manière d'aller, et de le mettre à même de faire absolument comme il en a l'habitude, autrement on risquerait, au lieu d'obtenir mieux, d'avoir pis.

Je suis obligé de parler ici comme si je m'adressais à des gens suffisamment instruits en équitation, et sachant ce que je n'ai pas dit dans les chapitres précédents pour des raisons déjà expliquées.

Je suppose donc un lecteur connaissant l'équitation du dehors, celle du dedans, et par conséquent la méthode Baucher.

Le cheval en bridon ou au banquet, ce qui est encore pis, et qui n'est pas dressé et assoupli *secundùm artem*, doit être guidé par à peu près et par concessions.

Si vous sentez qu'il est habitué à tendre le cou sur les rênes, à s'emparer de la main, et à vous emmener d'autorité, commencez par l'essai des concessions, des demi-temps d'arrêt, des rendements subits, des reprises douces, et problablement, en quelques minutes, il cessera de résister, car il ne résistait qu'à une tension indiscrète qu'il a l'habitude de rencontrer et qu'il sera heureux de ne pas trouver.

Quelquefois vous réussissez mieux par une résistance passive, intelligente, bien calculée pour être égale à la contraction du cheval et pour cesser en même temps qu'elle avec la rapidité d'une détente.

Vous pouvez encore rencontrer un cheval tendu sur ses panurges, le nez au vent, marchant au hasard, ne voulant absolument pas être guidé, et s'arrêtant à chaque indication, surtout à la moindre tentative de mise en main. En pareil cas, le mieux est de dérêner au plus tôt; la tête tombera tôt ou tard, le point d'appui se présentera ; le coup de langue, ou le fouet, s'il le faut, donneront l'action nécessaire.

Le cheval qui s'encapuchonne et pousse en contre-bas, sans rien entendre, sera relevé, au contraire, par un enrênage raisonnablement réglé qui empêche l'excès de cette position, mais qui ne paralyse pas la marche.

Tout cheval qui hésite au départ, quel qu'en soit le motif, doit être abandonné à lui-même et poussé en avant au hasard, quelque direction qu'il prenne, car autrement il n'en prendrait aucune, si ce n'est la rétrograde.

« ..... Aussitôt qu'il entend le mot *allez !* si le cheval

ne part pas de lui-même, il lui enfonce les deux éperons dans les flancs, en se fiant au hasard pour bien placer la tête quand et comment il pourra. » (*Apperley*, 217.)

C'est un conseil donné aux jockeys ; ici il s'applique à la lettre à la circonstance qui nous occupe.

Si vous n'avez pas de place suffisante pour vous lancer ainsi sans direction certaine, si vous craignez d'être jeté sur un objet voisin avant d'avoir eu le temps de maîtriser l'impulsion donnée, faites pousser à la roue et tâchez de faire partir le cheval par la voiture, et non la voiture par le cheval, autrement ne partez pas, car, à la place du moyen que j'indique, s'il ne doit pas réussir, ce qui est possible, il n'y en a pas un de meilleur à tenter.

Assujettir le cheval qui déjà ne se porte pas en avant, c'est prendre sur une impulsion qui n'existe pas. Il faut donc, pour avancer, que le cheval ajoute à la force qu'il refusait déjà d'employer, celle de vaincre la tension des rênes, au moyen de laquelle vous espérez le contenir ; soyez certain qu'il ne pourra obéir que par un élan désordonné et dangereux.

J'ai vu des chevaux, très-doux, très-sûrs à toute espèce de service quand on savait se résigner à un départ lent et incertain à rênes lâches, sitôt qu'il se sentaient saisis dans la main et sollicités en avant, se ramasser dans le harnais, bondir, ruer, entrer en fureur et devenir inattelables à jamais.

Le menage en bride est, à peu de chose près, un nonsens, sans l'emploi de la méthode Baucher.

Il est vrai que certains hommes adroits et routinés,

arrivent, par une grande habitude, à conduire des chevaux plus ou moins ardents avec une sûreté suffisante et même un certain éclat, sur des mors de bride longs et durs, malgré un enrênage gênant et assujettissant. Mais tout cela n'est jamais qu'un à peu près, et le succès d'aujourd'hui ne garantit pas le succès de demain. Quand on ne se rend pas un compte exact de la difficulté, on peut bien la résoudre en apparence, mais on ne fait que cotoyer le danger à son insu; tôt ou tard on y tombe, sans se douter ni comment cela est arrivé, ni comment on s'en tirera à l'avenir.

Lorsque le cheval de voiture est arrivé, à force d'habitude, à comprendre et à exécuter sa besogne à peu près, *malgré* les moyens faux et bizarres qu'on a employés, il se porte en avant, se ralentit et s'arrête à volonté, à condition d'une main qui ne soit point par trop barbare; mais il n'est pas dans une condition rationnelle.

Beaucoup de cochers anglais donnent à leurs attelages une position à peu près normale, une marche régulière et brillante, quoique un peu raide et convulsive. Les leviers du mors et la gourmette ont une action permanente, sourde et qui paralyse l'élan du cheval, sans cependant entraver sa marche; mais lorsque l'on est arrêté ou fortement ralenti, l'équipage ne peut plus reprendre son train, si ce n'est péniblement. La panurge est tendue, et la main a beau rendre les guides, le point d'appui ne se reprend pas; il faut des excitants, et si l'on repart, ce n'est ni immédiatement, ni sans à-coup.

Quelque anglomane que je sois, et je le suis avec acharnement, je ne puis refuser à l'évidence l'hommage qui lui est dû.

Les études que j'ai faites avec l'inventeur de la méthode Baucher m'ont amené à des résultats que j'ignorais et que j'aurais ignorés toujours.

Lorsque vous avez rendu le cheval suffisamment léger dans la main et dans les jambes, vous pouvez, à volonté, l'enlever dans son trot et lui donner une marche tellement élevée, qu'il ne gagne plus qu'en hauteur; non pas qu'il trotte en place, car il avance toujours, mais à chaque pas la progression diminue et l'élévation augmente; car la tête est verticale, la mâchoire cède et ne cherche même pas à vaincre la pression du mors, qui d'ailleurs n'a pas lieu, mais le cheval la craint et s'y dérobe par appréhension. Cet état de choses n'a de fin que l'impossibilité où peut se trouver le cheval de trotter littéralement en place, ou même d'avant en arrière, avec une élévation excessive et sans limite.

Le cheval de voiture dont nous venons de parler, tel qu'il est dans la main d'un cocher anglais très-habile, est la parodie de cette phase savante de l'équitation; seulement, comme c'est le hasard qui a produit la position de ce cheval d'attelage, hasard aidé par une belle conformation, par un sentiment assez juste de la beauté des allures, par tout ce que vous voudrez; il n'y a pas de raison pour en sortir, pour passer de l'arrêt à la progression.

Le cavalier peut, par une pression de jambes et une remise de main savante, replacer immédiatement l'équilibre dans la condition de la marche, faire cesser l'élévation des jambes du cheval, et même, au besoin, jeter les barres sur le mors au point de lui faire prendre l'appui à pleine main.

Mais le cocher! Son fouet, qui n'est qu'un instrument de châtiment, augmentera l'action, ne modifiera pas la position.

Le cheval, au train de course, est dans un ensemble de conditions tout contraire.

Le centre de gravité est sans cesse chassé en avant à chaque pas et avec un degré d'impulsion très-considérable. Le jockey peut bien modérer le train et ralentir jusqu'à un certain point, sans à-coup; mais il ne pourrait s'arrêter court, la machine n'est pas en ce moment montée pour cela. Je parle d'un cheval très-régulièrement mis dans un bon *running pace*, un bon train de course; mais en revanche il peut augmenter de vitesse sans le moindre effort, sans le moindre changement de position. En baissant la main (baisser la main, n'est pas rendre), le cavalier voit aussitôt son cheval augmenter son point d'appui, faire des pas plus longs et les faire plus vite.

La véritable position du cheval de voiture tient également de ces deux positions que nous venons de décrire.

Il est dans un trot soutenu, mais peu rapide, car on doit savoir que les voitures ordinaires vont très-lentement par rapport au train d'un cavalier.

Il n'est pas *léger*, pour nous servir de l'expression consacrée par M. Baucher; au contraire, il s'appuie sur le mors avec une force qui ne doit pas être extrême, mais qui doit plutôt être trop grande que trop peu considérable, et qui peut n'avoir de limite que la force de la main du cocher.

Le train est indiqué par le degré de résistance que l'on oppose; sitôt que cette résistance diminue, le cheval allonge la tête, se fixe sur les rênes, augmente vigoureusement son train. Il est cependant habitué à se ralentir si la résistance devient plus marquée, mais sans céder par une flexion; autrement, il y aurait perte de force, perte d'action, perte d'accord, puisque les jambes ne sont pas là, qui seules pourraient renouer l'ensemble de la machine, retendre les forces, et raidir de nouveau au degré voulu.

Si maintenant le cheval venait à braver le filet, à forcer la main, à faire les forces, etc., etc., on le ramène par une flexion opérée au moyen du mors de bride; pour cela, il faut de doubles guides, et savoir les manier. Ceci est une nouvelle difficulté; mais comme il en résulte des avantages immenses, on peut s'y résigner. Nous en reparlerons tout à l'heure.

Un autre point d'éducation sur lequel il est important d'appuyer, est la manière dont le cheval tourne la tête à droite et à gauche à la pression de l'une des guides.

Le défaut d'être entier à une main, très-incommode dans un cheval de selle, a encore bien plus d'inconvénient dans un cheval de voiture, puisqu'on n'a pas ses jambes pour prévenir l'effet actuel de la mauvaise disposition et la faire disparaître graduellement.

Les difficultés de direction ont toujours été attribuées à la bouche et aux barres jusqu'à la méthode Baucher; jusque-là on a cherché les remèdes dans les embouchures.

J'ai vu placer au même cheval la guide gauche au banquet et la droite en bas ou au milieu. J'ai vu, ce qui est plus amusant, des hommes très-habiles se servir à merveille du cheval avec ce moyen ; ils s'en seraient servis tout aussi bien avec des guides égales, et ils le savaient bien, car ils ne pouvaient dire non, sans rire, à peu près comme les augures de Rome; et le cheval allait toujours, se menant sur une seule guide.

Cela est bien fâcheux pour les adversaires de la méthode Baucher quand même, et je leur en fais mon compliment de condoléance; mais le défaut en question n'a d'autre cause qu'une inégale contractilité des deux côtés de l'encolure, et cela se détruit par des flexions ; on en vient encore à bout à force de patience et de justesse, mais cela est d'une longueur désespérante.

Du reste, il faut observer ici que l'emploi des moyens dus à la méthode Baucher ont moins d'inconvénients sur les chevaux de voitures que sur les chevaux de selle, non que je veuille dire par là que ces moyens soient en eux-mêmes pernicieux ; mais celui qui les applique manque ordinairement de jugement dans ce qu'il fait, et fort peu de présomption dans ce qu'il pense de son habileté; il arrive le plus souvent qu'il a donné un défaut en voulant en ôter un autre, et qu'il a remplacé un cheval désagréable par un cheval impossible, puisqu'il ne marche plus.

M. Baucher a fort bien défini cette phase désastreuse du dressage par ces mots : « Le cavalier a tout dénoué et il ne peut plus renouer. »

Mais le cheval de voiture qu'on aurait mis par inadvertance derrière la main, reprend plus vite que le cheval de selle l'habitude de se porter franchement en avant, à cause même des conditions d'équilibre que nécessite le tirage.

Le cheval, une fois bien dressé à tourner la tête de manière à vous montrer le naseau droit ou le naseau gauche, à votre volonté, ira partout, nettement et sûrement, parce que l'extrémité de la machine étant dans la direction voulue, et l'ensemble étant bien soutenu, il est impossible qu'il en soit autrement.

Avec ce mode de dressage, on pourra développer tout le train du cheval de voiture jusqu'aux dernières limites du possible, raccourcir le trot jusqu'à la lenteur du passage, se mettre au pas, s'arrêter court sans à-coup, ni sans faire raboter le sol par les jarrets du cheval, comme il n'arrive que trop souvent, et serpenter dans tous les obstacles que les embarras de voiture peuvent offrir.

J'ai oublié, je crois, de dire qu'avec la manière indiquée de tenir les guides à l'anglaise, on doit, pour tourner, s'y prendre de la manière suivante.

Quelques pas à l'avance, l'on saisit de la main droite la guide droite, qui est entre l'index et le médium, et on la tire à soi sans qu'elle quitte sa place entre les doigts de la main gauche, où elle doit glisser. Alors on mène avec les deux mains ; pour revenir à la position ordinaire, on prend les rênes de la main droite et on les rajuste de la main gauche en avant de la droite.

Il est une foule de cas où l'on peut obliquer avec une seule main, en laissant glisser la guide opposée à celle qui est du côté où vous voulez aller. On serre les doigts au degré nécessaire, et alors les rênes étant inégales autant qu'elles doivent l'être, le mouvement s'opère; on rajuste après.

On tourne à gauche sans changer de place la rêne gauche, qui est serrée entre le pouce et l'index de la main gauche, en la tirant à soi modérément, et avec gradation; en même temps, on saisit de la main droite la rêne droite, que l'on allonge sans que les doigts de la gauche la quittent, et on l'allonge autant qu'on le veut en avançant la main droite.

Pour résumer ce que je viens de dire sur le menage en général, je conseille le menage dit *à la Vigogne*, dont parle M. Aubert dans son *Traité d'équitation*, les guides au filet avec des doubles guides, et un cheval sur lequel on a pratiqué un assouplissement suffisant pour le rendre fidèle à la main, quoique avec un peu de lourdeur, et surtout pour lui donner une complète égalité dans les mouvements latéraux de l'encolure.

Il est encore bien des choses à dire, mais, outre que le temps et l'espace manqueraient, et encore plus la patience du lecteur, il est une vérité incontestable, c'est que l'on ne peut, on ne doit pas tout écrire; mille préceptes s'apprennent par la parole et par l'exemple, que la lecture n'enseigne jamais d'une manière complète et satisfaisante.

Nos théories militaires sont, sans contredit, aussi bien faites que possible, le temps, la volonté, le mérite, tout y a contribué, et, de plus, c'était une tâche dans laquelle la perfection est certaine et inévitable, puisque les réformes et les retouches sont toujours là pour améliorer et ne peuvent rien gâter; et cependant, sans la pratique continuelle, à quoi servirait de les comprendre et de les savoir par cœur ?

Attelage de plusieurs chevaux.

Les principes sont les mêmes, quel que soit le nombre de chevaux à conduire. La question est de savoir si la difficulté croît ou diminue avec le nombre ; l'une et l'autre opinion ont été soutenues. Je crois que l'on peut dire que, généralement, à mesure que le nombre des chevaux s'accroît, les exigences changent, que la limite du possible devient naturellement beaucoup moins reculée, et qu'il est certains ensembles de circonstances qui diminuent la difficulté, comme il en est qui l'augmentent ; somme toute, la différence est peu de chose, et, en outre, je regarde comme très-oiseux de l'évaluer.

Mener deux chevaux au timon d'une voiture à quatre roues n'offre absolument aucune difficulté de plus que de mener une stanhope. Il y a même un écueil de moins pour le novice dont l'expérience n'a pas formé le coup d'œil, c'est que, généralement, là où les chevaux passent, la voiture ne reste pas accrochée, pourvu qu'elle soit bien en ligne droite, car la volée déborde presque toujours les moyeux ; et les chevaux, sans être écartés, ne doivent pas être serrés l'un contre l'autre au point que les traits extérieurs prennent une ligne très-oblique avec la direction que l'on suit.

Le problème principal à résoudre est d'appareiller les deux chevaux, ou de dissimuler et d'anéantir les inconvénients qui résultent de leur inégalité, quelle qu'elle soit.

La possibilité d'appareiller les caractères et les allures a nécessairement ses limites, de même que l'habilité du cocher, consistant à faire marcher deux animaux disparates, a les siennes.

Plus les chevaux ont à travailler, plus la besogne du cocher est facile, parce qu'à mesure que les chevaux se fatiguent, les nuances s'effacent et les difficultés s'amoindrissent.

Mais, recourir à un pareil moyen est une pauvre ressource; c'est, en définitive, annuler toutes les qualités d'un individu pour le rendre semblable à celui qui n'en a aucune.

D'un autre côté, en conservant à deux chevaux très-différents toute leur fraîcheur, il est souvent impossible d'en faire un attelage véritable, car je n'appelle pas attelage celui qu'un homme exceptionnellement habile mène en manière de tour de force, et au moyen d'une attention continuelle.

Four in hand.

Comme je l'ai déjà dit, l'usage français n'était pas d'atteler quatre chevaux en grandes guides, c'est-à-dire pour être menés par le cocher tout seul, sans postillon. La manière de boucler les guides de devant sur celles de derrière, de manière à n'en avoir qu'une seule paire dans la main, indique, du reste, le peu de confiance que devait inspirer cet attelage. J'ai vu des diligences ainsi équipées, à la condition d'aller lentement, avec des chevaux éreintés, et une voiture si forte, si lourde, que toutes les autres s'en garaient avec effroi; on allait à peu près en ligne droite.

Restaient les tournants dont on se tirait en accrochant plus ou moins quand ils étaient trop courts.

Et voilà pourquoi j'ai mis le nom anglais à un attelage qui ne marche qu'en Angleterre, ou grâce à une imitation exacte de ce qui s'y fait.

Voulez-vous une description complète du four in hand par un écuyer français? Lisez Thiroux, page 503, tome 2 :

« Les Anglais qui, jusqu'à cette époque, l'an 7 de la République française, ne savent pas plus mener les chevaux que les monter, mais qui pourront apprendre l'un et l'autre ; les Anglais, pour qui le cheval n'est, au fait, jusqu'à présent, qu'un objet de pure spéculation mercantile, dont les courses sont, et l'enseigne, et le tarif ; les Anglais se font presque toujours mener à quatre chevaux, en grandes guides, et, comme s'ils avaient pris à tâche de prouver à l'Europe toute leur inaptitude à tirer parti du cheval, n'importe la mission dont ils le chargent, ils ne manquent pas, dans les deux modes d'atteler à quatre, d'adopter la pire, celle sur la volée. Si l'on soupçonnait de la partialité dans ce que j'avance, je montrerais les appartenances incohérentes et bizarres dont on affuble les chevaux martyrisés à l'anglaise. Je demanderais, aux cavaliers anglomanes, pourquoi ces mors, dont chaque pièce est si bien un instrument de supplice, qu'à peine osez-vous l'employer ? Qu'attendez-vous de ces *demi-martingales, terminées par des anneaux à travers lesquels on passe les rênes de la bride ?* Comment n'avez-vous pas encore observé, qu'en descendant ainsi le point d'appui de la martingale sur les barres du cheval, ce n'est plus la tête qu'elle contient, c'est l'encolure, empêchée par la douleur, qui reste, tendue comme un bâton, au bout de votre main ? Voyons, si vous êtes plus conséquents vis-à-vis des chevaux de trait. Non ; car tous les cuirs avec lesquels vous emmaillottez la tête des chevaux que vous menez en guides n'ont d'autre effet que celui de contourner l'encolure sur tous les sens : en sorte qu'il est dans l'exacte vérité que vous faites le possible pour roidir l'encolure du cheval de selle qui n'est sûr, partant, agréable à monter, qu'alors qu'il est assoupli ; tandis que vous apportez tous vos soins à déranger la direction horizontale de la ligne vertébrale du cheval de trait qui n'est d'aplomb, partant, en force, qu'alors qu'il a sa tête, immédiatement, devant sa queue. Mais, l'irréflexion devient à son comble dans la mécanique du menage anglais à quatre chevaux en grandes guides : il faut l'avoir vu pour le croire. Chacun des quatre chevaux *a sa branche de guides composées;* le cocher anglais, *assis de travers* sur son siége, tient les quatre branches de guides dans sa main gauche : une branche entre le pouce et l'indicateur ; la seconde branche entre l'indicateur et le doigt du milieu ; la *troisième branche, entre le doigt du milieu et l'annulaire ;* enfin, ce sont *l'annulaire et le petit doigt qui gardent la quatrième branche.* Vous désirez savoir comment on peut jouer autant de guides sans les confondre. La méthode répond à l'invention. Ceux qui mènent à l'anglaise ont leur main droite armée du fouet, par-dessus la main gauche, et c'est à *coups de poing,* donnés avec la main droite fermée, qu'ils font vibrer la branche de guides dont ils veulent jouer : quelle saccade ! lorsqu'à la suite d'une récidive de coups de poing, appliqués sur la même branche, une guide se trouve par trop détendue; dans ce cas, le pouce et l'indicateur de la main *droite vont à tâtons la démêler dans le creux de la main gauche*, afin de rétablir le degré de tension que cette rêne avait entre les doigts de la main conductrice qui n'a pu la retenir. »

J'ai préféré laisser faire cette description à un autre, peut-être le lecteur se trouvera-t-il reposé en changeant de style, peut-être aussi la manière dont les choses sont exposées les lui rendront-elles plus faciles à retenir. J'ai marqué en italique les passages les plus saillants.

On remarquera donc, en passant, la définition assez singulière, et la critique de la martingale à anneaux. Comparons à ce que disait Thiroux en 1794, ou à peu près, ce que dit M. Aubert en 1838 : « *Les chevaux arabes, qui sont regardés comme les premiers du monde, sont cependant ruinés en peu de temps, parce que les Orientaux se servent de mors à la turque. Les Cosaques, qui n'ont que des chevaux médiocres, en tirent un grand parti, et les conservent longtemps exempts de tare, parce qu'ils ne les conduisent qu'avec un simple bridon à sous-barbe, sur lequel se fixe une martingale. Je voudrais que les personnes qui ne veulent pas prendre de leçons de manége se contentent de conduire leurs chevaux avec un bridon fixé sur une martingale à anneaux* » (page 90).

Si M. Aubert avait besoin de mon approbation, je dirais qu'il a raison; seulement je me permettrai de faire observer que la prétendue méthode française est loin d'être unanime, puisque voilà deux de ces adeptes incontestables en opposition manifeste; nouvel exemple à ajouter à bien d'autres, qui prouvent que l'école française n'est point, comme on le prétend, un ensemble de principes incontestés et incontestables.

Le cocher est de travers, j'ai expliqué pourquoi. Les guides ne sont point placées dans la main gauche comme l'avance Thiroux.

Voici la position que j'ai vue consacrée en Angleterre par l'usage universel : la guide gauche de devant entre le pouce et l'index, la guide droite de devant sur la gauche de derrière, et toutes deux entre l'index et le médium, la droite de derrière entre le médium et l'annulaire. L'espace entre l'annulaire et le cinquième doigt est libre et vide.

C'est du reste ce que prouvent les gants importés journellement d'Angleterre, et fort recherchés des sportsmen, où la paume et tous les interstices des doigts sont renforcés d'une doublure, le dernier excepté.

La méthode de placer chaque guide dans un des quatre interstices des doigts de la main gauche est française ou ne l'est point, peu m'importe; ce qu'il y a de certain, c'est qu'elle n'est pas anglaise. Je lui trouve l'inconvénient de donner à l'auriculaire une tâche très-fatigante, pour les petites mains surtout, celle de maintenir une guide de derrière.

Je ne nie pas qu'on ne puisse mener de la sorte, et même y être fort habile; on arrive à bien des choses par l'habitude; seulement je crois que cette habitude est plus longue et plus difficile que celle que j'indique d'après l'usage que j'ai vu en vigueur en Angleterre. On peut, du reste, inventer bien d'autres manières de tenir les guides.

Ce n'est pas *à coups de poing* qu'on fait agir les guides; c'est en appuyant momentanément sur celle dont on a besoin, que l'on dirige ou rectifie l'attelage. On a soin de bien serrer les doigts de la main gauche, et de la tenir exactement fermée.

S'il faut rajuster les guides, ce n'est ni à tâtons, ni dans le creux de la main qu'on va les chercher : c'est en avant de la gauche qu'on prend avec deux doigts de la droite celle des guides qui a besoin d'être allongée et raccourcie, et on a soin, pendant ce temps-là, de bien maintenir les trois autres, en serrant suffisamment les doigts.

Thiroux aurait pu dire qu'on se sert des pieds pour appuyer sur les guides en les serrant entre la coquille et la semelle ; mais ce moyen n'est ni classique ni de bon goût.

Quatre chevaux dociles et habitués à marcher ensemble sont faciles à conduire ; ils ne se dérangent pas, je dirai plus, leur nombre même les aide à se maintenir dans une position d'ensemble, sinon parfaite, au moins rassurante. La difficulté n'est donc pas là, elle n'est pas non plus à faire des preuves d'adresse dans les tournants les plus courts, les embarras et les retraites ; ce n'est pas là la mission du *four in hand* ; il ne sert qu'à faire parcourir les grandes routes aux voitures trop lourdes pour deux chevaux.

La difficulté est de mettre ensemble quatre chevaux qui ne se sont jamais vus, que l'on connaît imparfaitement, qui sont frais, vigoureux ou de marche différente.

La première règle à observer dans ce cas est d'unir et de mettre d'accord les chevaux de devant, d'une part, les chevaux de derrière, de l'autre, et, pour cela, il faut souvent prendre les *whilers* (chevaux de derrière) de la main gauche, et les *leaders* (chevaux de devant) de la droite, les conduire séparément, tâcher de mettre l'attelage droit, en laissant délicatement glisser celle des guides qui fait obliquer l'une ou l'autre paire plus qu'on ne voudrait ; quand le tout va à peu près correctement, on reprend les quatre guides à la position ordinaire.

C'est dans ces circonstances que le novice peut se voir sérieusement embarrassé ; il est sujet à se tromper dans le choix de ses guides, et, par conséquent, à produire précisément l'effet contraire à celui qu'il cherche.

Quatre chevaux qui ne vont pas tout seuls forment véritablement une tâche difficultueuse pour ceux qui n'ont pas l'habitude de tenir à la fois quatre guides dans la main ; c'est pour cela que je recommande l'usage des doubles guides à un ou deux chevaux ; ce sera une partie du problème de moins à résoudre.

Mais il est inutile d'accumuler ici les conseils et la nomenclature des cas qui peuvent se rencontrer et de ce qu'il y a à faire pour chacun. Une leçon vaut mieux que vingt pages.

Je vais donc supposer que le lecteur s'est familiarisé avec les éléments, et je passerai immédiatement à des observations générales.

Quelques-uns ont écrit que les leaders devaient donner l'exemple de la direction et du tirage. Ce n'est pas mon avis.

Dans le cas d'une voiture lourde et qui ne doit aller qu'au pas, le moment du départ exige les forces de tout l'attelage ; je dirai plus, nécessite un effort exceptionnel ; en effet, une charrette chargée de moellons est bien plus difficile à mettre en mouvement qu'à faire rouler, une fois qu'elle est partie, sur un terrain uni et pavé comme une route ordinaire.

Le meilleur cheval de devant est alors celui qui a de l'initiative, sans être d'une ardeur folle, qui se tend doucement sur ses traits, et attend que les autres s'y mettent; l'effort de tous les chevaux n'est pas parfaitement simultané, et il commence de l'avant à l'arrière; le limonier ne s'emploie qu'au dernier moment sur son collier, et même pas du tout, si l'on peut l'en dispenser, car sa besogne ordinaire est moins de tirer que de permettre de supprimer le poids et le frottement des deux roues, et de maintenir dans la ligne droite les limons, que les cahots de la route tendent à jeter sans cesse à droite ou à gauche.

Dans un *stage*, au contraire, les deux whilers suffisent toujours pour enlever la voiture. Pour tourner, se ranger, descendre, etc.; ce sont eux qui sont exclusivement chargés de la besogne.

Les leaders n'ont autre chose à faire que de diminuer le tirage dans les montagnes ou dans les plaines où les roues ne rencontrent pas un terrain dur et uni.

Tout cela est un principe fondamental et trop souvent méconnu. Toutes les fois qu'on rencontre un *four in hand* dans lequel les traits des leaders sont tendus, ainsi que les chaînettes des whilers, soyez sûr que le cocher est novice, ou distrait, ou qu'il a un attelage difficile qu'il n'a pas encore pu régler.

Les leaders doivent être à la fois légers à la main et prompts à filer sans aucune autre indication que de ne pas se sentir tendus sur guides ; car le fouet n'est qu'un moyen incomplet, difficultueux, et sur lequel on peut d'autant moins compter que presque toujours les deux mains peuvent être occupées aux guides.

Je ne parle ici ni de nos messageries, où le postillon accroche ses guides auprès de lui, à son siége, pour taper à son aise, ni des attelages qu'on peut s'amuser à former à leur imitation.

Maintenant, cette question pourrait être posée : Dans quelle catégorie placer nos diligences, parmi les charrettes ou parmi les stages ? A cela il n'y a qu'une réponse à faire.

Deux percherons sont nécessaires pour mener au pas une diligence française vide ; j'ai vu, en Angleterre, deux stages vides attachés l'un à l'autre derrière un carrossier ordinaire, pour aller de la forge aux bureaux du départ, et chacune de ces voitures contient autant de voyageurs qu'une de nos messageries.

Attelage en tandem.

Mettre un leader devant un cheval de brancard comme on en a mis deux pour soulager un attelage de timon ne peut donner lieu à aucune nouvelle règle. Nous ferons observer seulement qu'un cheval libre, qui n'est maintenu, ni par un timon ou un camarade, ni par des brancards, a plus de facilité pour s'arrêter, se jeter de côté, faire tête à la queue, etc.

De là la difficulté du tandem, soit pour rencontrer un leader parfait, c'est-à-dire franc, vif, doux, et surtout sans vices ni colère, soit pour faire marcher celui qu'on a, tel qu'il est.

Ceci mis à part, le tandem est plus facile que le *four in hand* pour les hommes très-adroits et dépourvus de force physique, car il faut *beaucoup de bras* et une grande habitude pour supporter longtemps quatre carrossiers résolus qui tirent à la main.

L'arbalète ou *unicorn*, n'est que le *four in hand*, moins un leader ; c'est peut-être plus facile qu'un tandem, en ce que l'on a plus de forces à opposer au moyen des deux whilers à un cheval de devant qui marcherait mal.

Dans tous ces attelages, j'ai vu souvent des circonstances où l'on était obligé de faire tirer le devant au départ à cause du défaut de franchise d'un whiler, mais encore une fois, c'est un cas exceptionnel.

Attelage de trois chevaux de front.

Souvent à la campagne, lorsque les routes sont sablonneuses et sans ornières ou très-bonnes, mais que l'on a à faire rouler une voiture trop lourde pour deux chevaux, et que l'on n'en a pas un sur lequel on puisse compter comme leader, on peut atteler trois chevaux de front.

Il ne s'agit pas ici de *percherons* ou d'*allemands* si flasques ou si doux que peu importe la manière dont ils sont attifés ; je parle du cas où l'on aura à utiliser trois chevaux anglais vigoureux et pleins d'âme.

Il faut pour cela une limonière assez forte et assez longue pour que ces deux brancards puissent faire l'office de timon, on y place le cheval le plus solide avec un reculement, sans dossière, et avec une sous-ventrière; car nous supposons la limonière encastrée comme un timon et se soutenant toute seule à la hauteur voulue.

Enharnaché de la sorte, le limonier recule à pleine avaloire, mouvement qui ferait remonter les brancards sans la sous-ventrière.

Les deux chevaux de côté sont placés comme auprès d'un timon, tenus chacun par une chaînette qui les joint à celui des brancards qui les touche. Les deux brancards sont liés entre eux à quelque distance de leur extrémité par une barre de bois ou de fer qui effleure le poitrail du limonier, de manière à ne le gêner en aucun cas; le but est d'empêcher les brancards de se rapprocher en aucune circonstance. Les deux bouts des brancards sont réunis par une courroie qui les empêche de s'écarter lorsque les deux chevaux de côté tirent sur leurs chaînettes.

La volée ordinaire ne serait pas assez longue, on supplée à ce défaut, en plaçant à chaque poupée du dehors un palonnier pour le cheval de côté.

Les guides peuvent s'arranger de diverses manières : on met au limonier des guides de cabriolet, et des croisières aux deux autres, qui se mènent comme un attelage de timon ordinaire, et on met ou on ne met pas de longes entre les trois pour les maintenir. Mais le mode que je préfère est une triple croisière ainsi disposée (*fig. 55*, page 366).

A, B, C sont les bouches des trois chevaux.

D D D D, les clefs de mantelets des chevaux de côté.

E, une clef de mantelet à quatre, de derrière, pour la

guide de devant, et où passent aujourd'hui en s'y croisant les guides attachées aux mors des chevaux de côté, en dedans.

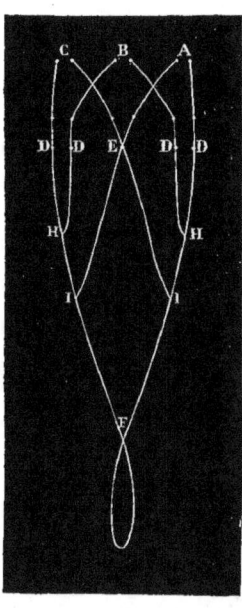

Fig. 55.

F, est la main du cocher ;

H, les points de réunion de la guide extérieure d'un cheval de côté et de la guide intérieure du limonier ;

I, les points de réunion de la guide extérieure d'un cheval de côté et de la guide intérieure de l'autre cheval de côté.

De la sorte, ces guides une fois bien ajustées, ce qui demande du soin, vous avez un attelage solide, sûr, capable d'aller loin et de tirer beaucoup. Son inconvénient est sa largeur extrême, et l'échauffement du cheval de brancard, lequel peut avoir à souffrir sous une température élevée.

En revanche, les retraites sont d'une facilité excessive, et cela se conçoit puisque chaque cheval de côté agit sans antagoniste sur son timon particulier, qui, de plus est plus près de la roue à mouvoir, puisqu'il n'est pas au milieu comme à l'ordinaire. — De plus, le limonier s'emploie librement et sans force perdue sur son avaloire, dans la direction indiquée.

On doit savoir combien il est difficile d'exécuter une retraite, avec un seul cheval attelé en brancard.

Il est inutile, je pense, d'expliquer ici qu'une retraite, consiste à reculer obliquement afin d'envoyer les roues de derrière du côté où regarde le cheval au moment où vous le faites reculer, dans le but de vous ménager la place dont vous pouvez avoir besoin, pour vous ranger, pour tourner dans une rue étroite, etc., etc.

Je ne veux pas parler ici des attelages en postillon. On n'est jamais appelé à les mener soi-même.

Si par hasard cela arrivait, un homme qui sait monter à cheval et mener se tire toujours des cas ordinaires.

Du reste, les attelages en postillon *(ride and drive)* comportent des organisations de grand luxe, telles que les maisons princières sont à peu près seules en état d'en entretenir.

Les voitures menées à la Daumont sont agréables pour les personnes qui y montent, en ce que rien ne gêne la vue devant soi.

Je ne les crois pas aussi sûres; dans tous les cas, elles fatiguent beaucoup les porteurs et même les autres chevaux à cause de l'inégalité forcée du tirage.

L'artillerie anglaise a remplacé le timon par une limonière placée de côté; je crois cette méthode excellente, nous ne l'avons pas adoptée lorsque nous avons remplacé le système Gribauval par une organisation empruntée à nos voisins d'outre-mer.

Voyez, à la page 463, le chapitre intitulé : *Accessoires dont on se sert généralement pour les attelages*, et qui doit suivre celui-ci.

PERFORMANCES.

>*Huc usque licet.*
>LUCAIN.

Tous les jours on entend raconter des prouesses de cheval ou de cavalier, des tours de force inouïs; c'est un maquignon qui veut vendre sa marchandise; c'est un amateur jaloux de donner une haute idée de ses chevaux ou de son habileté et de son audace.

Faut-il ajouter foi à tout ce que l'on entend? Faut-il se résoudre à une incrédulité absolue, exclusive, sans réserve? Et entre ces deux partis extrêmes, je ne vois pas trop où fixer sa moyenne de confiance si on n'a pas une idée arrêtée de ce qui est possible, de ce qui est vraisemblable; et c'est dans le but d'assurer les idées à ce sujet que j'ai consigné dans un dernier chapitre la liste assez complète de toutes les *performances* les plus remarquables dont j'aie entendu parler.

Mais, comme un tour de force est toujours une exception, qu'une exception ne fait pas la règle, et qu'il y a une généralité moyenne et ordinaire de bons chevaux, j'ai cru devoir d'abord donner quelques vitesses usuelles.

Sans doute, les bornes que je vais poser ici à la puissance du cheval et aux récits des cavaliers paraîtront bien au-dessous de ce que l'on entend continuellement répéter autour de soi.

Je ne défendrai pas ce que je dis comme une opinion, vu que les plaidoyers ne peuvent rien ni pour ni contre les faits. J'engagerai ceux qui veulent me croire et ceux qui ne me croient pas à vérifier chaque chose, chaque fois que l'occasion s'en présentera, avec deux juges incorruptibles et inexorables, une bonne montre et les bornes kilométrées que l'on place aujourd'hui sur presque toutes nos routes.

L'ordonnance militaire assigne aux diverses allures du cheval les limites suivantes, tant pour l'espace du terrain parcouru, que pour le temps employé à le parcourir.

La longueur de chaque enjambée est :

Au pas, de $0^m,83$ (2 pieds 8 pouces);
Au trot, de $1^m,20$ (3 pieds 8 pouces);
Au galop, de $3^m,25$ (environ 10 pieds).

La vitesse est réglée approximativement par minute :

Au pas, à 100 mètres;
Au trot, à 240 mètres;
Au galop, à 300 mètres.

A pied, le pas accéléré ($0^m,66$) étant de 100 pas à la minute ou $100 \times 0^m,66$, le soldat parcourt $66^m,66$ environ à la minute.

La marche en route pour l'infanterie est différente, en ce que le pas n'étant plus cadencé, chaque homme s'arrange comme il lui convient, combinant l'espace parcouru avec la vitesse, de manière à garder sa place. De la sorte, une troupe qui marche bien fait un kilomètre en dix minutes, quelquefois en huit, mais alors il faut ajouter deux minutes de halte; le cheval parcourt le kilomètre en dix minutes, et *par conséquent quatre kilomètres* ou une lieue en quarante minutes. Mais ce n'est point là ce qui doit nous occuper si nous voulons comparer la marche du cheval à celle de l'homme. La marche de route est environ de huit à neuf minutes par kilomètre, et dix minutes en y comprenant le temps moyen des haltes ; de la sorte, le fantassin parcourt 6,000 mètres (une lieue et demie) à l'heure, et le cavalier à cheval également 6,000 mètres. Par conséquent, l'étape doit durer à peu près le même temps pour l'une et l'autre arme ; mais il est reconnu que la cavalerie ne peut jamais supporter les marches longues et réitérées, qu'on appelle forcées, aussi bien que l'infanterie ; c'est là où se retrouve une des preuves de la force de l'homme. Dans les chasses, on voit le cerf et le sanglier développer une vitesse très-supérieure à celle du chien courant ; mais ils lui sont inférieurs pour *le fonds*, puisqu'ils finissent toujours par être forcés, ce qui n'arrive jamais au loup. On a cité autrefois un gentilhomme breton parti de son pays à la queue d'un loup qu'il força aux environs de Rambouillet ; mais dans cette histoire, si elle est vraie, les chiens avaient l'avantage d'être recueillis, logés et nourris chaque soir, tandis que le loup était repris le matin par eux, nécessairement épuisé par la fatigue de chercher une proie ou par une nuit de repos sans nourriture.

On parle de chevaux et de marcheurs privilégiés qui parcourent deux lieues à l'heure ; je crois le fait très-rare. Pour moi, je n'ai jamais vu de cheval faire réellement et franchement deux lieues à l'heure au pas. Les deux chevaux les plus vites à cette allure que j'aie jamais montés et essayés mettaient tous les deux soixante-quatre minutes à parcourir huit kilomètres : l'un était un très-grand cheval (5 pieds 4 pouces), *fils de son grand-père*, c'est-à-dire issu d'un étalon arabe et d'une jument qui provenait de ce même étalon et d'une jument allemande ; il était lourd dans son avant-main et n'avançait que par la longueur extrême de son pas (grand compas) ; l'autre était un cheval arabe de pur sang et de haute race, mais assez petit (4 pieds 9 pouces) ; arrivant au même résultat par une marche preste et légère. On pouvait le faire aller plus vite sans trotter ; mais alors il changeait d'allure et prenait une espèce d'amble mêlé qui n'était plus le pas.

Je ne me rappelle pas non plus d'avoir jamais vu aucun marcheur faire huit kilomètres à l'heure, absolument sans courir.

Du reste, ni pour l'homme ni pour le cheval le pas n'est une allure *racing like*. On ne peut lutter au pas à cause de la facilité et de la tentation continuelle de prendre une autre marche. Par conséquent, l'idée émise par quelques hippologues de créer des courses au pas pour des chevaux attelés à des charrettes plus ou moins lourdement chargées, n'est pas soutenable. Ces courses ne prouveraient rien, ni la force pour enlever un poids, ni la faculté de le traîner longtemps. Il est hors de doute que pour tous les chevaux, soit de selle, soit de gros trait, un pas allongé et vite est un avantage ; mais ce n'est point une qualité que l'on puisse exactement *tarifer* comme celle de la vitesse au galop.

Et si les courses (au galop) sont d'une utilité aussi incontestable, c'est moins en ce qu'elles désignent le cheval capable de faire la lieue dans le plus petit nombre de minutes et de secondes, qu'en ce qu'elles prouvent l'existence de plusieurs qualités essentielles, l'haleine, la résistance et la véritable force d'organisation.

Le pas n'est pas sensiblement ralenti par le poids du cavalier, probablement parce que dans l'usage ordinaire du cheval, on ne le charge pas d'une manière qui exige un emploi notable de ses forces, puisqu'on veut qu'il puisse trotter, galoper, sauter, etc.

Au tirage, il n'en est plus de même ; attelé à une voiture, même la plus légère, le cheval ne retrouve plus la même agilité que sous la selle. Les pentes exercent aussi une bien plus grande influence sur le cheval attelé que sur le cheval monté, et l'on peut surtout s'en convaincre dans les pays de montagne où un bon marcheur peut tenir tête pendant dix lieues à des diligences et à des relais de poste, même sur de bonnes routes, parce qu'il rattrape à chaque montée l'espace que les chevaux gagnent sur lui en trottant dans les descentes et sur les parties plates.

Je regarde donc huit kilomètres à l'heure comme la limite extrême de ce que pourrait faire le cheval le plus vite au pas ; c'est même une chose que je n'ai jamais vue, et lorsque je l'entends raconter, je demande à la voir.

Au trot, le cheval parcourant 240 mètres à la minute, fait à l'heure $240 \times 60 = 14,400$ mètres ou un peu plus de trois lieues et demie.

Au galop, le cheval parcourant 300 mètres, il ferait à l'heure $300 \times 60 = 18,000$ mètres, ou quatre lieues et demie.

Ces deux dernières données ne sont que des règlements de manœuvres et ne peuvent nous servir de rien, car l'objet qui nous occupe est de fixer autant que possible la limite des forces du cheval, dans leur emploi le plus extrême et dans les circonstances les plus favorables.

La vitesse de trois lieues et demie à l'heure est un trot de basse école, c'est-à-dire assez lent pour cadencer son allure, assez accentué pour que le cheval marche franchement.

Un cheval de manége convenablement dressé peut trotter à une allure beaucoup plus raccourcie et gagner en même temps beaucoup de tride et d'élégance, mais je ne crois pas qu'on puisse atteindre la limite inférieure de deux lieues à l'heure, sans que le trot dégénère en piaffer, en pas d'Espagne, ou en quelque autre espèce de danse, dans laquelle le cheval ne peut rester qu'à force d'habitude et avec une excessive fatigue.

Les Anglais, il y a quelques années, ne voulaient point pour leurs attelages de parade que les chevaux allassent le pas sous le harnais, et quelque lentement qu'on les menât, on leur demandait toujours une sorte de cadence. Les élégants d'aujourd'hui font cas d'un cheval de cabriolet qui se souspèse et reste dans son trot pendant assez longtemps derrière une voiture très-lente, fiacre ou omnibus, qui vous empêche de passer. Un amateur m'a parlé d'un cheval qui ferait au tilbury deux lieues en une heure (pas plus) sans cesser de trotter et sans suer. On m'a offert de parier, j'ai accepté, et on ne m'a pas montré la performance ; je permettais cependant de choisir pour l'exécution du pari une journée d'hiver.

Mais ce n'est que comme hors-d'œuvre que nous parlons ici des minimums. Les courses de lenteur comme les courses à reculons peuvent être du domaine de l'art, comme difficulté vaincue ; elles ne sauraient être l'objet d'une attention sérieuse pour les hommes de cheval.

Trot.

Nous nous sommes peu occupé du pas ; c'est une allure à laquelle le cheval peut se tenir presque indéfiniment ; les nuances de vitesse entre les individus sont une affaire d'agrément et non d'utilité.

Au trot, il en est tout autrement ; le trot n'est point une allure naturelle au cheval, elle est toute artificielle, mais c'est celle qui doit nous occuper le plus, en ce que c'est celle de l'usage le plus répandu et le plus continuel dans tous les services possibles.

Il n'y en a pas d'autres pour les voitures, car il est impossible de lancer une voiture légère au galop avec agrément et sécurité ; et chaque jour, on renonce à l'allure du pas, même pour le transport des fardeaux les plus lourds ; la messagerie empiète sur le roulage.

Les performances au trot se divisent en quatre :

Vitesse { Sous la selle,
{ Au harnais.

Fonds { Sous la selle,
{ Au harnais.

La vitesse au trot est le rapport du temps à l'espace pour un intervalle extrêmement court.

Comme le trot est plus lent que le galop, les poumons font moins d'effort, et par conséquent le maximum de vitesse au trot peut se maintenir plus longtemps qu'au galop.

Rochester, trotteur américain, dont nous avons donné le portrait (*fig.* 32, page 271), parcourut 5 miles, ou 8045 mètres, en treize minutes cinquante-deux secondes, ce qui est un peu plus de deux lieues en quatorze minutes, ou sept minutes pour une lieue.

Je me rappelle avoir vu, il y a plusieurs années, à Paris, une petite jument grise, américaine, qui avait, dit on, une certaine réputation à New-York, et qui battit en France tous les trotteurs qu'on lui opposa; je lui ai entendu donner une vitesse à peu près analogue (quelque chose comme deux tours du Champ-de-Mars en sept minutes), mais, je ne puis citer aucun fait à l'appui.

Voilà la limite la plus élevée que je connaisse pour un temps de trot de courte durée. Un trotteur même, s'il n'est que trotteur de vitesse, doit tenir son train pendant une lieue au moins.

Nous voyons donc *Rochester*, trotteur hors ligne, faire sa lieue en sept minutes et même moins.

Tout cheval qui fait sa lieue en huit minutes est, en France, un trotteur de premier ordre.

Le cheval qui fait sa lieue en onze minutes n'est pas un trotteur, mais il est difficile d'en rencontrer de pareil train; il sort tout à fait du rang ordinaire, et dans le prix qu'on l'estime, on doit prendre cette qualité en grande considération.

Ce train d'une lieue en onze minutes n'est remarquable

que pour le harnais ; sous la selle un cheval agile peut arriver facilement à cette vitesse sans être trotteur le moins du monde, mais il n'y a pas de certitude dans son allure, il est toujours prêt à s'enlever ; ce qu'il a fait une fois, il ne le recommence pas à coup sûr, et voilà pourquoi les courses au trot sont toujours longues, afin que les chevaux pour lesquels cette allure n'est pas l'unique manière de marcher en soient naturellement exclus.

Beaucoup de nos courses au trot, en province, se gagnent au train de une lieue en onze minutes ; ce sont par conséquent des courses au trot et non des courses de trotteurs.

Quatre lieues en une heure sur un terrain plat, doivent être faites assez facilement par tout cheval d'une certaine valeur.

Un kilomètre en cinq minutes est une tâche au-dessous de laquelle ne se trouve presque aucun cheval, pourvu que la route soit bonne et en terrain plat. J'ai fait un kilomètre en cinq minutes avec une jument de trait, petite, lourde, vieille, achetée 140 francs, et qui était bien moins propre à trotter qu'à aller au pas. Sa valeur, par conséquent, si minime qu'elle fût, dépendait moins encore de son aptitude à ce service, que de son mérite comme bête de charrette.

Pour trois lieues à l'heure, en plaine, il faut un bon cheval de fiacre en plein état de service.

Soutenir ce même train deux, trois, quatre heures de suite, exige un bon, un très-bon, un excellent cheval de maître, et cela par deux raisons.

La première est que la marche continue ne peut pas durer longtemps, et que l'on est obligé de donner du repos au cheval, soit par des haltes, soit par des temps de pas, soit en ralentissant beaucoup l'allure ; faute de cette précaution, l'animal quitte forcément son train, et si on le pousse, il est bientôt rendu, lorsqu'il s'agit d'une distance notable.

La seconde est qu'il arrive très-rarement qu'une route de six, neuf ou douze lieues ne présente pas de temps en temps des pentes plus ou moins considérables, dont les unes vous obligent à aller au pas, les autres causent un ralentissement.

Sur la route de Paris à Chantilly, ou sur celle de Valenciennes, par exemple, l'inclinaison est telle que le cheval, pour faire neuf lieues en trois heures, doit marcher au train de quatre minutes par kilomètre pendant tout le temps qu'il trotte, afin de rattraper les minutes perdues à toutes les montées.

Cela posé, si vous entendez dire, comme cela m'est arrivé, qu'un cheval arabe fait, au trot, un kilomètre à la minute, répondez ce que vous voudrez, mais ne le croyez pas.

J'ai vu faire la réponse suivante : « je vous crois, mais ce sont de ces choses qu'on fait, et que l'on ne refait pas. »

Si on vous dit : « J'ai fait huit lieues en deux heures dans une voiture, » sans que ce soit une Américaine venue exprès de Philadelphie, et que le narrateur soit digne de foi, payez le cheval très-cher.

Je n'ai pas cherché à traiter tout à fait séparément les performances sous la selle des performances dans le harnais pour une petite distance : c'est que la différence n'est pas très-grande.

Beaucoup de trotteurs marchent mieux attelés que montés, quoique en général on suive facilement à cheval et au trot une voiture qui va vîte.

On pourrait peut-être parler encore longtemps sur ce sujet, et dire de bonnes choses, mais je crois plus prudent de s'en tenir au précepte de Boileau, quoique son conseil s'applique à la poésie et non aux ouvrages d'enseignement.

Je me bornerai à dire que, si le pas n'est pas du tout une allure qui donne lieu à des performances, on n'essaie guère au trot les moyens d'un cheval, que sur une distance assez longue ; puisque toutes les courses au trot en Angleterre et en Amérique sont d'une distance de six ou quatre lieues au moins.

En Hollande et, je crois, en Russie et en Suède, on est curieux de trotteurs remarquables par leur excessive vélocité, dût-elle ne durer que pendant quelques toises.

On peut donner en résumé, pour limites au pouvoir d'un excellent cheval :

Au pas, 8 kilomètres à l'heure (presque impossible) ;

Au trot, une lieue en huit minutes (trotteur) ;

Au trot, 48 kilomètres, douze lieues en quatre heures, (train de route à une voiture légère).

Paris de fonds au trot.

Nous avons parlé de *Phenomena*, qui, chargée de 60 livres anglaises, fit à l'heure dix-neuf miles, 30,590 mètres (7 lieues 3/5e environ), et se fit payer forfait pour dix-neuf miles et demi (805 mètres de plus), c'est-à-dire que son maître offrit de parier et trouva un partenaire qui se dédit avant la course.

Rattler, le vainqueur de *miss Turner*, déjà citée, parcourut dix miles, 16,100 mètres, quatre lieues et quelque chose en trente minutes 40 secondes, environ huit lieues à l'heure ; cette distance est courte.

A Saumur, vers 1827, M. le général marquis Oudinot, qui commandait dans l'École royale de cavalerie, fit le pari de parcourir sept lieues au trot en une heure sur une jument anglaise à lui appartenant, et perdit de trois minutes seulement. Il demanda une revanche et fut refusé.

Tout pari qu'on n'accepte pas est à moitié gagné par celui qui offre. Principe consacré en Angleterre, puisque en général, on met cette clause : moitié forfait.

La route d'Exeter à Londres, cent soixante-douze miles environ, plus de soixante-dix lieues, fut le théâtre de deux tours de force remarquables, la lutte d'un cheval attelé contre la malle-poste, avec ses relais.

Le 27 août 1808, *Sir Teddy*, poney de douze mains, partit de Londres en même temps que la malle et la devança de cinquante-neuf minutes, après une course de vingt-trois heures, trois lieues 2/3e à l'heure environ.

« Un *galloway*, de race écossaise, à ce que nous croyons
« sans en être sûr, exécuta, *vers* 1814, un tour de force
« plus grand (*que celui que nous venons de rapporter*). Il partit
« de Londres avec la malle d'Exeter, et malgré les nom-
« breux relais et la rapidité de cette voiture, il arriva à

« Exeter un quart d'heure avant la malle. Nous le vîmes
« environ un an après, poussif, affecté d'éparvins et de
« formes, *lamentable tableau* de l'ingratitude de certains
« hommes brutaux envers un serviteur zélé et laborieux. »

Ces deux histoires, l'une consacrée par une gravure à l'eau forte que l'on m'a donnée autrefois, l'autre relatée dans le livre intitulé : *The horse*, ne sont peut-être que le récit d'un seul et même fait ; récit nécessairement inexact puisqu'il n'est pas pareil dans l'une et l'autre relation.

Nouvelle raison de ne jamais croire ce que l'on raconte qu'avec la plus grande précaution, ou *comme mon ami Jodelle, sous bénéfice d'inventaire*. (*Mérimée*).

Je ne me suis pas attaché avec un soin minutieux à collectionner les faits les plus extraordinaires en ce genre ; la lecture de ce chapitre n'en sera que plus profitable en ce que la limite qui se trouve donnée aux forces du cheval est plus ordinaire, plus rapprochée de ce que nous sommes appelés à voir tous les jours. Quoi qu'il en soit, les faits que nous venons de citer sont dus à des chevaux hors ligne.

Toutes les fois que vous croyez posséder un animal capable de quelque chose d'analogue, étudiez-le bien et n'engagez pas légèrement le pari d'en faire autant.

En revanche, si on vous promet un de ces tours de force, pariez contre, hardiment. Si vous perdez, vous n'aurez pas lieu de vous plaindre : une semblable performance est un spectacle qu'on peut payer cher.

Vitesse.

Nous avons dit que le trot était plutôt une affaire de fonds que de vitesse.

Le galop, au contraire, s'essaie sur de petites distances. C'est au galop que le cheval est le roi de la création, puisqu'aucun animal ne peut l'atteindre en rase campagne ; c'est à lui qu'il est réservé de dépasser sur la terre tous les êtres qui, comme lui, sont nés pour la fouler.

Il est vrai que le vol de l'oiseau et la course de certains poissons dans les eaux donnent l'exemple d'une vitesse encore supérieure.

Mais il est vrai aussi que les physiciens ont constaté chez le cheval de course un excès de vitesse sur le vent ordinaire. Je fais grâce des chiffres, je les ai oubliés.

. . . . . *Volucremque fugâ prævertitur Eurum*

est devenu rococo, puisqu'au lieu d'une comparaison poétique, c'est-à-dire une exagération, c'est une bonne et grosse vérité, comme dit Beaumarchais. Il est vrai que ce vent-là n'est pas celui des tempêtes.

Toujours est-il que le règlement de l'Administration des haras fixait, il y a bien des années, les minimums de vitesse pour les chevaux de course à trois minutes par demie lieue :

Trois pour un tour ;

Six pour deux tours ;

Ce qui, par parenthèse, était plus *mathématicien* que *physiologiste*. Cela faisait un mètre et demi par kilomètre ; les chiffres sont une belle chose ! Malheureusement, je ne crois pas qu'on voie jamais le même cheval ne mettre à parcourir deux tours que le double juste du temps qu'il met à en faire un.

Cette vitesse était celle des mauvais chevaux de pur sang, les coktails, les chevaux non tracés, les demi-sang de bonne foi, y arrivaient.

Petit à petit on fit mieux : *Paradox*, cheval anglais, en 1833, battait *Tibérius* en quatre minutes cinquante secondes; le Champ-de-Mars n'avait pas encore vu ce train-là.

L'année suivante, sur le même hippodrome, *Felix*, cheval français, battait *Noëma* en quatre minutes cinquante secondes trois cinquièmes, et ne la battait que d'une tête ou un cinquième de seconde, ce qui est à peu près la même chose, car un cinquième de seconde est la dernière limite du temps appréciable à l'homme.

En 1840, *Nautilus* gagnait un prix royal en quatre minutes quarante-six secondes, contre *Quine*, petit-fils d'*arabe*, en quatre minutes cinquante-six secondes 2/5e, c'est-à-dire à peu près d'une longueur, peut-être facilement.

Je ne me souviens pas du nom d'une jument qui mit deux minutes dix-sept secondes à faire un tour et qui fut selon moi le plus vite de nos chevaux de courses pour un tour.

J'ai bien, il est vrai, entendu parler de vitesses plus grandes, tant pour deux que pour quatre kilomètres ; mais j'ai certaines raisons pour ne pas prendre la responsabilité de ces relations.

On parle aussi d'un tour en 2^m,13 ; mais on a fait part, devant moi, à quelqu'un que cela intéressait fort, d'un essai à $2^m,12$ d'un autre cheval, bien des années auparavant, et on n'a pu donner, sur ce fait, aucune preuve à l'appui qui pût le faire paraître vrai, ou même vraisemblable. L'animal, c'était une jument, fut consacré immédiatement à la reproduction, et retiré de l'hippodrome, pourquoi?

Pour des raisons que je ne veux pas dire, à cause de certains intérêts, de certaines personnes qui se trouveraient compromises, ce qui serait fort désagréable, quoique tout cela soit fort ancien; il y a prescription, comme disent nos hommes de loi; affaires d'hippodromes, de chronomètres, d'entraînement, de géomètres, d'horlogers, de grooms.

Je ne veux pas engager de polémique; cela m'est arrivé, je m'en suis repenti.

Toujours est-il que *Nautilus* fit deux tours en $4^m,46$. Nous reparlerons de ce cheval plus tard, car il a été fort remarquable en son temps.

Je prie le lecteur, si par hasard c'était un grand amateur du turf, d'observer que je ne suis pas occupé, en ce moment, à faire l'éloge des chronomètres, ni à verser des larmes sur la négligence que l'on met à constater le temps des courses importantes. Je me borne à citer quelques chiffres pour apprendre, à ceux qui ne le savent pas, en quoi diffère à peu près la vitesse d'un cheval sur le turf de celle d'un jeune homme pressé qui galope avec un cheval ordinaire sur une route.

En passant, je conviendrai que l'évaluation mathématique des vitesses en secondes, minutes, tierces, n'est pas une mesure graduée dont on puisse se servir pour établir les mérites respectifs d'un certain nombre de chevaux. J'ai dit *je conviendrai*, parce que certaines personnes considérées dans le monde hippique soutiennent que le temps n'est rien, absolument rien, moins que rien.

Je ne voudrais pas me poser résolument en antagoniste contre cette opinion, et cela pour plusieurs motifs. D'abord cette opinion est tellement bien portée aujourd'hui, que c'est presque se donner un brevet d'ignorance et d'incapacité que de la combattre. Ensuite, parce que cette opinion, qui du reste est erronée, a cependant un petit coin caché et par lequel la vérité peut entrer à la rescousse au grand dam des opposants.

Or donc, voici :

Je reprends l'exemple de *Félix* et de *Noéma*, d'abord parce que ces *racers* défunts ou à peu près n'intéressent plus l'amour propre de personne, peut-être aussi parce que cette course est un des souvenirs de ma jeunesse.

Si *Félix* eût rencontré un adversaire réellement plus vite que lui et de moins de fonds, c'est-à-dire capable de le dépasser dans toute l'extension de ses moyens, mais incapable de parcourir quatre kilomètres en quatre minutes cinquante secondes, il serait arrivé ou il aurait pu arriver ceci : que *Félix*, fatigué pendant la durée de la course par un ou plusieurs assauts contre ce cheval plus vite que lui, eût été épuisé et eût mis plus de temps à parcourir le même espace. Il aurait pu cependant arriver le premier et mettre plus de temps, sans être pour cela ni meilleur ni plus mauvais.

Nous avons vu dans une course courue par trois chevaux, les deux meilleurs et de beaucoup s'attaquer avec acharnement pour se disputer un prix qui devait nécessairement échoir à l'un ou à l'autre. Lorsqu'ils avaient usé leur train dans la lutte, le troisième, ménagé jusque-là, les passait avec facilité et gagnait.

Cela se réduit à dire : que plusieurs chevaux ne courent pas ensemble comme s'ils couraient seuls, chacun d'un côté, contre le temps ;

Qu'une course de quatre kilomètres contre le temps est une chose à peu près aussi impossible à exécuter qu'elle serait ennuyeuse à voir ;

Que l'homme qui court ne peut pas anéantir l'émulation ou l'ardeur de son cheval, au point de le maîtriser comme une machine ; qu'il ne peut même toujours se maîtriser lui-même, ou du moins difficilement, puisque c'est un mérite si préconisé pour un jockey que *d'avoir de la tête;*

Enfin, que toutes les raisons pour lesquelles une course est en définitive gagnée ou perdue font un ensemble si complexe, que le nombre des secondes qui forment sa durée n'est pas une question fondamentale.

Tout cela est vrai, je le veux. Je vais plus loin, je rappellerai avec une nuance d'ironie très-flatteuse pour les ennemis du *Compteur*, certain opuscule de M. Seguin qui voulait, vers 1820, je crois, qu'à l'issue de chaque course une trompette éclatante annonçât, à la foule réunie au Champ-de-Mars, le nombre de minutes et de secondes qu'avait duré la marche du vainqueur. Je ne me rappelle pas si on avait composé une fanfare spéciale à cet effet.

Dans les recherches qu'il m'a nécessairement fallu faire pour composer ce livre, j'ai découvert des calculs très-drôlement faits par certains esprits ultra-géométriques.

L'un additionnait les *temps* mis par chacun des chevaux d'une même course, et puis il prenait une moyenne.

Un autre établissait des proportions combinées avec divers éléments: le poids des jockeys, l'âge des chevaux, les espaces parcourus, les minutes employées, etc., et de là résultaient, en définitive, les plus étranges conclusions :

Comme, par exemple, qu'en général le demi-sang est plus vite que le pur-sang, surtout à la deuxième épreuve, ou que les courses se courent en France à un plus grand train qu'en Angleterre.

Enfin, les deux calculs établis par Thiroux sur la charge à donner aux chevaux de voitures, d'après leur taille et leur poids (poids qui du reste était faux), n'approchent pas de ces théories dont heureusement je fais grâce au lecteur.

Mais après avoir fait bon marché des aberrations de certains esprits trop ponctuels, sera-t-il permis de demander où serait le mal de noter chaque année avec soin le temps des courses principales ? Les bonnes, celles où tous les chevaux s'emploient franchement et où, par conséquent, les meilleurs se montrent et font *juger l'année ?*

Autrefois le prix de 14,000 fr. remplissait cet office pour les chevaux de quatre ans, et les grandes courses de deux tours en deux épreuves.

Mais aujourd'hui cette course ne prouve plus rien du tout. A quatre ans les chevaux qui restent en état de courir sont quelquefois ou peuvent être très-inférieurs à ceux qui, brisés à trois ans, ne valent plus rien pour le turf et valent peut-être mieux pour la reproduction. De plus, cette course étant la dernière de l'année ou à peu près, ce ne sont plus les meilleurs qui y paraissent, ce sont ceux qui ont échappé aux mauvaises chances ou aux victoires ; ce ne sont pas nécessairement les meilleurs, et surtout ce n'est pas là qu'ils donneront la mesure de leur vitesse, car ils peuvent, ils doivent déjà l'avoir perdue en partie.

Si on veut un autre argument, je dirai qu'en Angleterre je vois par les *sporting intelligences* que l'on paraît depuis peu se mettre à prendre note du temps.

Pour certaines personnes cette imitation n'est-elle pas un devoir? Ne peut-on pas se faire un sport d'imposer l'habitude du chronomètre ?

De plus, ne peut-on pas soutenir qu'il serait utile de constater les vitesses des grands prix sur les principaux hippodromes de France. Cela n'apprendrait pas grand' chose sur la vitesse des chevaux; il serait dangereux de régler son *betting-book* sur les renseignements fournis par le chronographe ; cela pourrait être. Cependant je me rappelle d'avoir tiré certains renseignements utiles de mon compteur.

Un jour, il y a longtemps, je voyais une course de province. Les chevaux me paraissaient mal courir, mais quelle trompeuse appréciation ! Mon chronomètre était en désaccord avec celui du lieu, lequel était le bon? Celui-là? Le mien? Ni l'un ni l'autre, et cependant je tirai de tout cela une conclusion. Cette conclusion avait rapport à la longueur de l'hippodrome, et ma conclusion était juste, mathématiquement juste, à la chaîne d'arpenteur.

J'ai assisté à un essai au chronomètre. Il s'agissait de savoir s'il était à propos de laisser courir *Agar*, fille d'*Eastham* et d'une fille d'*Arabe* appartenant à l'administration des haras. M. Dittmer, qui ne comptait pas beaucoup sur la bienveillance de certains amateurs du turf, ne voulait pas exposer cette jument à une défaite honteuse. On l'essaya contre *Tim*, cheval anglais de deuxième ordre, et le jockey chargé de monter ce dernier cheval se conduisit de la manière la plus propre à décourager et à épuiser *Agar*, en dépit des ordres qu'il avait reçus. *Agar* arriva en quatre minutes cinquante-sept secondes. Chargé du chronomètre, je reçus l'ordre de dissimuler le résultat et d'annoncer cinq minutes deux secondes, environ cinq secondes de plus. Deux jours après, elle arriva en quatre minutes cinquante-deux secondes 4/5°, battue d'une longueur par *miss Annette*, résultat honorable que l'essai *par le temps* nous avait annoncé.

Flying Childers, fils de *Darley's Arabian*, né en 1715, dont le nom se retrouve dans les pedigrees de presque tous les chevaux d'aujourd'hui, est, dit-on, le cheval le plus vite qui ait jamais existé.

Il était alezan, suivant les uns, bai, suivant les autres, avec une lisse en tête et quatre balzanes, ce qui est assez extraordinaire; car parmi les chevaux véritablement célèbres, on ne voit guère que *Sultan* marqué de cette façon.

On cite de *Flying Childers* plusieurs courses à longues distances sous un très-fort poids et dans un temps relativement très-court : 4 milés (1610^m $\times$ 4 = 6440^m en six minutes quarante-huit secondes avec 9 stones, 2 livres; 55 kilos à peu près.

Mais sa véritable performance est d'avoir marché au train d'un mile à la minute, à savoir 1/3 de mile en vingt secondes, suivant les uns, 1/4 de mile en quinze secondes, suivant les autres.

Quelques personnes assurent que *Rowton* fut encore plus vite, mais ne donnent aucune preuve à l'appui.

Firetail et *Pumkin* firent un mile en une minute et demie ; *Bay-Malton*, quatre miles en sept minutes quarante-trois secondes et demie.

Eclipse, plus généralement connu que *Flying Childers*, fut cependant, selon toute probabilité, moins remarquable. Ce sont plutôt ses victoires que ses performances que l'on cite. Et, en effet, non-seulement il ne fut jamais battu ni même approché, mais il paraît encore qu'il possédait au plus haut degré la faculté de lutter avec énergie et d'employer toute sa force contre l'adversaire qui avait quelque avance sur lui, ce qui lui aurait assuré de grands succès, lors même qu'il n'eût pas eu une aussi grande supériorité de train.

Il parcourut quatre miles en huit minutes avec douze stones.

La question de savoir quelle est la différence réelle de vitesse entre les chevaux de course anglais et les nôtres ne peut pas se décider mathématiquement par la comparaison des temps. Les distances n'étant pas les mêmes, non plus que les poids, on ne saurait établir les proportions d'une manière véritable. De plus, la différence des terrains est encore une autre condition qui rend la comparaison impossible.

La lutte seule peut nous apprendre quelque chose, et elle a eu lieu quelquefois. De mauvais chevaux anglais ont tout battu en France ; nos meilleurs chevaux n'ont obtenu en Angleterre que des succès quelquefois éclatants, mais toujours équivoques, lorsqu'on a voulu y regarder de près.

Courses de fond.

Je ne parlerai pas ici de ces courses de huit ou dix tours d'hippodrome qu'on a tenté d'introduire dans quelques endroits, sous le prétexte, disait-on, de mettre en évidence la supériorité de certaines espèces sur le pur sang.

Le but a été complétement manqué, car les chevaux de pur sang ont toujours gagné en personne ou incognito, car il a été assuré que certains chevaux prétendus *chevaux de pays* avaient été parfaitement reconnus pour avoir possédé naguère un pedigree en règle.

Toujours est-il que je n'ai pas parlé de cela à l'article *Course*, parce que ce ne sont pas des courses ; et je n'en parlerai pas ici, parce que cela n'a donné lieu à aucune performance remarquable.

Un écrivain très-célèbre de nos jours a dit, dans une boutade spirituelle, que le chasseur à courre n'était qu'un *boucher prétentieux*. On pourrait soutenir et prouver, avec plus de raison encore, que ces courses démesurément longues, qui épuisent les chevaux sans mettre au jour aucune qualité, et sans rien apprendre à personne, sont un *équarissage prétentieux*.

Ceux qui savent ce que c'est que les courses sont convaincus que la vitesse du cheval et son fonds ne comportent pas de limites si reculées que se l'imaginent les hommes étrangers à ce genre de sport, cavaliers ou non, du reste. Cinq à six minutes de course sont plus qu'il ne faut pour juger comme pour épuiser la vigueur du cheval, quand on l'emploie.

Les distances de plusieurs lieues, les courses de plusieurs heures, ne se font plus au galop de course, même pas toujours à un galop continuel. Cela est si vrai qu'il y eut, il y a plusieurs années, un pari comme quoi un cheval ferait trois tours du bois de Boulogne (moins de neuf lieues) au galop non interrompu. Il n'y avait aucune limite de temps; la seule condition imposée était de ne point changer d'allure. L'homme et le cheval arrivèrent très-fatigués; ce dernier même ne s'en releva jamais, dit-on, complétement, et beaucoup de cavaliers avaient accompagné facilement, en entremêlant le trot et le galop.

It is the pace what kill, c'est le train qui tue, est l'axiome dont il faut se pénétrer avant tout pour juger en général des courses de fond.

En effet, la longueur de la route parcourue n'est rien en comparaison de la vitesse à laquelle se fait la tâche imposée.

Ainsi la fameuse chasse dont on se souvient encore en Angleterre depuis plus de cinquante ans, où beaucoup de chevaux succombèrent, les uns sur la place, les autres dans la quinzaine qui suivit, ne dura que quatre heures vingt minutes, et la distance parcourue, en la supputant avec toute l'exactitude possible, ne doit pas être grande, si on la compare au chemin que l'on fait souvent dans une de nos chasses françaises.

Mais il faut observer que chez nous on passe d'ordinaire dans des allées de forêts en tournant les obstacles autant que cela est possible ; que souvent on peut mettre son cheval au petit galop et même au trot, et qu'enfin on part de bonne heure pour rentrer souvent fort tard.

En Angleterre, au contraire, on va tout d'une haleine et en ligne droite, ne déviant jamais que devant les obstacles insurmontables. On dit même qu'un homme et un cheval *bien montés* doivent *passer partout*.

Nos bidets d'allure autrefois si célèbres, mais dont l'usage, et par conséquent la race, commence à se perdre, pouvaient faire jusqu'à trente et quarante lieues *entre deux soleils ;* mais le train était lent (trois lieues à l'heure environ), et de plus, leur allure était combinée de telle sorte, que la dépense de force musculaire était aussi réduite qu'elle pouvait l'être.

Une vitesse excessive pour une distance notablement grande, vingt lieues par exemple, est celle de six lieues à l'heure. On a parlé d'une jument de trois quarts de sang, fille de l'*Invincible* par *Hoëmus* et d'une jument anglaise, qui a tenu ce train pendant trois heures et demie, ne perdant que de quelques minutes la gageure que son propriétaire avait faite. C'est une rude performance.

Quelques-uns citent des exemples d'une pareille tâche, complétement exécutés; mais les renseignements authentiques manquent.

Les Arabes font, à ce qu'il paraît, de longues traversées dans le désert; mais, outre que les documents n'ont jamais d'exactitude positive pour la distance et les heures, le train est toujours assez lent (trois lieues à l'heure ou un peu plus).

Schaklavi Amdan, étalon alezan à quatre balzanes, très-fortement charpenté, et qui a donné de très-bonnes productions, jusque dans une excessive vieillesse, passait pour avoir exécuté un tour de force merveilleux.

Il serait venu à Alep d'une distance de cent cinquante lieues en quarante heures dont vingt-sept d'action, poursuivi à outrance par des cavaliers chargés d'arrêter ou de tuer son maître; mais il n'y a pas de témoins irrécusables pour affirmer la réalité du fait.

Lorsque la vitesse atteint six lieues à l'heure, elle exclut nécessairement tous les chevaux qui ne sont pas trotteurs et même ceux qui ne sont pas susceptibles du galop de course; cela devient une tâche réservée exclusivement au cheval anglais de pur sang ou à celui qui s'en rapproche beaucoup, ou encore du cheval issu d'arabe, mais que l'on a élevé d'après les principes de l'entraînement anglais depuis quelques générations.

Le trotteur américain, qui est en réalité un cheval presque de pur sang, accoutumé par l'éducation que lui-même et ses ancêtres ont subie, à une allure essentiellement *ménageante*, peut encore entrer avec avantage en concurrence.

Il joint la constitution du pur sang à tout l'avantage de marche que donne au bidet d'allure l'habitude de l'entrepas ou d'une manière de procéder analogue.

On a vainement voulu opposer au cheval anglais, pour ce genre de tour de force, les chevaux arabes ou demi-sauvages.

Ceux du Midi, tels que les chevaux du Mexique et de Buenos-Ayres, ne tiendraient pas, même au début.

Les chevaux du Nord, cosaques, polonais, russes, kirguises, etc., sont très-bons, sans contredit; mais l'essai a prononcé en faveur de la Grande-Bretagne dans la fameuse course de Saint-Pétersbourg, gagnée par *Sharper*, et dont on a déjà parlé.

Il s'agissait de parcourir 75 verts (49 miles 1/4 anglais), ou 80,097 mètres, un peu plus de vingt lieues; il arriva seul en deux heures quarante-huit minutes, aucun des chevaux russes ne pouvant plus se soutenir ni même être soutenu sur ses jambes. Aucun ne parcourut la distance donnée, même au pas.

Mina était tombé boiteux par la perte d'un fer ou autrement.

Dans notre pays où l'on confond tout, j'ai entendu soutenir dernièrement que le vainqueur de cette course était *Mina*, et que *Mina* avait fait la monte en France; il n'en est rien.

Le *Mina* qui courut en Russie avec *Sharper* et qui tomba boiteux en route était bai brun, fils d'*Orville* et de *Barrosa* (*Stub-Book*, tome 3, page 25).

Celui qui vint en France est *Général-Mina*, alezan, fils

de *Camillus* et d'une *Williamson's-Ditto-Mare* (*Stub-Book*, tome 3, p. 465).

Il a fait la monte longtemps dans divers établissements et notamment à Rosières, sans avoir jamais donné de très-bonnes productions. Est-ce la faute de ceux qui l'ont employé ?

Tous deux étaient nés en 1820, c'est leur seul point de ressemblance.

La performance de 20 miles à l'heure ($20 \times 1610 = 32,200$ mètres $= 8$ lieues $1/5^e$), à n'importe quelle allure, n'avait pas encore été publiquement exécutée, du moins depuis bien longtemps, bien que *Phœnomena* eût gagné au trot pour 19 et reçu forfait pour 19 1/2. Elle a eu lieu enfin sur une route par un cheval de pur sang vers 1843.

En voilà assez, je crois, pour fixer les idées sur ce qu'il est possible d'exiger du cheval.

Performances d'équitation,
TOURS DE FORCE DONT L'EXÉCUTION DÉPEND DE L'HABILETÉ OU DES FORCES DE L'HOMME.

Laissons à l'équitation de manége le premier rang à cause de son ancienneté (c'est par elle que l'art hippique s'est formulé d'abord), et commençons par la plus antique et la plus célèbre de toutes les performances, celle d'Alexandre essayant *Bucéphale*.

Plutarque, je crois, raconte que ce jeune prince, mis au défi, monta avec précaution ce cheval que tout le monde regardait comme indomptable, et après l'avoir habilement essayé, le ramena calme et soumis.

Philippe s'écria : « Cherche un autre royaume, la Macédoine est trop petite pour toi. »

Lorsque je lus ce trait dans ma jeunesse, il me sembla, malgré mon enthousiasme pour l'équitation, que l'éloge était exagéré, et que les grands monarques, tels que Charlemagne ou Napoléon, devaient faire pressentir leurs destinées autrement qu'en montant un cheval difficile.

Je me suis toujours étonné de n'avoir pas entendu nos savants en *us* et même des gens beaucoup plus raisonnables s'écrier avec mépris : « Exploit de maquignon ! tour de Franconi ! gloire de casse-cou ! etc., etc. »

Je m'en étonne encore, et cependant je me sens disposé à être un peu de l'avis de Philippe.

Il est probable que les détails n'ont jamais été bien rapportés et que l'histoire se passa autrement qu'on ne la raconte.

Il ne s'agissait pas de tenir sur un cheval rétif ou de se laisser tomber. *Bucéphale* était un animal d'une beauté rare, d'une valeur excessive, surtout à cette époque où l'art d'élever étant complétement inconnu, le prix d'un bon cheval ne résultait pas, comme aujourd'hui en Angleterre, des frais d'élevage combinés avec la difficulté de réussir à créer un *fast hunter up to wheigt*.

La valeur du cheval dépendait, comme celle d'un diamant, de sa beauté, de sa rareté.

Utiliser ce magnifique cheval dont on ne pouvait rien faire était une entreprise hardie et non moins profitable, car peut-être le pareil de *Bucéphale* n'était pas là, non plus que la possibilité de se le procurer ; c'était à une époque où le souverain était un capitaine, un premier soldat; chez une nation où les exercices du corps étaient en estime singulière, témoin les grands honneurs attachés aux victoires des jeux olympiques.

L'œil d'un roi comme Philippe et l'œil d'un père durent sans doute observer toute la conduite du jeune homme; on dut y voir de l'audace, de la réflexion, de la détermination, de l'à-propos et en même temps une extrême prudence; car sans tout cela on ne réussit pas sur un cheval réellement difficultueux et intraitable. Ces qualités ne sont-elles pas celles d'un général? et lorsqu'on les montre, c'est qu'on les possède, quelle que soit d'ailleurs l'occasion.

C'est comme cela que je m'explique l'extrême popularité de l'anecdocte.

Ne voyons plus maintenant l'équitation que comme un art. Du héros nous allons tomber à l'acteur; car l'homme de manége est sur un théâtre; on le juge, on l'examine, on l'applaudit; et ce n'est pas ma faute si un vieux maître, je ne me rappelle plus lequel, conseille à ses élèves une *figure sereine, calme et souriante, pour plaire au spectateur* ou au public, c'est tout un.

Le travail de manége est tellement un spectacle que les prouesses en ce genre, quand nous les lisons dans les vieux livres, nous font l'effet des articles biographiques sur nos grands artistes dramatiques, Garrick, Lekain, Larive, Talma; ceux qui les ont vus ne peuvent en parler qu'entre eux, la tradition ne dit rien aux autres.

Brantôme, je crois, parle d'un cavalier gascon qui maniait un cheval très-rude de maniement, avec une piastre sous chaque fesse, chaque genou, chaque étrier, sans en laisser tomber.

Tout élève ayant deux ans d'école pourra, avec un peu d'étude, réussir à faire quelque chose de semblable, et cependant, soyons-en sûrs, le cavalier de Brantôme était un homme remarquable et sans comparaison plus habile que cet élève. Car Brantôme, homme de guerre et homme d'esprit, n'aurait pas mis dans son livre une niaiserie à faire rire ses contemporains.

De nos jours, un écuyer ne fait pas un tour de force sans être à l'instant copié par quelque imitateur médiocre. La copie ne trompe en rien le spectateur bon juge ; mais le récit de l'original est pareil au récit de la copie, et le lecteur ne peut pas ne pas confondre.

Je ne parlerai donc pas des tours de force que j'ai vu exécuter en équitation de manége. D'ailleurs les écuyers que j'ai vus et admirés existent encore pour la plupart. Je ne puis ni faire des réclames en leur faveur, ni me poser en juge de leurs talents respectifs ; on me conseillerait avec raison de m'instruire de leurs conseils, au lieu de tarifer l'estime qu'ils doivent inspirer aux autres.

De plus, le récit que l'on peut faire de chaque chose en ce genre n'est jamais exact ou jamais compris.

A toute narration, j'ai toujours vu répondre : « Ce n'est pas difficile, » ou « Ce n'est pas possible ». Cela donne lieu à des discussions interminables entre gens de la meilleure foi du monde, moi tout le premier, qui ne croyais pas mon interlocuteur tout aussi sincère que moi.

Testu-Brissy s'enleva à cheval dans un ballon. M. Godard, de nos jours, s'est enlevé sur un cheval à l'aide d'un ballon. Etait-ce donc la même chose? Non ! si j'en crois un petit livre que j'ai lu dans mon enfance et dont j'ai oublié le titre.

Il y était dit que Testu-Brissy avait travaillé longtemps pour accoutumer son cheval à se tenir avec tranquillité debout sur un plancher parfaitement plat et placé en manière de nacelle. Si cela est exact, on peut dire, ce me semble : « Voilà du talent et du courage bien mal employés, » comme s'écriait ce général turc, témoin des extravagances de Charles XII, prisonnier du Grand-Seigneur à Bender.

M. Godard se contentait, je crois, d'attacher le cheval et même d'autres animaux, de manière à ce qu'ils ne pussent remuer. A quoi cela pouvait-il servir? car on sait à quelle hauteur les diverses organisations cessent de pouvoir vivre, à quelle hauteur le sang s'échappe des naseaux.

Le même Testu-Brissy parcourut au galop l'aqueduc de Marly.

En Espagne, il y a quelques années, un cavalier tenta la même extravagance sur un autre monument du même genre. Arrivé à peu près au milieu, il trouva une lacune, l'arche était brisée, des pierres manquaient. Il sauta pardessus le trou et arriva sain et sauf.

Qu'est-ce que cela prouve ?

1° Que la réparation à faire à l'arche n'était pas très-considérable, car le saut d'un cheval espagnol !

2° Que l'homme avait autant de sang-froid que de témérité, ce qui n'est pas peu dire;

3° Qu'il aurait mieux fait de faire autre chose.

A Versailles, un écuyer parcourut, dans toute sa longueur, la corniche extérieure qui surplombe l'Orangerie, au galop, m'a-t-on dit.

Mais tout ceci n'est que jeu de casse-cou; car s'il fallait être réellement homme de cheval consommé pour se tirer de pareils dangers, il fallait être encore plus fou pour s'y exposer.

J'en dirais presque autant du prince de Lambesc. Il arrive dans un château; il trouve fermé un pont-levis ou un pont tournant, et la maîtresse du logis à sa fenêtre : il salue, et d'un saut ferme et net, il entre dans la cour. Bien jusque-là; mais, pour s'en retourner, il ne voulut jamais laisser ouvrir.

Après cela, il voulait peut-être se convaincre que ce n'était pas l'effet du hasard!

Ce ne sont pas encore là des prouesses de manége.

J'ai vu galoper pendant plusieurs minutes dans toutes les directions, en changeant de pied, sans égard aux changements de main. Les changements de pied avaient lieu à chaque pas, tous les deux pas, tous les trois pas, quatre, etc., absolument comme je le désirais. Il me suffisait de dire deux ou trois pas d'avance : je veux un changement toutes les deux ou trois foulées, etc.

Le cheval ne se traversait pas et n'était pas animé.

J'ai vu tourner en cercle au galop autour de moi, changeant de pied à chaque foulée en continuant le cercle. La main lâchait totalement les rênes sur le cou, et le cheval continuait encore quelques pas, souvent la moitié du cercle sans se déranger.

Je serais curieux de voir la même chose exécutée par un autre, et aussi parfaitement exécutée.

J'ai vu un cheval dressé à galoper en arrière, si toutefois cela était bien réellement du galop. Le cheval s'enlevait à courbettes, et au moment où les pieds de devant retombaient à terre, les extrémités postérieures se levaient pour gagner du terrain en arrière ; le mouvement se continuait ainsi quelques pas.

Il n'était pas très-difficile d'exécuter cet air sur ce cheval, tant il y était bien formé. Il fallait toutefois connaître le mouvement et avoir des aides, car il n'exécutait pas de lui-même et tout seul. Le talent consistait à l'avoir dressé.

Ce n'était pas une défense dont on avait profité, comme il arrive quelquefois dans ces sortes de travaux excentriques.

Ce que l'on peut exécuter en fait d'air de manége, par bas ou par haut, sur un cheval entièrement neuf à ce genre de travail, dépend en partie des moyens naturels du cheval, mais surtout de l'initiative du cavalier ; et il existe des hommes inimitables dans cet exercice pour ainsi dire *à livre ouvert.*

Soit qu'on use ou non un cheval par cette sorte de maniement, il n'en faut pas moins le plus grand talent pour réussir.

Je dirai plus : ce n'est guère que lorsqu'on ne réussit pas qu'on tare ou qu'on déprécie le cheval. Dans ce cas, la maladresse est toujours mise en évidence par quelque grand désordre, aux yeux du moins des hommes compétents ; et pour moi, qui suis cependant le plus grand ennemi de tout ce qui *injurie* le cheval (passez-moi ce mot anglais), je reconnais parfaitement qu'un travail qui est gracieux est toujours juste. Reste à savoir à présent ce que l'on doit ou non trouver réellement gracieux.

Courses et marches forcées.

On m'a raconté qu'à la fin d'une guerre de l'Empire, je ne sais plus laquelle, S. M. Napoléon Ier, qui devait retourner à Paris et passer une revue en arrivant, exprima ou entendit exprimer autour de lui le désir de voir à cette revue une troupe qui eût fait la campagne représenter l'armée victorieuse.

Il s'agissait de faire le voyage aussi vite ou presqu'aussi vite que l'Empereur en personne, et il allait en poste. M. le général Dauménil, alors capitaine, s'engagea, si on voulait lui permettre de choisir chevaux et hommes et lui fournir des chevaux frais à Paris, à passer la revue à jour dit. La proposition fut acceptée, et on vit partir un escadron, ou peut-être deux pelotons, qui arrivèrent le matin de la revue ; ils trouvèrent des chevaux frais, des uniformes tout neufs et défilèrent aux Tuileries.

La performance consistait, je crois, à faire environ vingt lieues par jour pendant peut-être une semaine. Il est probable qu'il y eut bien quelques chevaux achetés ou changés en route ; mais enfin, le tour de force s'exécuta à peu près de la sorte, si toutefois ma mémoire est fidèle.

Un courrier du prince de Neufchâtel, major général, nommé Floquet, partit un dimanche de Paris et arriva à Naples le dimanche suivant. Deux heures après, chargé de la réponse à sa dépêche, il revint à Paris le troisième dimanche.

Distance de Paris à Naples, 400 lieues ;

Distance parcourue, donc 800 lieues ; temps, 14 jours ; donc $14 \times 24 = 336$ heures, environ deux lieues et un tiers par heure.

En 1741, sur le turf de Curragh, en Irlande, M. Wilde s'engagea à parcourir à cheval 137 miles, 219 kilomètres (55 lieues environ), en neuf heures. Il arriva en six heures trente-et-une minutes, ayant monté dix chevaux.

Train : 20 miles à l'heure, le temps de monter et descendre aux relais mis à part.

En 1748, M. Thornhill, maître de poste à Stilton, fit la gageure de parcourir trois fois la route de Stilton à Londres (en tout 215 miles anglais, c'est-à-dire environ quatre-vingt-six lieues) en quinze heures. Il arriva en onze heures trente-deux minutes. Au premier voyage, il changea huit fois de chevaux ; au second, six ; au troisième, sept ; mais les mêmes lui servirent deux et même trois fois.

Train : environ une lieue en huit minutes, près de huit lieues à l'heure ; vitesse excessive, si l'on réfléchit que la course avait lieu sur une route et non sur un hippodrome.

M. Hull's Quibbler, en 1786, fit, à Newmarket, 23 miles en cinquante-sept minutes et dix secondes.

Je trouve à l'instant le récit de cette performance peu connue, à ce qu'il paraît, puisque celle de 20 miles à l'heure, que j'ai citée plus haut, a fort occupé le monde hippique de notre époque.

Ce fait, comme bien d'autres, semblerait prouver que, depuis longtemps en Angleterre, on n'est plus en progrès, soit qu'on ait cessé de suivre la meilleure route, soit que tous les progrès possibles soient déjà faits depuis longtemps : ....*non longiùs ibis.*

De nos jours, le 6 novembre 1831, à Newmarket, M. Osbaldeston, âgé de 47 ans, s'engagea à parcourir 200 miles (quatre-vingts lieues) en neuf heures, sur une lice ronde de 4 miles mesurée exprès; le nombre de chevaux était illimité. Il arriva en huit heures quarante-deux minutes, gagnant de 18 minutes, après être tombé une fois de cheval et avoir fait une espèce de déjeûner. Il avait changé cinquante fois de chevaux, mais il n'en avait monté que vingt-neuf. Ces chevaux appartenaient tant à lui qu'à ses amis et à certains amateurs du turf. Du reste, on peut voir des détails fort étendus et fort intéressants sur cette course dans le *Journal des haras*, année 1831, vol. 8, p. 84 et 221.

M. le comte de Sandor fit, dit-on, la route de Pest à Vienne, soixante-douze lieues, en huit heures quarante minutes, ayant parié d'arriver en neuf heures.

Train de plus de huit lieues à l'heure sur une route.

Performances en voitures.

Aniceris Cyrenæus magnificè de se sentiebat ob artem equitandi et curruum regendorum peritiam. Volens igitur specimen artis Platoni exhibere, juncto curru multos cursus circumegit in Academiâ, sic servans primam orbitam arenœ impressam rotis currûs sui, ut ne tantillum quidem ab eâ declinaret. Obstupuere omnes rei miraculo, et aurigam ad cœlum laudibus extulere. Uni Platoni talis peritia reprehensione potius quam gloriâ digna visa est : dixitque fieri non posse, ut qui curam impenderet adèo diligentem rebus tam exilibus et nullius utilitatis, ea non negligeret, quœ essent multo potiora et vere digna admiratione.

« Anniceris, de l'école cyrénaique, était très-fier de son talent en équitation et de son habileté à conduire les chars. Voulant donner à Platon une preuve de son mérite, il fit plusieurs tours dans l'Académie avec son char, suivant si parfaitement la première ornière imprimée dans le sable par les roues de son char, qu'il ne s'en écartait pas le moins du monde. Tout le monde était frappé d'admiration, on accablait le cocher de louanges, on le portait aux nues. Platon seul trouva une si grande habileté plus digne de blâme que d'éloge : il dit qu'il était impossible qu'un homme, si soigneusement occupé de choses aussi futiles, aussi dépourvues d'utilité, ne négligeât pas celles qui sont plus importantes et plus dignes d'admiration. »

Encore un souvenir de collége. Un bonhomme, M. Heuzet, auteur du *Selectæ e profanis Scriptoribus historiæ*, aidé d'un autre bonhomme, M. Leprévôt, a réuni des phrases d'Elien, de Quintilien, de Martial et de Tacite pour accabler la mémoire de ce malheureux Anniceris et faire dire à Platon quelque chose qui me fait bien l'effet d'une sottise.

Il me semble entendre Marécot dire à Lagingeole :

« Votre ami doit joliment danser sur la corde, car il est bien insupportable dans la conversation, ou les journaux de la monarchie de juillet reprocher à tel ou tel ministre d'avoir composé dans sa jeunesse un joli vaudeville ou un roman bien écrit. »

N'avons-nous pas vu courir des steeple-chases à de jeunes gentlemen, qui n'en sont pas moins devenus plus tard des hommes d'État très-haut placés, tenant dans leurs mains les plus grands intérêts de l'État, et pas le moins du monde au-dessous de leur position ?

Il est vrai qu'ils se sont occupés d'autre chose que du turf ; de même je crois qu'Anniceris étudiait la philosophie autrement que les guides et le fouet à la main.

Toujours est-il qu'il faut énormément d'adresse pour exécuter le tour de force dont on vient de parler. J'ai vu casser un œuf avec telle ou telle roue désignée d'avance, s'arrêter sur une pièce de cinq francs de manière à la couvrir entièrement, mais cela n'approche pas de repasser plusieurs fois dans la même ornière.

Décidément j'admire Annicéris, et je lui sais bon gré de ne pas s'être occupé à être maladroit.

. . . . . Pour paraître profond,
Quand on n'est, comme on dit, que vide et creux.
BEAUMARCHAIS.

En 1796, M. Stevens offrit de présenter une paire de chevaux, à lui appartenant, qui *trotteraient en tandem*, en une heure, la distance de Windsor à Hampton-Court, seize miles (plus de six lieues). Quoique ce fût une route de traverse avec un grand nombre de tournants, ils accomplirent cette tâche facilement en cinquante-sept minutes et treize secondes.

Nous avons cru devoir mentionner cette performance comme tour d'adresse et en faire honneur plutôt à l'homme qu'aux chevaux.

Le *Journal des haras*, numéro de juillet 1844, tome 36, rapporte un article ayant pour titre : *Fait et pari extraordinaires*, relatifs à la conduite d'une voiture, et dont voici l'extrait :

« M. Emody, dresseur de chevaux, alla de Westminster à Grenwich et retour, menant seul une espèce de char rempli de musiciens et attelé de quatorze paires de chevaux.

« Deux écuyers, faisant les fonctions de hérault d'armes, ouvraient la marche, deux autres accompagnaient de côté...

« M. Emody ne paraissait éprouver aucune difficulté dans le maniement et la conduite de ces vingt-huit chevaux.

« Il tenait l'énorme quantité de rênes avec autant d'aisance et de facilité qu'un cocher d'omnibus la simple paire d'un attelage de deux chevaux rompus au métier. Malgré la longueur du chemin, les courbes fréquentes et l'obligation de retourner, il ne lui arriva pas le plus petit accident. Quelques traits seulement cassèrent, mais sans autre suite qu'un peu de retard.

« Il mit deux heures quinze minutes à parcourir la distance assignée. »

Ceci n'est pas réellement une performance, mais un canard de journal. Cela me rappelle, à ce propos, quelqu'un qui me demandait un jour combien j'attelais de chevaux en tandem. — Deux, il me semble que c'est assez. — Moi j'en attelle quatre. — Alors, il me semble que ce n'est pas vous qui les menez, au contraire.

En effet, le jour où j'ai lu pour la première fois cette magnifique histoire, j'ai rassemblé vingt-huit guides, cela forme un paquet que l'on peut à peine tenir dans les deux mains. Comment choisir là-dedans celle dont on a besoin ? — Voici : on n'en a pas besoin, parce qu'on a choisi une collection de chevaux de cirque plus que paisibles, complétement dressés à aller tout seuls. Ils ont suivi les deux piqueurs que l'on avait eu la précaution de mettre devant; les deux autres rangeaient le reste des chevaux les uns derrière les autres quand ils quittaient leur place, et c'est probablement en fouaillant un peu trop vivement ceux qui s'écartaient qu'on a fait rompre quelques traits.

Un charretier endormi dans sa charrette revient souvent à la ferme sans accident, quel que soit le nombre des chevaux.

Les Italiens aiment à faire parade d'attelages innombrables qui vont tout seuls; leur embarras serait plus grand s'il s'agissait de mener un four in hand composé de quatre chevaux vigoureux qui ne se seraient jamais vus; là est la difficulté, et cependant cela peut se faire.

Je me rappelle d'avoir tenté avec un de mes amis, bon cocher et bon postillon, l'attelage de six chevaux qui ne se connaissaient pas et qui pour la plupart avaient peu l'habitude du harnais.

J'avais au timon un jeune cheval doux, mais tout neuf, avec un vieux maître d'école extrêmement sûr; en volée, deux chevaux assez sages, quoique fort jeunes, neufs aux harnais et entiers; devant, deux doubles poneys manquant de franchise ; il fallut changer le porteur ; on le remplaça par un cheval anglais excessivement sage et vigoureux.

Nous parcourûmes toute la longueur des boulevards et certaines rues à une heure où il n'y avait ni grande foule, ni solitude complète, et il ne nous arriva pas d'accident grave, mais nous avions avec nous deux anciens piqueurs de la maison du roi, à cheval, qui nous furent fort utiles; sans eux, il eût été impossible de marcher couramment pour une première fois.

Quatre chevaux, je ne dirai pas difficiles, mais vigoureux, à conduire sur une route ordinaire, sans encombrement, mais avec quelques tournants raccourcis ou autres difficultés de terrain, composent une besogne suffisante pour un homme adroit, fort et très-exercé.

Quelques-uns prétendent avoir mené un tandem de chevaux neufs dans les quartiers les plus populeux de Paris; encore de ces choses qui ne se refont pas.

Mais est-ce que vous ne le croyez pas? — « Ne pas le croire ! Dieu m'en garde ! mais je ne le répèterais pas,... à cause de mon accent, » disait un homme du midi, très-vrai, très-spirituel, mais qui gasconnait horriblement.

Chez feu M. Théobald, négociant de Londres, grand amateur de chevaux, successivement propriétaire de *Camel*, de *Mameluk*, de *Cydnus* et autres étalons célèbres, on voyait un grand tableau dont je me suis procuré la gravure quelques années plus tard.

Il représentait un jockey à cheval, à une espèce de galop de course, et derrière lui quatre autres jockeys à la même allure, deux par deux, leurs quatre chevaux attelés à une espèce de véhicule extrêmement primitif.

Cela se composait de quatre roues, d'un timon et d'une flèche, sur laquelle était une espèce de siége, et assis sur le siége un lad ou très-jeune palefrenier.

Tout autour du tableau, une légende explicative.

On avait parié faire faire à un homme, dans *une voiture attelée de quatre chevaux*, dix-neuf miles en une heure, et pour cela, on prit quatre chevaux de course dont trois avaient gagné; on n'a conservé le nom d'aucun d'eux, mais l'un était remarquable par sa robe (alezan avec quatre balzanes).

On les attela, tous montés, avec des harnais de soie et on les lança derrière un homme à cheval chargé d'indiquer la direction. On courait sur un turf ou sur des bruyères, à Newmarket, je crois. L'attelage commença par s'emporter malgré les quatre postillons, mais il n'en résulta pas d'accident. Les dix-neuf miles furent faits dans le temps voulu, et l'homme qui était sur la flèche fut seul un peu incommodé.

Sauts.

> La queue sur le rein ! il saute sa hauteur.
> *Dicton de maquignon.*

Tous les chevaux sautent, pourvu que ce soit un obstacle peu élevé. Il y a quelques années, un jeune homme ayant voulu présenter à un très-bon cavalier des chevaux qu'il ne pourrait pas faire sauter, ne put les choisir assez mauvais pour que sur huit il s'en trouvât plus d'un absolument incapable.

Mais quand on dit : tous les chevaux sautent ; combien sautent-ils ? voilà la question. Quatre pieds anglais, un peu plus d'un mètre, c'est déjà un saut d'une certaine importance ; tous les chevaux de selle n'y arrivent pas, et parmi ceux qui sont maîtres de cette hauteur, peu la franchissent s'ils ne sont non-seulement convenablement montés, mais encore chargés juste à leur poids.

J'ai vu le même homme, fort lourd, cent quatre-vingt dix-huit livres avec sa selle, se présenter successivement avec trois chevaux et sauter :

Trois pieds huit pouces avec l'un ;
Quatre pieds un pouce avec l'autre ;
Quatre pieds huit pouces avec le troisième.

Le second était un hunter irlandais qui avait eu quelque réputation. Le troisième avait sauté une poutre de huit pouces d'équarrissage scellée dans un mur à la hauteur de cinq pieds français, et plus de deux mètres, en liberté.

Il avait environ cinq pieds un pouce de haut (seize mains

un pouce et demi (*mesure anglaise*). On le faisait passer sous une barre que l'on couvrait derrière lui d'une couverture, et, en revenant à l'écurie, il franchissait le tout ordinairement sans manquer.

Pendant longtemps, il fut le seul sauteur de cette force que l'on ait vu à Paris. Plus tard, un cheval irlandais alezan, *Paddy*, sauta une haie factice sans briser un fil de laine qu'on avait tendu au dedans à la hauteur de cinq pieds.

J'ai vu encore un assez mauvais cheval allemand approcher de cette hauteur, mais sans y arriver.

Un poney anglais, plutôt un cob de quatorze mains, sauta quatre pieds dix pouces bien mesurés sous un homme très-léger. Mais ce même homme, à qui j'avais promis une prime de 250 francs la première fois qu'il me ferait voir un saut de *quatre pieds francs*, m'avait fait attendre un an, et cependant il était aussi bien placé que possible pour connaître et se procurer les meilleurs sauteurs.

En 1792, pour un pari de 500 guinées, un cheval irlandais fut amené sur le mur de Park-Lane, dans Hyde-Park, haut de sept pieds anglais (six pieds huit pouces de France) d'un côté et de l'autre de huit pieds (sept pieds cinq pouces de France), le terrain étant plus bas. Il sauta bien du côté le moins élevé et toucha légèrement en sens contraire ; il paraît qu'il était en liberté.

Un autre cheval irlandais franchit également le même mur.

Il y a eu encore quelques rares exemples de murs de six pieds environ franchis par gageure.

On parle d'un chasseur du comté de Kent, arrivant à la queue d'un renard sur une propriété fermée par un mur de six pieds un pouce. Le propriétaire de l'enclos était présent, il refuse d'ouvrir et dit que nul n'entrera chez lui. « C'est ce que nous verrons, » dit le chasseur, et de franchir la clôture. Le propriétaire, qui était un boucher, fut enchanté d'un si beau coup, il applaudit et manifesta sa considération dans les termes les plus magnifiques.

J'ai voulu faire la même chose en France, à la hauteur près; il s'agissait d'une haie de buis de trois pieds, que le propriétaire me défiait de franchir, et qui fut sautée sans aucune espèce de dommage : le bonhomme devint furieux et me cita chez le juge de paix pour bris de clôture.

Voici donc ce qui se passe en France pour les sauts; on voit rarement un saut de trois pieds sous un homme lourd; quatre pieds ne s'obtiennent pas souvent, même des chevaux de *hurdle race*, parce que ce que j'appelle un saut est un saut net et franc, soit sur une barre mobile qui tombe au moindre choc, soit sur un mur qui ne plie ni ne pardonne. Les claies des courses sont presque toujours accrochées en plein, à sept ou huit pouces de leur extrémité supérieure.

Un saut de quatre pieds et demi vaut la peine qu'on se dérange de vingt-cinq lieues pour le voir, et le saut de cinq pieds se voit une ou deux fois dans la vie d'un sportsman.

Sauts en large.

Nous avons donné le portrait de *Flora* et cité le magnifique saut de largeur qui l'a illustrée.

Le sporting Magazine, d'octobre 1829, parle d'un pari

proposé pour sauter avec onze stones (cent trente-deux livres), le canal de Mar-Dyke en Essex, dans un endroit où il a vingt-cinq pieds *anglais* de large.

Il y a à ce sujet une correspondance ayant pour but d'éclaircir si le canal a déjà été sauté ou non.

Le fossé de la Muette, que tout le monde connaît au bois de Boulogne, n'a jamais été sauté, à ma connaissance du moins. Cependant quelques personnes avaient promis de le faire.

On rencontre assez souvent en Angleterre le portrait d'un vieillard assis ; il a la main enveloppée et paraît souffrir de la goutte ; un chien épagneul appuie sa tête sur son genou.

Derrière on voit un portrait de cheval et un coq empaillé.

Ce personnage est le père du *turf*, Frampton, qui avait l'intendance des chevaux du roi sous les souverains Anne, George Ier et George II.

Voilà un trait de la vie de ce gentleman. Il venait de battre avec un cheval nommé *Dragon*, un cheval en assez grande réputation, *Merlin*; et comme on s'étonnait de cette victoire, il dit qu'il se chargeait de battre *Merlin* avec un cheval hongre.

Ici l'histoire manque un peu de clarté. Ce mot n'avait rien de méprisant, puisque la différence entre un poulain entier et un hongre n'est que de trois livres. Et si le pari fut relevé vivement, comme il le fut et avec de très-forts enjeux, c'est que probablement on savait qu'il n'y avait dans le voisinage aucun cheval hongre à la disposition de M. Frampton et en état de battre *Merlin*.

Le pari est accepté pour le moment même, et M. Frampton présente contre *Merlin* le même *Dragon* qui venait d'être castré à l'instant, et qui courut, gagna et mourut le soir. Le coq n'eut pas meilleure fin. Quelle fut la destinée de l'épagneul ?

Je n'aime pas cette histoire, quoique je me plaise assez au récit peut-être controuvé d'une des victoires de *Multum in parvo*, fils de Rubens. Son maître assistait à une course et disait : « mais je battrais tout cela avec un de mes chevaux de voiture qui est attelé là-bas. » On le prend au mot, il accepte et détèle le leader de son tandem qui n'était autre que *Multum in parvo* avec lequel il avait gagné déjà plusieurs fois montant lui-même, et qui gagna encore cette fois. Le nom de *Tandem* resta à *Multum in parvo* que j'ai vu depuis en France. Bon étalon, mal employé, comme cela arrive quelquefois chez nous.

Nous avons vu ce fait se renouveler à Chantilly, il y a peu d'années. Un cheval arriva attelé sur le turf, courut et gagna.

A M. Frampton, je préfère une certaine dame ***, qui, voulant assurer, après sa mort, une existence paisible à un cheval qu'elle aimait beaucoup, imagina de léguer à son cocher une rente annuelle de 900 fr. sur la tête même de ce cheval.

Ce cheval, hanovrien, isabelle foncé, avait appartenu au général Berrurier et avait fait partie d'un attelage à quatre. Jugé trop vieux, en 1809, pour faire la campagne d'Espagne (il avait plus de vingt ans), il fut laissé à Versailles où il ne tarda pas à perdre un œil et devint aveugle quelques années après, ce qui ne l'empêcha pas de rendre des services et de parvenir à la plus extrême vieillesse, car il survécut neuf ans à sa maîtresse et mourut en 1830, âgé de quarante-deux ans.

On peut consulter pour plus de détails le volume 5 du *Journal des haras*, page 55.

J'ai lu, mais je ne peux plus savoir où, l'histoire d'un cheval encore plus remarquable par sa longévité.

Un évêque de Metz le trouva dans son palais épiscopal le jour de sa prise de possession. Le cheval était relégué chez le régisseur, qui en abusait depuis de longues années. L'évêque s'intéressa à ce vieux serviteur, le soigna, l'employa judicieusement et de manière à le conserver aussi longtemps que possible. A sa mort, des renseignements authentiques s'accordaient à lui donner, je crois, quarante-neuf ans.

C'était aussi un cheval isabelle, autant que je puis me rappeler.

J'ai vu un cheval de ce poil, déjà très-vieux, en 1835, travailler encore en 1849 ou 1850.

Le moins qu'il pût avoir était vingt-cinq ou trente ans.

Cette robe serait-elle un présage de longue vie ?

Un mot oublié, sur les voitures.

> Intermissa..... diù!

J'assistais, il y a quelques jours, au dernier meeting de Chantilly, je crois, à une discussion des plus animées sur les voitures.

Plusieurs opinions, et des plus disparates, furent émises successivement, et quoiqu'il me semble à moi que la perfection du véhicule consiste à aller vite, avec agrément et sûreté, j'entendis soutenir presque le contraire : comme quoi, par exemple, un train lourd donnait à la voiture une assiette et un agrément dont il était impossible de se passer. J'invoquai la pitié qu'on doit éprouver en voyant à une voiture lourde des chevaux, surtout de pur-sang ; je suis de ceux qui s'obstinent à ne pas leur trouver beaucoup de tirage. On me répondit qu'il n'y avait pas besoin d'aller vite.

Un autre parla des voitures courtes comme plus légères, ce que ne démontrent pas les théories géométriques.

Un troisième se hasarda à dire que la difficulté de traîner une voiture dépendait moins de son poids spécifique que de la manière dont elle était construite, dont elle roulait ; qu'il en était de la marche d'une voiture comme de la marche d'un vaisseau, etc.

J'étais d'autant plus de cet avis que, quelques années auparavant, allant à ces mêmes courses, quelqu'un me disait : « Vos routes sont mauvaises, votre voiture est trop lourde, vos chevaux ne sont pas assez forts. » A cela je répondais en augmentant la vitesse, de telle sorte que mon interlocuteur secoué demandait à aller plus lentement.

« Je le veux bien ; mais convenez que, si je vais trop vite, les trois choses ne peuvent pas exister simultanément : mauvaises routes, voiture lourde, mauvais chevaux. »

Le vrai est que la route était détestable, que la voiture était un très-vieux phaéton anglais à huit ressorts, très-bien construit, beaucoup de bois, peu de fer, lourd à l'œil, léger au collier.

Les deux chevaux étaient de pur-sang....

Ah ! par exemple, vous venez de dire que les chevaux de pur-sang n'ont pas de tirage ; ils sont bons ou mauvais. Décidez-vous, mais pas de contradictions.

Il n'y en a pas non plus. J'ai dit que les chevaux de pur-sang n'ont pas de tirage, cela est vrai, malgré les vœux de ceux qui voudraient voir nos diligences, anciennes messageries royales, traînées par cinq pur-sang. Elles iraient loin ! Le cheval de pur-sang avec une voiture lourde, en montant, ou dans le sable, se fatigue parce qu'il fait effort ; il peut se rebuter ; il doit vous laisser là ; mais si vous ne le chargez pas trop, il va vite et longtemps ; et je ne vous dis pas que mon attelage eût été bon pour une autre charge et une route plus tirante, je ne vous ai même pas dit que pour la circonstance où j'étais, j'eusse le meilleur qu'il eût été possible de rêver.

Toujours est-il qu'après avoir entendu par ci, par là, dans cette discussion, de fort bonne choses en faveur des voitures *bien assises* et carrément *construites*, je revins chez moi où justement arrivait une américaine que je venais d'acheter.

Mais une véritable américaine : quatre roues plus hautes que toute la voiture, et si rapprochées qu'il fallait tourner l'avant-train pour monter dedans, des rais gros comme le doigt, un harnais plutôt en gros fils qu'en cuir ; enfin le tout, harnais et voiture, à traîner facilement sur une brouette, à placer sur le crochet d'un commissionnaire.

Que penser d'un pareil instrument ? A quoi pouvait-il servir ? Je ne sais ; mais ce qu'il y a de sûr, c'est qu'il a beaucoup servi, car il est, non pas cassé, mais usé.

Je voulais m'édifier sur un pareil système de carrosserie, et je partis un beau matin dans mon américaine prudemment attelée d'un poney sage, sans moyens, facile à arrêter ; comme cela, si je casse, il sera toujours à temps de m'arrêter, et je verrai bien.

Il faut avant tout être vrai ; le pavé, il ne fallait pas y penser. Au pas, oui ; mais la moindre vitesse eût fait sauter successivement toutes les parties d'une aussi frêle machine par les petites secousses incessamment répétées dans la même direction et avec la même force, ce qui caractérise, comme on sait, le pavage en grès, auquel, du reste, rien ne résiste.

Mais sur le mac-adam, pas de secousses, pas de heurt, pas de mouvement sensible ; c'était un canot de sauvage fendant l'eau.

Dans les mauvaises ornières de nos routes vicinales, avec la voie, cette américaine suit les sinuosités, les anfractuosités, tous les caprices de terrain inventés par les charrettes et les charretiers, et on passe sans efforts, sans dureté, sans peine. La voiture, grâce à sa légèreté, monte sur les obstacles sans fatiguer le cheval, sans se fatiguer elle-même.

Sur un sable mouvant, elle laisse à peine sa trace ; dans la boue, la roue étroite se fait passage comme la lame d'un couteau.

Les roues sont hautes, la charge est basse ; vous pouvez, sans verser, couper perpendiculairement toutes les pentes ; enfin, on n'a plus besoin de routes avec une pareille voiture : les plaines, les savanes, les déserts s'ouvrent devant vous, il n'y a que les obstacles faits de main d'homme qui vous arrêtent, et j'ai admiré comment, avec une machine de cent livres, un homme qui en pèse deux cents peut éviter à son cheval les trois quarts de la fatigue qu'un cavalier de même poids fait subir à sa monture.

Il faut dire aussi que le propriétaire de cette américaine ne me l'a probablement vendue que par désespoir, cédant enfin aux obsessions de toutes natures dont l'accablaient sa famille et ses amis pour l'engager à se défaire d'une pareille machine, une *tuette*, un suicide (*sic*) ; pour un *tandem*, on disait un *sic itur ad astra*.

Et je me suis dit : les Anglais font des voitures superbes et excellentes, les Allemands de bonnes calèches à bon marché, les Américains ont résolu de singuliers problèmes en carrosserie, et nous...... il y a des droits de douane pour protéger nos ateliers.

ÉNUMÉRATION

De certaines causes auxquelles on doit attribuer tout ce que l'on voit de peu satisfaisant dans l'emploi du cheval en France.

> Amicus Plato,
> magis amica veritas.

J'ai déjà dit plusieurs fois, et je ne saurais trop le répéter, que le meilleur livre ne peut remplacer les leçons vivantes et la pratique ; à plus forte raison l'ébauche plus ou moins incomplète que j'ose livrer au public. La véritable raison de ceci, est la difficulté, disons mieux, l'impossibilité où se trouve l'écrivain de se mettre entièrement au même point de vue que le lecteur.

Dans la matière qui nous occupe particulièrement, l'absence totale d'écoles a tellement diversifié les méthodes, qu'il y a pour ainsi dire autant de doctrines que d'individus.

Non pas ici que je veuille prôner les écoles : elles ont leurs travers ; elles sont exclusives, bornées dans leurs vues, absolues dans leurs préceptes ; mais au moins à chaque école, lorsqu'on la connaît, on peut lui parler une langue qu'elle entend ; on raisonne avec elle, il y a au moins un ensemble de vérités sur lesquelles on est d'accord.

Mais dans l'état actuel des choses, chaque individu, en ne parlant que des hommes compétents, ou à peu près, se suffit à lui-même, et par conséquent s'imagine être complet ; il n'admet pas ce qui n'est pas lui, exactement lui ; de là naturellement un cahos d'opinions inextricable, au point que l'homme qui ignore et veut apprendre, ne sait quel maître choisir, quel système adopter.

Je me rappelle parfaitement l'époque où j'éprouvais cet embarras. Jeune et voulant avancer dans la science du cheval, il fallait me procurer avant tout un modèle et un professeur, c'est-à-dire voir le but et posséder le moyen.

Je vis bientôt que le monde hippique se composait de plusieurs classes, entièrement distinctes, toutes différentes, opposées, ennemies. Le nom à donner à ces divers groupes est difficile à trouver. Réunions, sociétés, espèces, aucune expression ne serait l'expression propre. Je n'entreprendrai ici ni classification ni énumération, je ne dirai que quelques mots nécessaires à faire comprendre mon idée.

Ainsi, par exemple, les amateurs de manége forment un assemblage qui se subdivise lui-même en autant de sectes qu'il y a de systèmes d'équitation à la mode; toutes ces sectes diffèrent entre elles autant qu'elles toutes diffèrent de toute réunion d'un genre entièrement opposé, celle des coureurs de steeple-chases par exemple. Ceci a l'air d'un paradoxe et est cependant une vérité. Les dissidences d'opinions sont tout aussi nettement tranchées et par conséquent la violence des discussions tout aussi grande sur les nuances les plus imperceptibles que sur les teintes les plus disparates.

Cela posé, chacun peut grouper à son gré toutes les personnes de sa connaissance par catégories, selon leurs goûts, leur préférence pour tel ou tel genre d'équitation, pour telle ou telle espèce de cheval.

On aura les chasseurs à la française, les coureurs de

steeple-chases, les amateurs de courses, ceux qui aiment les chevaux liants, les chevaux rudes, les chevaux doux, les chevaux vites, etc., etc. Et comme c'est ordinairement du cheval que naît le cavalier (*ex equo eques*), essayons de donner quelques bases pour que l'on puisse se former une idée des diverses classes de chevaux.

Chaque cheval est une individualité particulière, complète dans le sens de sa nature, qui peut certaine chose, qui ne peut pas telle autre, mais qui ne peut jamais qu'à la condition d'être employée d'une certaine façon.

Toutes les fois que cette individualité rencontrera un cavalier antipathique, elle sera rebutée ; et le cavalier est antipathique, soit qu'il veuille consacrer le cheval à une destination qui n'est pas la sienne, soit que ne se trompant pas sur le choix de l'animal, il emploie les moyens peu judicieux d'une méthode ignorante ou trop absolue, soit enfin qu'il fasse mal l'application de principes excellents.

La masse des chevaux se compose de milliers d'individualités qui peuvent se grouper, sous le rapport de *leurs capacités*, par catégories, en négligeant les nuances d'une importance secondaire, et chaque catégorie réclame son mode de traitement particulier.

Chaque fois qu'il y aura une espèce d'accord, une apparence de sympathie entre le cheval et le cavalier, le cheval sera bon, autrement le cheval sera mauvais.

Si l'homme demande à un cheval plus qu'il ne peut, autre chose que ce qu'il peut, autrement qu'il ne le faut, le cheval est mauvais.

Tel cheval perd une première épreuve contre un autre,

et gagne la deuxième et la suivante parce qu'il a changé de jockey.

Tel cheval désespère un cocher et fait les délices d'un autre, et ce n'est pas toujours en raison de l'habileté respective de ces deux hommes.

J'ai dit que l'on pouvait grouper les individualités par catégories, mais le mode de classement ne sera pas conforme aux distinctions généralement reçues de races, de tailles, de conformations, de patries, etc.

Donnez avec tous les détails nécessaires la description du carossier allemand comparé au cheval pur de sang, il va se trouver un poulain de course qui, attelé, se mènera comme un cheval allemand, et réciproquement.

Ayant une fois établi que l'on peut faire une classification de tous les chevaux selon la manière dont ils doivent être gouvernés, on comprendra facilement qu'on peut également faire la classification des hommes de cheval suivant la méthode qu'ils ont adoptée. Mais comme les hommes sont sujets à croire qu'ils ont adopté une méthode et à l'employer si singulièrement qu'ils en pratiquent en réalité une autre, il vaudrait mieux faire notre classification suivant l'individualité de l'homme comme nous avons fait la précédente suivant l'individualité du cheval.

Parmi les divers cavaliers qu'on rencontre, les uns préfèrent les chevaux de pur-sang, en général vites et faciles pourvu qu'on leur donne assez de travail et un travail qui leur convienne ; ces cavaliers sont d'ordinaire des hommes légers qui aiment à aller vite. D'autres, plus lourds, robustes et actifs, aiment les chevaux anglais plus ou moins près du sang, mais fortement charpentés, qui tirent beaucoup et toujours, avec des allures prononcées et des réactions plus ou moins violentes ; cavaliers solides et en général entreprenants, pourvu qu'ils n'aient pas *peur du train*, car souvent un homme solide et énergique se trouve déconcerté à un certain degré de vitesse.

Un cheval est mou et liant; il marche sans humeur et sans ces gaietés sournoises qui caractérisent le gros cheval froid; il va, mais il ne va qu'autant qu'on le pousse et refuse tout point d'appui : c'est le cheval favori du cavalier fin et timide, rechercheur de petites difficultés d'équitation et de petits tours d'adresse.

Pour l'attelage, il est des chevaux liants, fins, ardents et souples, que le dressage rend agréables sous une bonne main, impossibles avec une mauvaise.

Les chevaux d'une action ardente et brutale, qui tirent quand même, plairont à l'homme impatient et actif ; il ne les craint pas et ne peut pas en mener d'autres.

Les chevaux doux, bienfaisants, trop peu allants pour être lourds à la main, trop peu nerveux pour devenir fins, tels qu'en général sont tous les chevaux danois, hanovriens, hollandais qu'on nous amène, semblent créés exprès pour la masse des consommateurs français. Il n'y a pas besoin de les mener, il n'y a pas de danger à les brusquer; ils prennent d'eux-mêmes un train assez lent pour pouvoir le soutenir longtemps, assez actif pour ne pas impatienter l'homme qui voyage derrière eux ; et c'est parce que ce cheval, sans pouvoir et sans malice, a l'intelligence de suppléer à celle de son conducteur, qu'il est apprécié plus que tout autre en France. Je ne demande pour preuve que le nombre des individus de cette espèce annuellement importés et le prix qu'on paie leurs services ordinairement bornés et de peu de durée ; car ils n'ont ni vitesse, ni fonds, et s'usent rapidement.

Il existe encore une certaine classe d'amateurs : ceux qui ont la passion des chevaux de commerce. On appelle cheval de commerce un certain type anglais, quelquefois allemand, avec un peu de sang, surtout pas trop, de la taille, toujours du gros, une robe uniforme et peu voyante, une conformation régulière et une certaine facilité d'allures qui comporte nécessairement des moyens bornés et un caractère doux. Pas de tares, du moins pas de celles qui sautent aux yeux du public. Ainsi, par exemple, la balzane est proscrite parce que la molette est bien plus apparente sur le blanc.

Maintenant, pourquoi les appelle-t-on chevaux de commerce? Parce qu'ils se vendent généralement très chers la première fois ; que lorsqu'ils ont dégoûté leur premier propriétaire, on les reprend pour peu de chose et on les replace facilement grâce au préjugé français, que ce qui *est grand et gros est fort, que le cheval fort est celui qui va le plus vite et le plus longtemps, qu'il supporte mieux la fatigue, qu'il se nourrit bien*, et aussi parce qu'il subit de nombreuses exhibitions sans être reconnu, grâce à la vulgarité de ses formes, et qu'il séduit le public par ce je ne sais quoi d'imposant dans l'aspect, apanage de toute stature lourde et volumineuse. On le fait passer pour neuf ou à peu près pendant un temps considérable. J'ai connu des chevaux de cette espèce qui sont morts fort vieux après avoir eu neuf ou dix ans toute leur vie.

J'oubliais les prôneurs de la race percheronne que soi-disant l'Angleterre nous envie. Le véritable mérite de cette espèce de chevaux est qu'il n'y a absolument aucun inconvénient à taper dessus. Leur peau est dure, leur caractère doux, leur force disposée de telle sorte qu'ils ne s'emportent pas; ceci est un détail que nous expliquerons plus tard. Toujours est-il qu'il est une classe d'hommes de cheval qui aime à claquer, à postillonner, à faire des houras avec des percherons gais et bien portants. Et il y a manière de se livrer bien ou mal à ce genre d'exercice que j'avoue ne pas apprécier le moins du monde.

Voilà je pense bien des goûts divers, bien des types d'hommes et de chevaux, et cependant j'en passe, et des meilleurs, toujours est-il que c'est faute de vouloir admettre toutes ces opinions et les expliquer, c'est parce que chacun veut déifier sa spécialité au profit de son amour-propre, qu'il en résulte l'infériorité de nos hommes de cheval et de nos chevaux.

Réunissez deux hommes ayant choisi chacun un genre différent, ils ne s'accorderont jamais; et si vous leur dites que pour être véritablement expert, il faut connaître tous les goûts et toutes les méthodes, ils vous accuseront chacun d'être partisan effréné et ridicule de l'autre.

On cite un cocher italien qui est arrivé à former un attelage de seize chevaux qu'il mène à lui tout seul, tour de force, de patience, et de dressage, sans aucun doute. Objection : *Cet homme ne mène pas le moins du monde, car il ne se tirerait pas d'un four* in hand *de chevaux neufs et vigoureux.* Cela est vrai et n'empêche pas le mérite de l'homme dont on parle.

Tel écuyer a fait un beau travail avec un cheval de manége. *Je voudrais le voir dans un* full cry *de* fox hounds.

Tel gentleman a mené la chasse avec un jeune cheval violent et peu sûr : *c'est un ignorant qui ne pourrait jamais piaffer.*

Et chacun de nier toujours le mérite de tout ce qui n'est pas de son monde. Le moyen pour le jeune adepte de faire un choix dans tout ce conflit et de juger où est le mérite, où sont les maîtres à imiter !

Quoiqu'en général il répugne de parler de soi-même, je me vois obligé de me citer ici, non comme modèle, mais comme exemple ; si à force de pratique j'ai acquis quelque expérience, je le dois uniquement au hasard, aux circonstances qui m'ont successivement jeté dans les milieux les plus opposés.

Élève de manége, ayant fait partie de plusieurs écoles rivales, cavalier militaire, compagnon de chasseurs à course en France et en Angleterre, lié avec des amateurs de courre et de steeple-chases, officier des haras, éleveur, et par conséquent dresseur de poulains, lancé autrefois dans une société de jeunes gens qui pratiquaient avec passion les attelages de toute espèce, j'ai forcément observé toutes les diversités de théories, d'usages, de modes, et je me suis expliqué les pourquoi et les comment de bien des choses. Loin de moi toute prétention de supériorité absolue ou relative, mais ayant pu me rendre compte de certaines causes et de certains effets, je crois de mon devoir de communiquer mes remarques : elles seront utiles si personne avant moi ne les a faites ou si personne ne les a publiées, ce qui revient exactement au même.

Si donc, un jour, on reconnaissait la nécessité de créer des écoles, je voudrais l'enseignement aussi large que possible. Il faudrait tout expliquer, ne renier systématiquement aucun principe soutenable, et en faire voir l'application : les inconvénients, comme les avantages.

Pour rendre utile une théorie générale, il faudrait, avant de l'exposer, se préparer un auditoire capable de l'entendre, et pour cela, il faut mettre les masses à même de développer par l'expérience le sentiment individuel des vérités hippiques.

Ce sentiment connu en équitation sous le nom de tact, et qui caractérise l'homme de cheval, existe chez chaque individu à un degré plus ou moins prononcé, mais, presque nul ou excessif, il faut nécessairement que l'expérience le développe, et si cette expérience n'est pas variée et complète, on arrive souvent à des résultats imparfaits ou trompeurs, on acquiert une demi-science, on se fait des théories fausses, on se prépare des désappointements, et le grand avantage de la communication et de la discussion des idées est perdu quand chacun fait à sa tête.

On me dira peut-être qu'après tout le salut de la France ne dépend pas du plus ou moins de mérite en équitation auquel parviennent nos compatriotes, je répondrai qu'il y a un inconvénient matériel à cet état général d'ignorance et d'inhabileté, je veux parler des pertes pécuniaires qui résultent pour chacun de l'impossibilité où il se trouve, faute de connaissances, de choisir les chevaux qui lui conviennent, ou de les employer de la manière la plus avantageuse.

— Si on veut voir la question de haut, on conviendra que chaque cheval devrait être vendu en moyenne un peu au-dessus du prix de revient à l'époque où il commence à entrer en service.

Depuis cette époque, quel que soit l'âge auquel on veuille la fixer, l'animal doit augmenter de valeur jusqu'à l'apogée de sa force, et de ce moment décroître d'année en année en raison combinée de ce qu'il peut donner et du temps qu'il peut vivre utile.

En disant que le cheval doit être payé en moyenne son prix de revient jusqu'à son entrée en service, j'ai parlé généralement. Pour particulariser et rendre l'idée plus claire, je dirai que la valeur de tous les chevaux de même origine et soumis au même régime d'éducation n'est pas cependant la même en aucune manière; mais le rapport entre la valeur des bons, des médiocres et des mauvais, doit être tel que la somme totale des animaux vendus rémunère convenablement l'homme qui les a élevés.

Si on veut écarter ici la question de production, et on le doit, puisqu'il ne s'agit ici que de chevaux de service, j'appliquerai le même raisonnement à la vente et à l'achat, et je dirai que tout cheval doit être payé en moyenne un prix qui soit en raison combinée : 1° de la nature du service qu'il peut rendre; 2° de la durée de ce service; 3° de ce que vaudra l'animal au moment où il sera nécessaire de le réformer.

Par exemple, un agriculteur peut dans de certaines conditions n'employer que les dernières années de l'existence du cheval, et par conséquent l'acheter au moment de sa moindre valeur.

Si ses terres sont *douces*, faciles à cultiver, si tout son avoir est groupé autour de son habitation et en plaine, de manière à ne pas avoir de longues courses à faire pour se rendre sur une pièce éloignée, ni des côtes pénibles à gravir pour porter ses fumiers ou rentrer ses récoltes; s'il n'a pas à transporter ses produits à de grandes distances ou par de mauvaises routes, il n'a pas à demander à ses chevaux un grand emploi de forces; la jeunesse et la vigueur sont inutiles dans ses chevaux ; il n'a donc pas à payer ces qualités.

Le cheval d'omnibus ruiné, le carrossier vieux, même le cheval de selle réformé, mèneront, toute la journée, sa charrue et ses voitures à une allure satisfaisante; ses frais de consommation pour les chevaux pourront se borner annuellement à 50 fr. par tête, c'est-à-dire qu'un cheval, acheté 200 fr., pourra servir quatre ans et mourir, ou acheté 150 fr., se revendre 50 fr. après deux ans de service, etc. Bien entendu que les morts et les accidents doivent être compensés par un excédant de durée ou un profit obtenu sur d'autres animaux qui réussissent mieux.

Je pose ici ces bases parce que tel est à peu près le résultat de vingt ans d'expérience, sur une ferme exploitée par moi dans des conditions à peu près analogues. Du reste, ce n'est pas comme précepte, mais comme exemple que j'en parle.

Un propriétaire de Paris fait l'acquisition, pour le service de ville, d'une paire de chevaux allemands de cinq ans, moyennant 4,000 fr. Cinq ans après, l'un des deux meurt et est remplacé pour 2,000 francs. Au bout de quatorze ans il réforme ses deux chevaux l'un de dix-neuf ans, l'autre de seize ans et en tire la somme de 300 fr.

Il a dépensé 6,000—300=5,700 fr. et il a entretenu deux chevaux pendant quatorze ans, en d'autres termes, vingt-huit ans du service d'un cheval qu'on peut alors évaluer à $\frac{5700}{28}$ soit 203 fr. environ d'usure.

La différence entre cette moyenne et la précédente provient de ce que la seconde personne jouit d'un bon cheval de voiture, assez brillant et trottant bien, au lieu d'un mauvais cheval de charrette.

Un homme de grand poids, chassant en Angleterre, aura besoin en moyenne de 5,000 fr. pour se fournir d'un bon hunter, qui, avec le calcul des accidents et de l'usure ne représentera plus au bout de trois ans qu'une valeur de 1,500 francs, parce que le cheval ne sera plus un hunter mais un bon cheval de voiture de huit à neuf ans, 5,000—1,500 = 3,500, qui divisés par 3 donneront environ 1,200 fr., prix moyen de l'entretien d'un cheval de chasse dans les conditions énoncées.

Un homme fort expérimenté, en Irlande, me conseillait l'achat d'un cheval et me disait : en supposant qu'il vous revienne à deux liv. sterl. par chasse, vous ferez une affaire très-convenable.

Or, la saison se composait d'environ quinze chasses, ce qui faisait 30 liv. sterl. Le cheval était à vendre 200 liv.

sterl., et on me conseillait d'en offrir 150 au commencement de la saison. Le cheval fut vendu 120 à la fin de la saison. Le calcul était juste.

Je ne veux pas multiplier les chiffres et les exemples, ni établir une statistique.

J'ai seulement cité trois cas principaux de l'emploi du cheval :

Le hunter, chez lequel il faut vigueur exceptionnelle, distinction particulière et jeunesse; beaucoup de dépense.

Le carrossier bourgeois, travail modéré qu'un cheval médiocre peut faire toute sa vie ; peu de dépense.

Le cheval de labour inférieur, travail continu mais lent, et sans emploi de force; dépense presque nulle.

Dans le premier cas, on choisit un individu exceptionnel et on ne le garde que pendant le temps de sa plus grande vigueur.

Dans le second, qui est le cas ordinaire en France, on peut acheter un cheval médiocre avant même qu'il soit complétement formé et on s'en sert jusqu'à ce qu'il soit entièrement usé.

Dans le troisième enfin, on utilise les derniers moments de l'existence naturelle du cheval jusqu'à sa décrépitude, car à ce dernier service il peut suffire même au moment où il *meurt littéralement* de vieillesse.

Ces trois cas renferment à peu près toutes les conditions où peut se trouver un propriétaire ; on pourrait donc, sans erreur sensible, apprécier les dépenses que doit coûter aux particuliers la possession de leurs chevaux.

En est-il ainsi ? que l'on jette un coup-d'œil autour de

soi, dans son propre intérieur, on aura sans contredit à enregistrer des mises de fonds autrement considérables, des pertes, des trocs, des réformes, des changements, etc.

Le maquignonage s'empare de tous les mécomptes et en profite. Il en résulte que le commerce des chevaux, qui n'a en lui-même aucune raison d'être moins honorable que tout autre, n'a plus qu'une réputation douteuse et défavorable.

Tout homme qui se mêle d'acheter et de revendre des chevaux prend tout de suite un vernis de ruse et de mauvaise foi.

A quoi cela tient-il réellement? A l'inaptitude complète des acheteurs, incapables de distinguer le bon du mauvais, de se servir de l'un ou de l'autre ; ils passent continuellement d'une défiance folle qui fait tout refuser, à une facilité de lassitude qui accepte la première chose venue.

L'inhabileté des maîtres a créé celle des domestiques. Un homme qui n'y entend rien est nécessairement forcé de s'en rapporter à son cocher et celui-ci n'a aucune peine à se faire passer pour un homme habile, même s'il ne l'est pas, et s'il l'est, à profiter de ses connaissances pour tromper une confiance sans discernement.

Supposez le marchand aussi consciencieux et d'une délicatesse aussi scrupuleuse qu'il vous plaira, quel moyen peut-il avoir de faire réussir un cheval *qu'il sait bon*, dans une écurie où le maître ne voit rien, ne comprend rien, ne mène pas, ne monte pas, et où le domestique ne peut pas ou ne veut pas traiter le cheval convenablement?

Les connaissances nécessaires à un propriétaire de chevaux ne sont pas cependant ni très-profondes, ni très-étendues. Point n'est besoin d'études sérieuses ou d'une éducation particulière pour les acquérir. Mais il existe deux conditions indispensables, et ce sont précisément celles qui manquent totalement en France : un peu d'expérience pratique, un peu d'esprit d'observation.

Lorsqu'il s'agit de chevaux, l'Anglais regarde, l'Allemand médite, le Français pense à autre chose.

Le service de nos écuries militaires se fait généralement avec assez d'exactitude et de ponctualité ; aussi, quoique la critique puisse s'exercer à loisir sur ce sujet, le résultat définitif et matériel, c'est-à-dire, le chiffre de la durée moyenne du cheval de troupe, est satisfaisant. Prenez ce que coûte le cheval lorsqu'on l'achète, retranchez ce qu'on le vend à la réforme, divisez cette somme par le nombre d'années qu'il est resté au régiment et voyez si la masse des particuliers a, pour le même prix, l'usage d'un cheval pareil, même les hommes qui ont quitté le service de la cavalerie.

Pourquoi ? parce que les réformes ne se font pas par goût ni par caprice, et qu'en dépit de mille objections que la discipline empêche de faire tout haut, les chevaux se gardent et s'utilisent.

Les particuliers devraient donc se résigner à garder et à utiliser les chevaux qu'ils ont achetés, peut-être à tort; mais pour utiliser il faudrait savoir monter à cheval, mener une voiture; pour le savoir, il faudrait l'avoir appris, et je suis bien persuadé que les sommes consacrées à cet usage dans la jeunesse se retrouveraient plus tard.

Il est vrai qu'il faudrait que ces leçons fussent bien données, et l'intérêt particulier des professeurs les force à faire tout le contraire ; j'ouvre une notice sur la vie de ce bon Gaspard de Saulnier et j'y vois : il était d'un caractère doux, humain et compatissant, mais sa profession lui avait donné *un ton de voix rude et ferme.*

Thiroux qui *écrit pour tous*, Thiroux si fanatique soutien de l'égalité républicaine, consacre plusieurs lignes de son livre à démontrer la manière de *saluer le maître.*

Aujourd'hui, un professeur qui voudrait habituer ses élèves à examiner si leur cheval est bien bridé et convenablement sanglé, serait-il bien venu de sa clientèle ?

On ne veut plus se donner la peine d'apprendre. Nous arriverons à ressembler aux Chinois riches qui laissent croître leurs ongles pour prouver qu'ils ont le moyen de vivre sans rien faire.

Ce n'est pourtant que par le détail que l'on s'instruit ; j'ai vu dans une histoire illustrée de Napoléon Ier, une vignette représentant Sa Majesté occupée à regarder ferrer un cheval par les élèves de Saint-Germain un jour d'examen.

Ces jeunes gens étaient à la veille de prendre l'épaulette, et le souverain aurait eu autre chose à faire que d'assister à un tel spectacle, s'il n'avait voulu prouver l'attention que l'on doit aux détails nécessaires de chaque chose.

Quand les manéges existaient sur l'ancien pied on aurait pu leur reprocher de négliger *la condition,* en d'autres termes l'hygiène et le régime des chevaux, de les considérer plutôt comme des instruments, que comme des êtres organisés dont on doit étudier la nature et les besoins.

Aujourd'hui, un professeur n'ose pas dire, vous faites mal, à un élève de douze leçons, il ne risquerait pas une observation sur la manière de gouverner un cheval qu'il loue pour la journée.

Et voilà comment apprennent ceux qui prennent des leçons.

Quoique bien convaincu de l'utilité de bonnes leçons élémentaires, je pardonnerais encore au propriétaire d'un cheval de selle de n'avoir aucune idée d'équitation, d'avoir même sur ce sujet les idées les-plus antipathiques à l'académie, à l'humanité même; si encore il était un casse-cou solide en état de surmener un cheval commode; mais les jugements portés par la masse des cavaliers sur les chevaux qu'ils montent sont chose incroyable; j'attaque ici la masse, parce que c'est la masse qui achète les chevaux et qui les consomme; et que réellement, si on compare ce qu'est la masse des cavaliers en France avec ce qu'elle est en Angleterre et en Allemagne, cette comparaison est affligeante.

Il est concevable encore que la science soit négligée, que l'on n'ait pas trouvé le temps nécessaire pour acquérir le mécanisme de l'équitation. Mais le même défaut d'aptitude se rencontre pour apprécier les choses où un jugement simple et droit pourrait suffire.

Demandez à un homme qui veut acheter un cheval de voiture, quel genre de service il compte exiger de lui, s'il veut aller vite ou longtemps, avoir une voiture légère, ou transporter beaucoup de monde à la fois, s'il aura à faire des voyages pénibles, des courses précipitées, ou des promenades de luxe. Il y a mille à parier contre un que toutes ces questions le surprendront ; il n'y a jamais pensé, et il vous répondra qu'il voudrait trouver un bon cheval sans défaut, autant que possible, et pas d'un prix trop élevé ; qu'il ne compte pas faire beaucoup de dépenses, et que, cependant, il faudrait que ce cheval fût de bonne apparence et pût facilement se revendre sans perte, à la morte saison.

Essayez donc de faire comprendre à un tel homme, dans une pareille disposition d'esprit, que tel cheval peut aller vite à la condition d'être peu chargé, tel autre tirer beaucoup à la condition d'aller lentement, qu'il faut savoir ce qu'on veut trouver avant de se mettre à le chercher. Qu'un cheval sans défaut est, ou un mythe ou un animal sans qualités, pire que la rosse la plus tarée et la plus vicieuse, puisque celle-ci peut s'employer à quelque chose et celui-là à rien. Que les défauts n'existent jamais que relativement, et qu'un cheval n'est jamais ni bon ni mauvais que selon la manière dont on lui assigne son emploi ; qu'un cheval bon marché est toujours un cheval qu'il est dangereux d'acquérir par cela même que le propriétaire actuel l'estime moins qu'une faible somme d'argent.

Qu'un cheval de bonne apparence, plaisant à la masse ignorante, a, par cette apparence même, par conséquent, une valeur indépendante de ses qualités, et qu'il faut payer en sus des qualités et à part ; que si on veut un bon cheval à bon marché, il faut de toute nécessité en choisir un qui déplaise ou qui fasse peur à tout le monde, et, qu'enfin, pour espérer revendre à la mauvaise saison autant qu'on a acheté dans la bonne, il faut compter sur un renversement total des choses humaines ou sur un hasard à peu près aussi vraisemblable.

On vous répondra par des exemples faux ou dont l'explication réelle détruit complétement la justesse.

Un jour, quelqu'un m'écrit en grande hâte de lui trouver un très-bon cheval à bon marché ; c'était, disait-on, très-facile, car *un tel* venait pour 1000 fr., d'en avoir un de 5000. C'était à l'époque de la révolution de 1848 où l'opinion que les chevaux se vendraient pour rien était si généralement répandue, que les trois quarts changèrent de maître. J'ai connu une foule de vendeurs qui ont fait à cette époque des affaires excellentes. Je ne comptais pas trop sur la possibilité de contenter le désir qu'on me manifestait, mais j'étais curieux de savoir ce que c'était que ce cheval de 5,000 francs. J'allai et je vis le cheval de 5,000 francs. Je connaissais parfaitement celui qui venait de le vendre 1,000 francs. Il l'avait acheté, deux jours avant, 480 tout équipé d'une selle et d'une bride anglaises toutes neuves, d'une valeur de au moins 100 fr., et c'est ce prix de 380 fr. qui était le plus près de sa valeur.

A côté des gens qui ne savent absolument rien et qui sont à vrai dire des esprits modestes qui ne parlent qu'avec les idées dont ils ont eux-mêmes la conscience, viennent les gens qui ont un certain magasin d'idées toutes faites, de principes fondamentaux immuables, qu'ils appliquent de la manière la plus absolue.

Il ne faut pas qu'un cheval soit taré. —Sans doute, mais il est certaines tares insignifiantes par elles-mêmes ou dont l'inconvénient diminue en raison de diverses circonstances. Ainsi, par exemple, depuis plus de trente ans que je vois des chevaux, et de toutes sortes, je n'en ai pas rencontré un seul qui boitât de mollettes ou de jardons, bien que j'aie vu des chevaux boiter avec des mollettes et des jardons. — C'est égal, une tare défigure un cheval. — Je le veux, si ça vous plaît à dire, mais cela diminue-t-il la somme de services qu'il peut rendre, le nombre de kilomètres qu'il lui reste à parcourir au profit de son maître, depuis aujourd'hui jusqu'à sa mort. — C'est égal, il a eu le feu pour un suros.—Mais le suros est parti, ou par le feu ou tout seul. — Comment voulez-vous qu'un suros disparaisse spontanément, puisque c'est une tare osseuse? — Peu m'importe, je ne me charge pas de l'expliquer. Toujours est-il que je l'ai vu, de mes yeux vu, plusieurs fois, entre autres sur un poulain de 2 ans 1/2 que j'avais acheté à une foire conjointement avec un grainetier, très-habile connaisseur, à qui je l'ai revendu quelque temps après complétement adulte. Le grainetier vient me voir au bout de deux ou trois mois. Tenez, voilà quelque chose que nous n'avons vu ni l'un ni l'autre, et il me montre un suros énorme sur le canon. — Nous ne l'avons pas vu, parce que cela n'y était pas. — Cela n'a pas pu venir si vite. — Il paraît que si, puisque cela est venu, et cela s'en ira de même. Six mois après je demandais à quelle jambe avait existé le suros, et on ne pouvait plus me le dire.

Et voilà pour les tares extérieures.

Mais corneur, poussif! — Je ne vois pas d'inconvénient à accepter ces défauts, sauf deux conditions, 1° que l'on ne paie pas le cheval taré comme s'il était sain ; 2° que la tare n'empêche pas le cheval d'être propre au service auquel on le destine, et l'acheteur seul peut savoir quel est ce service. Or, il est rare qu'il s'en rende lui-même un compte bien exact.

Voilà une jument qui a des pieds de vache.—Je vois bien qu'elle a la corne du pied postérieure trop allongée, mais je ne reconnais pas là de défectuosité dangereuse. — Elle doit avoir été engendrée par un vieil étalon, car elle a les salières creuses. — Certainement, au moment de la naissance de la pouliche, son père avait 22 ans, et sa mère au moins autant. — Vous voyez bien. — Je vois bien... quoi ? que la bête a de la vitesse, du fonds, de la sûreté, un bon caractère, qu'elle s'attelle et se monte avec sagesse, qu'elle a 7 ans et qu'elle vaut les 800 fr. qu'on en demande.

Quelques années plus tard : — Ma jument se fatigue des jambes de derrière, et on me dit qu'elle a le flanc altéré. — Fait-elle votre ouvrage, attelée ? — Très-bien. — A la selle qui se fatigue d'abord, de la monture ou du cavalier ? — C'est moi. — Alors de quoi vous plaignez-vous ? — Au bout de six ans de bons services, elle était revendue 500 fr.: perte de 300 fr. pour six ans, 50 fr. par an ; le taux que nous avons établi pour le plus infime des chevaux de labour.

Peu de gens veulent comprendre que l'avantage d'un cheval net sur un cheval taré n'est réel que toutes choses égales d'ailleurs, sang, âge, taille, poids, etc. Mais un vieux cheval de chasse anglais bien bouleté, un peu poussif, avec le feu en cinq endroits, usera deux chevaux hollandais ou quatre normands de la plaine de Caen tous neufs l'un après l'autre, et son service sera plus sûr et plus agréable; il doit donc être préféré et payé beaucoup plus cher.

Autre préjugé : Ce cheval n'a pas cinq ans, il n'a pas jeté ses gourmes. — La gourme n'est pas un accident auquel le cheval soit sujet jusqu'à ce qu'il l'ai subi une fois, et après cela sans retour; comme l'homme à la petite vérole. J'ai connu des chevaux qui n'avaient jamais eu trace appréciable de gourme; d'autres chez lesquels cette affection est revenue plusieurs années de suite; l'âge n'y fait pas ce que l'on croit; les différences de race, de régime, d'éducation, sont telles que ce cheval-ci qui a trois ans et demi est plus adulte que cet autre qui a six ans. Deux amis achètent à une foire, le même prix, au même marchand, deux chevaux hollandais pareils, l'un de quatre ans, l'autre de sept. Le propriétaire du dernier était triomphant; il me dit, au moins je suis sûr d'échapper à la gourme. — Sans doute, à moins pourtant que votre cheval ne l'aie plus forte que l'autre. Il fut sept mois malade, l'autre fut en plein service au bout de quinze jours. Pourquoi? Ce n'est pas que la gourme soit plus forte à sept ans qu'à quatre; mais pourquoi ce cheval n'avait-il pas été vendu à l'âge ordinaire! Je ne supposais pas que la raison qui avait fait rester ce cheval de sept ans parmi des chevaux de quatre fût d'un bon augure, quoique j'ignorasse cette raison; et puis le hasard, l'imprévu, dont il faut toujours faire la part.

Et ceux qui s'obstinent à n'acheter que des chevaux faits ne veulent pas comprendre que plus ils ont raison de préférer les chevaux faits, plus celui qui leur vend des chevaux faits a ses raisons à lui de les vendre quoique faits, raisons qu'on ne sait pas, mais qu'on saura plus tard, trop tard si on les achète.

Il y a aussi des théories très-singulières sur la *force* des chevaux (*sic*). Ce cheval est faible, il est petit, donc il n'a pas d'âme, etc., etc. Et d'abord, qu'est-ce que la force d'un cheval? Il faudrait s'entendre là-dessus, clairement, et que les définitions fussent comprises de tout le monde.

Voyez au marché aux chevaux de Paris ce vieux cauchois de seize ans, piébot par devant, et dont les jarrets sont tant soit peu enkylosés. Comme il lui reste de bons reins, un bon estomac, une poitrine excellente, il monte la pente de l'essai avec une voiture dont les deux roues sont enrayées et quatre hommes derrière lui; mais il ne ferait pas une lieue en vingt minutes attelé à un tilbury : il boîte et ne peut trotter. A côté de lui est un pur-sang manqué, de sept ans, qui ne traînerait pas mille livres pesant, mais qui fera huit lieues en deux heures s'il n'a à traîner qu'une voiture légère. Lequel des deux est le plus fort? Celui qu'on emploiera le plus judicieusement.

Lorsque l'administration des postes établit, il y a quelques années, de petits phaétons à deux chevaux, dits malles infernales, afin d'accélérer le service des dépêches, beaucoup de maîtres de postes ne purent obtenir de leurs chevaux le train voulu. Ils avaient employé les deux chevaux les plus vites de leur écurie; ils essayèrent d'en mettre un troisième, mais comme celui-là était moins vite que les deux autres, la voiture alla moins vite encore; un quatrième, nouvelle raison d'aller plus lentement; il fallut changer l'espèce des chevaux, remplacer le percheron par le demi-sang ou le trois-quarts de sang, etc., et l'on n'arriva jamais à égaler cette vitesse égale, majestueuse, sans effort, des malles anglaises, parce que nos voisins savent faire leurs routes, leurs voitures et leurs chevaux. Ils attellent et mènent bien, ils savent que ce n'est pas le poids spécifique d'une voiture, mais la manière dont elle est ajustée et dont elle roule, qui détermine la quantité de force nécessaire pour l'enlever; que le trot allongé et persistant de quatre chevaux de même pied et bien d'accord sous la main, sur un bon mac-adam, fait plus de miles à la longue que le galop de quelques haridelles *fouaillées à la despérade*, et bricolant de droite et de gauche sur un mauvais pavé.

Et cela n'empêche pas que chacun veut des chevaux forts, c'est-à-dire grands et gros, pour aller vite et longtemps, et que l'on est taxé de paradoxe si on ose objecter que le cheval massif ne mènera pas une voiture, si légère qu'elle soit, plus vite et plus loin qu'il ne peut porter son propre corps; qu'avec des voitures lourdes et des chevaux légers on ne marche pas; qu'avec des voitures lourdes et des chevaux lourds on marche, mais lentement; qu'avec des chevaux lourds et des voitures légères, on fait des attelages pitoyables, et que l'alliance du cheval léger et de la voiture légère est le seul procédé qui permette la vitesse.

Malheureusement, toutes ces choses ne sont que des généralités. Pour appliquer, pour sentir ces principes, il faudrait pratiquer, mener, expérimenter, comparer. Voici une expérience anglaise: une voiture légère, à quatre roues, pesant mille livres avec sa charge, fut menée à diverses reprises sur plusieurs sortes de routes, et d'un certain nombre d'expériences résulta ce qui suit :

Description de la route.	Force de traction exigée pour mouvoir la voiture.
Route turnpike, dure et sèche. . . .	30 livres 1/3.
La même, boueuse.	39
Terre grasse, dure et compacte. . . .	53
Chemin de traverse ordinaire. . . .	106
Route turnpike nouvellement cailloutée.	143
Route non faite et sablonneuse. . . .	204

Qui est-ce qui pense, lorsqu'il revient de la campagne, à savoir quel est l'état de la route qu'il parcourt, afin de régler son allure en conséquence ?

Je pourrais multiplier les citations de ce genre, mais ce n'est ni en les lisant, ni en les apprenant par cœur que l'on peut acquérir une expérience utile.

J'ai compté qu'un pony de quatre pieds six pouces, libre dans ses mouvements, faisait 750 pas par kilomètre et parcourait ce kilomètre en cinq minutes.

J'ai étudié longtemps les effets combinés des routes, pavées ou macadamisées, des voitures de toutes espèces, avec des chevaux de toutes sortes ; j'en suis venu à apprécier, à peu de secondes près, le temps que je dois employer pour parcourir un kilomètre sitôt que j'ai vu la route où je suis et que j'ai mené l'attelage pendant quelques minutes. Je sais le temps que je mets en laissant aller l'attelage, le temps que je pourrais gagner en le poussant, et cette expérience je ne la dois pas à des lectures mais à la pratique, à l'observation ; et pour cela il ne m'a fallu que la volonté d'observer ce qui se passait autour de moi au lieu de penser à autre chose.

Voilà pourquoi j'ai dit que les connaissances suffisantes ne seraient pas si difficiles à acquérir.

Cette appréciation de la vitesse avec laquelle on parcourt une route est fort rare parce que peu de gens pensent à l'acquérir par l'exercice, et c'est là le tort, car cette attention soutenue est le seul moyen d'apprendre à tirer un bon parti des chevaux.

J'ai dit que le régime des chevaux de troupe avait en moyenne un résultat satisfaisant. Je n'ai pas dit que les militaires soignassent bien leurs chevaux, bien au contraire; je ne vois pas que les cavaliers libérés du service, ou les officiers démissionnaires rapportent dans la vie privée l'expérience et l'habileté qu'on devrait attendre d'une longue pratique. Pourquoi ? Parce qu'ils ont observé le règlement sans se pénétrer de son esprit, de son utilité, sans même songer à le critiquer, ce qui eût été au moins un signe de sollicitude ; sitôt qu'ils le peuvent, ils s'exemptent de l'observer et ne mettent rien à la place.

Un fait singulier, c'est que les marins que le hasard rapproche des chevaux ne sont pas les plus mauvais cavaliers, ni les plus mauvais palefreniers ; ne serait-ce pas parce que le genre de vie auquel ils sont astreints développe énormément chez eux l'instinct de pratique et d'observation ?

Cette remarque n'a cependant pas pour but de justifier le choix qui fut fait autrefois d'un ancien capitaine de corsaires pour commander un dépôt d'étalons.

Toujours est-il que non-seulement le Français a de la peine à devenir homme de cheval, fait reconnu généralement par les officiers de cavalerie, qui demandent plus de temps pour former un bon soldat dans leur arme, qu'il n'en est besoin à l'étranger, mais encore il a une désastreuse propension à tout oublier, et s'il perd si vite les principes qu'on lui a inculqués, c'est que jamais son esprit ne les a saisis, et que sa mémoire seule le guidait dans l'application bonne ou mauvaise qu'il en faisait.

Je continue de donner les raisons pour lesquelles on achète si mal les chevaux ; il est bien probable que l'on ne pourra me croire lorsque je dirai que sur les faits les plus matériels même, tels que la taille et l'épaisseur du cheval, la plupart des consommateurs n'ont aucune donnée qui puisse diriger leurs comparaisons. J'ai vu tel acheteur refuser comme trop petit un cheval qu'on lui présentait, et en acheter, le même jour, un moins grand, sans s'en douter le moins du monde.

Enfin, toutes les aberrations les plus singulières se présentent en si grande affluence autour de chaque affaire d'achat ou de vente, qu'il faut convenir que jamais, en règle générale, un cheval n'est acheté en France dans les circonstances que nécessite sa destination.

Et ne croyons pas que ceci soit la seule cause du mal que nous déplorons, car en supposant dans un acheteur quelconque une déférence aveugle pour les conseils de l'arbitre le plus habile et le plus intègre, les choses n'en iraient pas mieux.

Il existe en Angleterre certains vétérinaires d'un mérite

et d'une probité hautement reconnus, ces hommes gagnent beaucoup par les consultations qu'ils donnent sur leur responsabilité personnelle. Ainsi, moyennant une rétribution d'un ou deux souverains, ils répondent de tous les défauts qu'ils n'auraient pas annoncés dans le cheval qu'on leur présente. Ils sont fort utiles en Angleterre, parce que ceux qui les paient suivent leurs conseils et traitent les animaux achetés comme il leur est indiqué.

Mais ici, quelle mesure attendre, pour le régime d'un cheval, d'un acheteur qui n'a aucune idée, non-seulement de ce qu'il doit faire, mais encore de ce qu'il a fait ; d'un homme à qui on a dit : allez vous promener modérément au bois de Boulogne s'il fait beau, et qui rentre après avoir trotté pendant deux heures, un jour de pluie, dans les sables, avec une voiture à quatre roues, chargée de toute sa famille ! Quel cheval jeune, engraissé pour la vente, encore tout étonné d'un long voyage et de quatre ou cinq changements de conditions consécutifs se tirera d'une si singulière épreuve ? Et si encore c'était une épreuve, mais on ne soupçonne pas qu'on a fait tout ce qu'il fallait pour provoquer une maladie aiguë.

Et la mise en condition ! Quel est le propriétaire qui s'applique à donner la nourriture et le travail d'un animal qu'il veut expérimenter, et qui, en le faisant, apprécie les résultats quotidiens de son régime ?

On ne le sait pas.—C'est ce dont je me plains.—On ne peut pas le savoir.—D'abord je prétends qu'il n'y aurait qu'à l'apprendre, et puis, d'ailleurs, peu m'importe, je soutiens qu'il faut le savoir ou ne pas se mêler d'avoir des chevaux.

C'est sous ce rapport que la manie des courses a fait et fait encore un grand mal en France. Comme la nécessité des connaissances spéciales en matière d'entraînement est plus généralement reconnue, le propriétaire doute de soi, laisse tout à son entraîneur, et ne s'occupe absolument de rien; et cependant l'œil du maître *engraisse le cheval* : mais il faut que le maître ne soit pas aveugle.

On dira peut-être que je charge le tableau; je le nie, mais j'avouerai tant qu'on voudra que tout ceci est la plus ennuyeuse des diatribes. Cependant il faut signaler le mal afin de trouver le remède; et le mal consiste dans un tort partagé par tous.

On me dira que quand tout le monde a tort, tout le monde a raison, je répondrai par le mot d'un homme auquel il faut reconnaître un mérite réel, quand même on ne partagerait pas ses opinions, et, quoique seul à déplorer le mal que je signale, je n'en suis pas moins dans le vrai : « Je n'ai jamais craint ni désiré d'être seul. » Cela s'applique parfaitement à ce qui nous occupe en ce moment.

Mon opinion est, sauf un nombre imperceptible d'exceptions, que les chevaux sont, en France, mal achetés, mal gouvernés, mal employés, qu'il en résulte des pertes pécuniaires énormes, des accidents graves, et toujours de fort mauvais services. La cause de cet état de choses désastreux est l'inhabileté générale de ceux qui achètent, mènent ou font mener les chevaux. Cette inhabileté vient de deux causes : une inaptitude naturelle et l'absence totale d'une éducation qui pourrait y remédier.

Me voilà donc logiquement amené à indiquer un remède,

ce remède consisterait dans des mesures à prendre pour généraliser en France la pratique du cheval, et remarquez que je ne dis pas ici l'équitation.

Car l'équitation est une science, et il ne s'agit ici que de répandre les premiers éléments qui manquent partout. Des écoles savantes ne remédieraient à rien. Autant vaudrait envoyer des professeurs de mathématiques transcendantes à ces sauvages de la Nouvelle-Galle qui ne peuvent pas compter jusqu'à dix sur leurs doigts.

Il est même fâcheux que précisément à l'époque où la pratique des chevaux est le plus tombée en désuétude, il ait paru un homme capable de reculer les limites et par conséquent d'augmenter les difficultés de la science.

Quelques individus peu judicieux se sont adressés à lui pour apprendre de lui ce que précisément il ne pouvait leur enseigner; le maître et l'élève étant trop loin l'un de l'autre.

Ce qu'il faudrait aujourd'hui, c'est persuader aux jeunes gens qu'il faut se familiariser avec l'usage du cheval, connaître les soins qu'il exige, apprendre à juger la condition où il se trouve et celle où on doit le mettre pour le travail que l'on veut faire.

C'est par là seulement que l'on verra cesser le chaos où se trouve aujourd'hui confondues toutes les connaissances qui ont rapport à l'usage du cheval.

Alors chaque cheval aura sa véritable valeur, cela ne veut pas dire que le prix de tous sera diminué, car je ne suis pas de ceux qui disent qu'au delà d'une certaine somme toute valeur est idéale et de caprice; surtout lorsqu'on donne pour limite la valeur d'un cheval médiocre.

Un ensemble rare de qualités qui compose un individu à la fois difficile à trouver et d'un emploi recherché sera toujours une chose chère, très-chère, d'autant plus chère qu'il y aura plus de connaisseurs et des connaisseurs plus habiles.

Car le véritable cachet de prospérité hippique chez une nation est celui-ci : 1° facilité extrême de rencontrer à bon marché un bon cheval ordinaire ; cela prouve que la production est bonne et abondante, puisqu'il y a beaucoup d'individus, et très-peu de mauvais ; 2° excessive cherté des sujets remarquables ; c'est la marque d'un public appréciateur des belles choses. Ainsi cela se passe en Angleterre, en Allemagne, en Russie.

Les chevaux ne devraient pas changer constamment de propriétaires. Pour la course comme pour la chasse, pour certaines tâches forcées, le cheval ayant besoin d'une vigueur qui est, à quelques exceptions près, l'apanage exclusif de la jeunesse, on comprend, dans certains établissements publics ou privés, la réforme ordinaire des chevaux après trois ou quatre ans de service, au bout desquels ils passent à une condition plus douce, mieux appropriée à leur âge. Mais dans la plupart des écuries le cheval devrait entrer jeune et sortir tout à fait vieux; et ne pas faire *plusieurs maisons*, sauf les cas particuliers. Est-ce là ce qui arrive ? Non. Chacun se plaint de mal tomber, de faire des pertes, de dépenser des sommes folles en trocs, réformes, etc. A qui la faute ? à l'impéritie, à la négligence, à la mauvaise administration.

Dans notre pays, il est impossible de prédire à quel prix

sera vendu un cheval dont on connaît parfaitement la forme et les qualités. Il faut absolument savoir dans quel milieu il se trouve, si le maître est ou n'est pas à la mode, si le pedigree du cheval est en vogue ; car tout est caprice, gloriole ou convention.

Un écrivain hippologique a pris pour devise : *ex equo eques*. Par le temps présent, je crois qu'il faudrait retourner la maxime et dire : *ex equite equus*. Lorsqu'on aura des cavaliers, la masse des chevaux qui existent en France étant plus judicieusement employée, paraîtra avec plus d'avantage, sera mieux appréciée et augmentera de valeur.

Quant aux animaux que la France acquiert tous les jours, il serait à désirer d'en voir diminuer l'importation en proportion de l'accroissement de la production. Mais pour que les chevaux indigènes valussent la peine d'être produits, il faudrait qu'ils fussent bons et réellement préférables aux animaux étrangers, sans cela la production est illusoire, et c'est l'examen de cette grande question qui fera le sujet de notre troisième partie.

ÉPILOGUE.

Quelques mots sur l'hippophagie.

> Et chacun va y choisir la portion de cadavre qu'il aime le mieux, pour s'en régaler avec ses amis.
> ALPH. KARR.

Un ouvrage anglais fort intéressant, qui parle des chevaux de course pendant la première moitié du XIXe siècle, après nous avoir donné les portraits et l'histoire de *Camel*, de *Plenipotentiary*, de *Colonel*, de *Queen of Trump*, termine par ces mots en français : *La fin de tout*, encadrant une voiture d'équarrisseur.

Ce n'est pas dans un but de servile imitation que je veux conclure ce traité de l'usage du cheval par une dissertation sur le plus ou moins d'à-propos de manger ses dépouilles.

Mais comme la question de faire passer la viande de cheval à l'état de viande de boucherie occupe aujourd'hui certains hommes, je voudrais jeter aussi un mot dans la question, sans autre ambition que de la simplifier.

La chair du cheval est-elle propre à servir d'aliment ? Oui. Les faits le disent. En Tartarie, dans plusieurs parties de la Russie, c'est une nourriture populaire, universelle. Je ne répéterai pas, après tous les journaux partisans de l'hippophagie, tous les exemples dont l'Europe fourmille.

J'ai moi-même, il y a vingt ans, pratiqué l'hippophagie, tout seul, chez moi, sans prétention, sans même avoir l'idée de faire d'un *beef-steak* de cheval *une espèce de tribune, quelque chose sur laquelle on pût monter pour dire quelque chose*, suivant l'expression de M. Alphonse Karr, ou à peu près.

Il s'agissait d'un poulain de dix-huit mois, mort après six heures de maladie, sans qu'on pût savoir de quoi. L'autopsie apprit que c'était de la rupture d'une veine intérieure ou de quelque chose d'analogue dont je ne me souviens plus.

J'engageai le charretier qui avait soigné ce poulain à manger ces chairs qui paraissaient fort belles. Sur son refus, je demandai à ma cuisinière de me préparer un morceau du filet. Elle dit qu'elle ne voulait pas ; tout cela se passait un jeudi.

Le lundi, la cuisinière me demande comment j'avais trouvé mon déjeûner du samedi, et elle se met à rire. — Je comprends, vous m'avez fait manger du cheval ; mais alors pourquoi m'avoir refusé de m'en faire cuire, quand je vous le demandais ? — C'était afin d'avoir plus de dupes. Rassuré par l'éclat de la résistance, personne ne s'était méfié, et toute la maison avait mangé du cheval.

On en avait bien consommé quinze livres sans le savoir.

Cela prouve que la viande de cheval peut parfaitement remplacer la viande de bœuf.

Voilà un fait acquis. Mais de là à vaincre la répugnance générale que prouve aussi mon historiette, il y a loin ; je veux que l'on y arrive à la longue : que pourra-t-on en espérer pour le bien général ?

Premier résultat : la viande de cheval qui se vend aujourd'hui aux environs de Paris dix ou vingt centimes le kilogramme, augmentera de prix sans changer de destination, car on la mange, sans le savoir peut-être, mais on la mange ; où ? je n'en sais rien au juste, et l'on serait sans doute bien étonné si on venait à le savoir.

Toujours est-il qu'il y a environ vingt-cinq ans, M. Desmoulins, alors directeur des omnibus dits les *Joséphines*, m'envoya un poulain de huit jours à peine, né par hasard d'une des juments de son administration, et que l'on ne savait pas pleine. Ce poulain, élevé chez moi, comme on put, fut toujours assez malingre et mourut à environ quatre mois, au moment de partir pour la campagne à la saison des herbes.

J'en gardai la peau. Le corps fut vendu 6 francs à un entrepreneur de bains à domicile, qui le mit par morceaux dans son tonneau et le porta à un restaurateur de la barrière pour faire les frais d'une noce.

Vous le voyez, l'hippophagie, pour être clandestine, n'en a pas moins une certaine ancienneté d'existence dans notre capitale.

Autre manière d'envisager la question. Si aujourd'hui on mange les chevaux, on les mange tels qu'ils sont, c'est-à-dire :

Morts d'accident en pleine santé, jambe cassée, coup de sang, etc., petite quantité.

Maladies aiguës, fluxion de poitrine, charbon, indigestion, etc., nombre assez restreint, et, dans ce cas, l'usage de la viande est-il salubre ?

Maladies chroniques, vieillesse, usure, c'est la plus grande majorité; la chair doit être de mauvaise qualité et en petite quantité sur chaque individu.

L'état actuel des choses ne présente donc pas de grandes ressources à l'hippophagie.

Mais on peut changer tout cela, et en effet, théoriquement rien n'est plus facile. Supposez que, comme le bœuf, le cheval soit retiré du travail sitôt qu'il commence à faiblir; qu'il soit convenablement nourri, traité, *stabulé* comme le bœuf : il engraissera et sera bon à manger, excellent même.

Voilà qui sans doute est fort séduisant pour celui qui aime véritablement les chevaux. Moi, en particulier, qui ai gardé et soigné jusqu'à leur fin trois juments mortes de vieillesse, une par attachement, une parce qu'elle rendait encore un certain service (porter une femme peureuse), la troisième, pour suivre les progrès de la pousse; moi, dis-je, j'ai pu me rendre compte peut-être plus qu'un autre de ce qu'est la dernière vieillesse du cheval. Intérêt et humanité, il est établi pour moi, en principe général, qu'il faut absolument se débarrasser des chevaux arrivés à un certain âge; ils coûtent trop à nourrir, et les services qu'ils rendent sont onéreux s'ils ne deviennent cruels, parce qu'ils dégénèrent en torture perpétuelle; et quand, par une affection spéciale, on les garde à tout prix et avec tous les soins possibles, leur décrépitude fait peine à voir; elle doit être douloureuse.

J'aimerais donc à voir tous les chevaux *turned out*, suivant l'expression anglaise, à l'âge de la faiblesse, peupler nos pâturages, et y attendre, dans le bonheur du repos, le moment de fournir les boucheries. C'est de la mansuétude mieux entendue que ne le fait quelquefois la société protectrice des animaux.

Mais cela est-il profitable à l'homme? en d'autres termes, les intérêts matériels y trouvent-ils leur compte? J'ai bien entendu dire quelque part que le peuple manquait de viande, qu'il lui en fallait, qu'on devait chercher tous les moyens de s'en procurer, et que l'on était heureux et fier d'avoir trouvé celui-là. Mais d'abord, je le crois trouvé, car on tue, dit-on, quinze mille chevaux par an à Paris, je ne dis pas dans Paris, mais aux voiries avoisinantes : juste autant que de vaches, si la statistique que j'ai consultée est exacte, et je sais que la plupart des vieux chevaux des environs, de loin même, sont amenés là par les équarrisseurs en grand qui sont en état de les payer leur plus grande valeur. Or je crois que de tous ces chevaux on mange tout ce qui est mangeable, au moins.

Resterait-on donc l'utopie de mettre les chevaux à l'engrais, utopie qui me sourit, que je désire ; mais que je combats par amour de la vérité, par conscience.

Eh bien ! quand on vend au boucher un bœuf ordinaire 4 ou 500 cents francs, pourrait-on lui livrer pour le même prix une quantité beaucoup plus grande en kilogrammes de viande de cheval, sur pied, en un ou plusieurs individus? La question est là, ce me semble.

Il faut qu'un fort cheval, de bonne nature, soit bien mauvais, bien vieux, pour ne valoir que deux cents francs ; très-vieux, il n'engraissera plus ; boiteux, la souffrance de la claudication peut être un obstacle à son entretien ; de plus, l'habitude contractée de consommer l'avoine en quantité permettra-t-elle à son estomac de se contenter d'une nourriture moins chère, etc., etc.

Combien de temps durera l'engrais ? A combien reviendrait-il ? à combien, en un mot, la livre de viande de cheval ?

Et en supposant que le cheval se révèle un jour aussi propre, plus propre que le bœuf à servir d'aliment, où le nourrira-t-on ? Là où on nourrit le bœuf, à la place du bœuf ; il y aura plus de chevaux et moins de bœufs, la quantité n'aura pas changé ; et on criait à la pénurie ! Où sera le progrès ? Chercher le progrès et ne trouver que le changement, cela arrive souvent, même en politique.

Cette question de l'engrais est si importante, que telle a été la véritable raison à apporter à l'introduction des bœufs étrangers. Que n'a-t-on pas dit dans les journaux avant la révolution de février, en faveur de ces importations, le tout pour faire pièce au Pouvoir !

De nos jours, l'exposition universelle nous a procuré des spécimens de toutes les espèces de bœufs vivants en Europe. Tous les animaux pouvant servir à la reproduction ont été achetés très cher ; puisqu'ils se vendaient, cela se conçoit, une pareille occasion ne se retrouvant pas, on a voulu en profiter. Mais les bœufs ont été vendus comme boucherie, et le bœuf de Hongrie a dû à sa maigreur obstinée le privilége d'aller faire admirer au Jardin-des-Plantes la longueur de ses cornes. Combien aurait-il fallu de ses pareils amenés en France pour faire baisser le prix de la viande ?

Ce n'est donc pas en faisant passer le cheval pour un animal de boucherie qu'on soulagera la misère du peuple ; et c'est dommage, car ce serait un beau titre de gloire pour les auteurs de l'invention.

Ils réussiront comme le créateur des soupes à la gélatine, dites économiques, qui n'avaient d'autre inconvénient que de n'être pas nourrissantes.

Dernièrement, a paru une caricature : c'est un homme qui rencontrant un baudet attaché dans la campagne, se frappe le front et s'écrie: « Si je leur faisais manger de l'âne ! »

Et on en mange en effet : un équarisseur, devenu fort riche dans sa profession, m'a dit que le bouilli d'âne donnait d'excellente soupe.

Si on voulait combattre sérieusement ce projet d'hippophagie qui du reste n'est peut-être pas soutenu sérieusement, on pourrait dire que chaque animal possède la faculté d'assimilation à un degré qui lui est propre.

Ainsi, le porc est de tous les animaux domestiques, à la fois celui qui est le moins délicat sur le choix des aliments, et celui qui profite le mieux de ce qu'il absorbe. Aussi l'homme se l'est-il approprié de temps immémorial.

Le tapir ne peut-il pas nous être utile au même titre?

Le rhinocéros est, dit-on, au contraire, de tous les animaux connus celui qui, à volume égal, consomme le plus ; aussi ses os sont-ils si durs, qu'ils font feu lorsqu'on les frappe avec de l'acier.

Quand un cheval est bon, il est lui-même tout acier; ses muscles sont durs et secs, la crête de l'encolure résiste à la pression, les apophyses sont saillantes au point de déplaire aux profanes (le mauvais plaisant fait mine d'accrocher son chapeau à sa hanche). Il est sobre, car ce ne sont pas les *coffres à avoine* qui font le plus de besogne; le ventre se relève par l'entraînement, il faut une *hunting martingale* pour tenir la selle en place et l'empêcher de couler en arrière. On lui donne peu de foin, on va jusqu'à chercher à lui composer des pilules, des *balls*, pour diminuer le volume et augmenter la substance de ses aliments. Un vétérinaire est venu d'Orient avec l'idée de le nourrir à la viande, et de cet animal on voudrait faire un animal de boucherie! Je ne crois pas cela possible.

Peut-être que certaines races défectueuses, lymphatiques, bonnes à rien, pourraient sous ce rapport offrir quelques ressources. Un connaisseur anglais, mécontent de voir élever, aux environs de Londres, certains grands chevaux de charrette informes qui lui déplaisaient, a dit que cela ne serait profitable que lorsqu'on se mettrait, en Angleterre, à manger de la chair de cheval.

Ce quolibet peut s'employer en France pour définir certains chevaux élevés dans quelques-unes de nos provinces, et c'est à empêcher, si cela était possible, de continuer une si désastreuse pratique, que tendent tous les efforts de ceux qui se connaissent réellement en chevaux et qui s'occupent de la question.

FIN DU DEUXIÈME VOLUME.

DES ACCESSOIRES

Dont on se sert généralement pour les attelages.

Ce chapitre a été oublié; sa place n'est pas là, mais à la suite du chapitre intitulé : *Attelage de trois chevaux de front*, après la page 567.

Nous avons décrit succinctement les divers harnachements, moins dans la vue d'instruire à fond un novice dans l'art du cocher, que pour faire comprendre l'esprit de la chose, et indiquer la marche à suivre pour se perfectionner.

La pratique étant indispensable, il est des choses qu'un ouvrage théorique ne doit point indiquer. Ce serait rendre un mauvais service au lecteur qui espérerait tout apprendre avec les yeux et sans exercer ses mains.

Indépendamment des trois pièces fondamentales du harnachement : 1° les traits, avec la bricole ou le collier, pour avancer ; 2° la chaînette avec ou sans les reculements pour les voitures à quatre roues et à timon, et la dossière pour les voitures à deux roues ; 3° la bride pour diriger, il existe d'autres accessoires non moins indispensables, tant pour le perfectionnement du menage que pour certaines circonstances particulières.

Commençons par ce qui regarde le menage proprement dit, nous avons déjà parlé de la double guide et du menage appelé par M. Aubert, *à la Vigogne*.

L'emploi de la double guide a tellement varié suivant les circonstances et suivant les hommes, que nécessairement on le juge de diverses manières. Les uns le proscrivent absolument ; les autres le réservent pour certains cas exceptionnels. Je vais tâcher d'expliquer les raisons de toutes ces dissidences.

Le menage primitif est le filet avec une seule paire de guides. Equipé de la sorte, on n'a aucune ressource particulière pour éviter les inconvénients d'un cheval pesant à la main, qui vous emmène là où il veut, et souvent même là où il ne veut pas plus aller que vous, mais où l'entraîne sa masse mal disposée.

Substituer au filet un mors plus ou moins dur est un moyen quelquefois heureux, le plus souvent illusoire.

En effet, ceux qui montent à cheval savent jusqu'à quel point il est souvent difficile d'accoutumer un jeune cheval à la bride, alors même qu'on le dirige avec les deux mains dont chacune tient une rêne ; car l'effet latéral du mors, qui est tout d'une pièce ou au moins assujetti par la gourmette, est beaucoup plus *sourd* que l'effet latéral du filet ; la traction est toujours plus douloureuse et a davantage l'inconvénient d'arrêter en même temps qu'elle tire de côté.

L'homme à cheval a encore la ressource de rendre plus sensible l'effet latéral en écartant la main et en opérant la traction tout à fait dans le sens où il le désire, mais l'homme qui mène n'en peut faire autant, vu que les rênes sont engagées dans les clefs du collier et de la sellette.

J'ai vu autrefois des hommes qui avaient su monter à cheval et qui n'avaient pas appris à mener, s'efforcer par une singulière distraction de porter leur main à droite ou à gauche de toute l'étendue du bras pour porter leur cheval de voiture dans telle ou telle direction, sans réfléchir que cela ne pouvait avoir aucun effet.

Aujourd'hui, cette faute se commet plus rarement, parce que si on ne sait pas mener, on ne sait pas davantage monter.

Toujours est-il que le mors de bride ne vaut pas à la voiture le filet pour diriger le cheval à droite et à gauche.

Pour l'arrêter ou le ralentir, cela est différent : l'embouchure à gourmette a plus de puissance ; et c'est un point de gagné, mais il y a l'inconvénient de ne pas pouvoir ménager la bouche du cheval, en d'autres termes, son impulsion, autant qu'on peut en avoir besoin ; car il arrive bien souvent que tel cheval, qui une fois parti vous emmène, a bien de la peine au départ à supporter la tension nécessaire pour le diriger, et surtout quand la main n'est pas d'une exquise délicatesse, ce qui est le cas ordinaire.

Je ne parle pas ici de l'usage généralement répandu dans Paris de mener *au banquet* c'est-à-dire, en plaçant les guides dans l'œil même du fonceau. Un mors employé de la sorte n'est absolument qu'un filet un peu plus sourd, un peu plus incommode, mais telle est la force de la routine ou du préjugé, que c'est un principe que l'on ne fera jamais goûter à certaines personnes.

On peut même employer sans succès un singulier argument qui ne m'a jamais réussi à persuader qui que ce fût.

Aux hommes entêtés du banquet et proscripteurs du filet j'ai joué le tour de substituer, à leur insu, la nuit, avec leurs propres chevaux, dont ils avaient l'habitude, un filet au mors; ils ont fait plusieurs lieues sans s'en apercevoir, et ils n'ont pas été convaincus.

Lorsque l'on mène *au milieu*, c'est-à-dire les guides au premier degré au-dessous des fonceaux, ce qui fait une embouchure un peu plus douce qu'une bride de selle ordinaire, un homme expérimenté mènera commodément un cheval facile, quoiqu'un peu allant ; il le dirigera facilement et aura moins besoin de force pour l'arrêter. Mais un novice aura bientôt laissé peser le cheval autant sur cette embouchure que sur le filet, et il n'y aura rien gagné, seulement il courra le risque, pour peu que le cheval ait de la susceptibilité, d'éprouver des désordres en tournant et surtout au départ.

Mener en bas, c'est-à-dire avec des branches très-longues, est un tour de force sur certains chevaux et une imprudence avec presque tous. L'effet d'arrêt est très-fort, l'effet latéral presque nul ; on ne réussit guère qu'avec des chevaux naturellement très-portés en avant, qui ne s'acculent jamais, et qui ont une très-grande routine de l'attelage.

En revanche, on peut obtenir beaucoup de brillant, des allures relevées, et surtout s'acquérir une grande réputation d'habile cocher, auprès des individus peu habiles ; car avec des chevaux ainsi embouchés, on ne peut en confiance céder ses guides qu'à un homme parfaitement au fait de ce menage exceptionnel.

La crainte d'être emporté jointe à l'impossibilité de conduire habituellement avec une embouchure très-dure a fait naître l'usage de la double guide. D'ordinaire, on la met en bas du mors de bride, et, pour ne pas s'embarrasser les mains de quatre guides, on l'attache au crochet de la portière du cabriolet ou même au garde-crotte, à cela il y a un grand inconvénient. Le temps de la saisir, de l'ajuster et d'en faire usage est tel, que l'accident que l'on redoute est presque toujours arrivé avant d'y avoir eu recours.

Lorsque la double guide, ou la guide de sûreté, est au bas du mors, et les guides ordinaires au banquet de ce même mors, il arrive souvent que l'effet espéré n'a pas lieu, et voici pourquoi : les guides ordinaires et les guides de sûreté agissant sur la même embouchure ont deux effets qui ne diffèrent que du plus au moins, c'est à peu près une seconde paire de mains qui viendraient joindre leur effort aux vôtres.

Avec l'enrênage *à la Vigogne*, au contraire, la pression du bridon est remplacée soudainement et par à-coup par une autre embouchure violente et qui surprend ; de là, changement brusque dans les sensations du cheval, modification dans sa position, et, par conséquent, grande chance pour qu'on réussisse à l'arrêter, lors même qu'il a déjà commencé à prendre carrière.

Je ne parle pas du cas où les guides ordinaires étant au milieu, celles de sûreté seraient en bas ; cette méthode ne peut avoir aucun effet, et est complétement en dehors de toute connaissance du cheval et même, disons-le, du sens commun.

Mais l'utilité de la double guide ne doit pas se borner, selon moi, à prévenir les foucades d'un cheval quinteux et sujet à s'emporter.

J'ai trouvé un grand avantage à mener avec les quatre guides, tant au brancard qu'au timon, c'est-à-dire avec un comme avec deux chevaux.

Dans le premier cas, je me sers exclusivement du filet pour diriger le cheval; je lui demande une tension constante, avec un léger point d'appui qu'il est toujours disposé à augmenter, soit au premier coup de langue, soit même à la plus légère reddition de la main.

La moindre différence de tension à droite ou à gauche amène immédiatement la barre, le naseau et, par conséquent, toute la masse dans cette nouvelle direction, sans surprise, sans à-coup et immédiatement, sans aucun retard.

Si le cheval, par ardeur, impatience ou lourdeur naturelle, vient à peser sur la main un peu plus qu'il ne m'est commode et agréable, à l'instant une pression opérée par la main droite sur les guides de sûreté remet le cheval dans la main, lui rend sa légèreté et son à-propos; s'il négligeait d'obéir, un appel de langue ou un coup de fouet ferait l'effet d'une attaque de l'éperon, et tout rentrerait dans l'ordre.

On voit que j'adopte ici tous les principes et les expressions du système de M. Baucher, et en effet, il est nécessaire, indispensable que pour ce menage le cheval ait été travaillé à la mise en main et aux flexions; mais pour cela, il suffit d'un travail très-facile et dans lequel les cavaliers, même les moins expérimentés dans le système, risquent peu de se fourvoyer.

Avec deux chevaux la guide de sûreté me sert de même à remettre chaque cheval dans la main, quand besoin est, à diminuer son point d'appui, et par conséquent à lui laisser le degré d'impulsion qui me convient.

Le seul inconvénient de ce système est la nécessité de s'habituer à mener avec quatre guides dans la main. J'ai vu, il est vrai, bien des cochers s'embrouiller dans ce paquet de rênes, prendre les unes pour les autres, et ne faire rien qui vaille ; mais d'un autre côté, j'ai vu des personnes qui n'avaient aucune habitude du cheval se faire très-facilement au maniement des quatre guides et tirer un bon parti de chevaux assez susceptibles, qu'elles n'auraient pu maîtriser sans cela.

Il y a des doubles guides qui ne se bifurquent pas avant d'arriver au mors ; on les passe dans les clefs intérieures du collier et du mantelet. Je ne les aime pas, elles n'ont que l'avantage d'être moins apparentes.

Celles que j'emploie se bifurquent avant les clefs de mantelet, à environ quinze centimètres de distance. Le bout qui tient à la main est muni d'un anneau de fer dans lequel passe une *italienne*, c'est-à-dire une rêne suffisamment longue pour aller de chaque côté jusqu'au mors. Un *passant* fort et long serre les deux parties de cette italienne de chaque côté de l'anneau par lequel elle passe.

L'usage de ce passant est de maintenir égales ou inégales les deux parties de l'italienne qu'il réunit. De la sorte, si le cheval a l'habitude de forcer la main à droite ou à gauche, il rencontre de ce côté une résistance telle que je la désire. Il n'y a qu'à ajuster la longueur relative des deux parties de l'italienne au moyen de ce passant.

Dans le menage d'un four in hand, il peut arriver que

les leaders, faute d'être maintenus par des chaînettes et un timon, s'écartent latéralement outre mesure, ou avancent inégalement, ce qui peut causer, en certains cas, beaucoup d'embarras; on y remédie au moyen d'un anneau fixé à la sous-gorge de chaque cheval, en dedans : la rêne du dedans de chaque cheval passe dans l'anneau de la sous-gorge de son camarade avant de passer dans les clefs du collier. De cette façon, chaque cheval emmène l'autre, et ils sont liés et tenus de près par la tête.

On peut, dans certaines circonstances, n'employer que l'un des deux anneaux, par exemple lorsqu'un seul cheval est brutal, ou un seul trop *restant*. Généralement, tout ce qui peut rendre moins fréquent l'emploi du fouet est commode à deux, indispensable à quatre.

Indépendamment des guides qui servent à mener, il y a le rênage dont on se sert avantageusement pour régler la marche des chevaux d'un four in hand, parce que certains chevaux sont contenus dans de certaines limites par la gêne d'un enrênement excessif; mais il n'y a pas pour cela de règles générales à établir.

Des italiennes ou rênes séparées et non tenues dans la main s'emploient encore quelquefois.

Ainsi un cheval trop ardent sera maintenu dans sa place (par devant), au moyen d'une courroie attachée d'un bout au filet, de l'autre au mantelet de son camarade, ou même au palonnier de la volée de ce même camarade; cela peut réussir, cela peut aussi l'exaspérer, et alors il se révolte ou se renverse.

Quelques-uns croient empêcher un cheval de *porter* à droite ou à gauche au moyen d'une courroie fixe, ajustée au mors et à son mantelet à gauche ou à droite. Je préfère recourir à l'assouplissement par flexions, parce que je ne crois guère à l'efficacité d'une résistance fixe, inexorable, inanimée contre les mouvements d'un animal susceptible de comparaison, de colère, de résistance, en un mot, de sentiments.

J'ai cependant employé ce dernier moyen avec succès, et voici dans quel cas. Il s'agissait d'un étalon à mettre en whiler dans un four in hand. Comme beaucoup de chevaux entiers, il était sujet à s'exaspérer dans le tirage, et alors il se précipitait sur son voisin pour le mordre; on le plaça à gauche du timon avec une longe attachée au filet et au mantelet à gauche, un homme l'accompagnait en courant, et sitôt que l'idée de mordre se manifestait, on le corrigeait par des saccades. Plus tard, on put le contenir avec une fausse guide qu'un aide tenait sur le siége et employait de la même manière.

Comme le cheval pour se lancer sur l'autre commençait nécessairement par allonger brusquement l'encolure, il suffit, au bout de quelque temps, d'ajuster convenablement l'italienne au mantelet; elle restait lâche tant que la tête était placée, mais produisait d'elle-même une saccade lorsque l'encolure se tendait; l'animal, habitué au châtiment, se remettait à la première saccade qu'il se donnait lui-même comme si on la lui eût donnée, et le défaut se corrigea peu à peu.

Mais, règle générale, c'est l'influence morale et non l'effet mécanique qui dresse les chevaux.

Quelques chevaux prennent, attelés, l'habitude de tendre le nez au vent, de se lancer en avant par des pointes, de marcher sans symétrie et d'une façon vicieuse. Pour cela, on emploie des martingales à anneaux, des martingales à la muserolle, au filet et même au bas du mors.

Malgré quelques cas de réussite de ces moyens employés sans préparation, je crois indispensable de les faire précéder des assouplissements; mais lorsque le cheval a pris l'habitude d'obéir, il est souvent ramené à une position convenable par ces divers modes d'enrênement, et alors ils abrégent de beaucoup le dressage et surtout hâtent le moment d'employer avec sûreté l'animal, ce qui est souvent une grande question.

De ce qu'on appelle, dans le harnachement, pièces de sûreté.

On est exposé à une grande quantité d'accidents, le plus souvent déplorables par la rupture des harnais. Le meilleur, le seul moyen de s'en garantir, serait une surveillance continuelle et surtout une réforme hâtive des effets qui commencent à vieillir. Il est rare qu'un cuir neuf vienne à casser, s'il est de bonne qualité, si ce n'est avec un cheval qui se révolte, et ce n'est pas ici le cas.

Ainsi les vieux cuirs, les vieux ardillons de boucle, ne manquent guère que par la faute de ceux qui les emploient.

Mais cette faute est commise si souvent, qu'on ne saurait trop se mettre en garde contre un pareil accident.

J'ai vu un domestique emporté par un cheval qui, en

chassant une mouche, avait accroché son mors après le brancard ; se sentant pris, il avait donné une secousse, et le montant de la bride s'étant rompu, le cheval s'était trouvé à la fois effrayé et parfaitement libre.

Le domestique, blâmé d'avoir employé une bride si vieille et si mauvaise, objecta qu'*elle n'avait pas encore manqué*, et cette raison lui parut sans réplique.

Un homme prudent passera de temps en temps dans sa sellerie et coupera lui-même de manière à mettre absolument hors de service tout ce qui ne lui paraîtra pas excellent.

Mais, indépendamment de cette précaution, et d'autres principes analogues, certaines personnes emploient des pièces de sûreté.

Ainsi, une double guide, dont on ne se sert jamais, mais qui est là si les autres viennent à rompre.

Une fausse dossière, c'est-à-dire une forte courroie qui se boucle au brancard par les deux extrémités et qui passe derrière la sellette dans la croupière.

Si cette précaution venait à être utilisée, elle tuerait bien des gens. En effet, supposez que la dossière rompe, cette fausse dossière, qui est nécessairement plus longue que la véritable, car autrement elle blesserait, laisse tomber tout à coup les brancards de quelques décimètres ; le cheval porte alors le véhicule qui est alourdi par son abaissement même, il le porte par une courroie mince et coupante sur le rein, partie susceptible, et où il n'a peut-être pas l'habitude de rien supporter : il est probable qu'il va croupionner, ruer ou s'emporter ; de plus, l'allongement dont nous avons parlé permettra au garde-crotte, ou au palonnier, de porter sur la croupe, sur les cuisses, sur les jarrets : il n'y a plus de cheval attelé, il y a un cheval attaché à une masse qui l'effraye, et assez solidement pour ne pas s'en débarrasser. La voiture doit être brisée, le maître et le cheval tués : car, lorsqu'un cheval est blessé ou effrayé de telle manière que le désespoir s'empare de lui, il n'y a de salut que dans le hasard.

Je crois devoir ici, en passant, noter que le cheval est presque toujours, dans notre pays, totalement dénué de l'habitude de voir courir derrière lui la voiture qu'il traîne, puisqu'on ne l'attelle jamais sans œillère. Eût-il eu autrefois cette habitude, il doit l'avoir perdue.

Débrider même une rosse pour la faire boire et manger en route est de la plus grande imprudence. On expose à un danger certain le cheval, la voiture, les passants.

Il existe un usage depuis quelques années, c'est celui des surdos, ou courroies destinées à soutenir le trait dans la partie intermédiaire entre la boucle du mantelet et la poupée ou pommelle de volée.

Autrefois, on attelait long avec des volées fort basses ; un cheval pouvait, dans un mouvement de gaieté, bond ou ruade, se prendre dans les traits qui ne passaient guère la hauteur de ses jarrets, et cela d'autant plus facilement, que les chaînettes étaient fort longues ; il avait une grande liberté d'arrière en avant et d'avant en arrière.

Lorsque le cheval était sans reculement, on y faisait peu attention, parce que si une ruade le faisait empêtrer, une autre ruade le délivrait, tout était fini.

Plus tard, il nous vint d'Angleterre l'usage d'atteler plus court et d'employer des volées plus hautes. Le cheval avait besoin, pour se prendre, de ruer plus haut, mais une fois pris, il ruait ou se couchait sur le trait; l'accident était grave. On eut recours, avec les reculements, au porte-trait qui, joignant le reculement au trait, enlevait ce dernier avec la croupe du cheval dans tous ses mouvements.

Lorsqu'il n'y avait pas de reculements, on mettait des surdos, mais aujourd'hui, on les met si près du mantelet, qu'ils sont complétement inutiles; de plus, les volées ont été tellement haussées, que le trait n'est souvent même plus horizontal et que le cheval tire en contre-bas.

De plus, le cheval est aujourd'hui tellement serré sur traits et sur chaînettes, que l'accident ne peut arriver que dans les circonstances où aucune précaution ne peut le rendre évitable.

Pièces de sûreté contre les chevaux vicieux.

A l'attelage, il n'y a, à proprement parler, qu'un seul vice véritablement dangereux, c'est celui de ruer. Tous les autres sont en général l'apanage des chevaux non dressés, ou mal conduits, ou *trop frais*, c'est-à-dire à qui on a donné un repos exagéré.

Le vice de ruer est une affaire de sexe; c'est peut-être ici la seule circonstance où le cheval hongre et la jument présentent pour le service une différence très-marquée.

Lorsque les juments ruent, c'est presque toujours un cas

d'hystérie, une question de tempérament, les unes ne ruent que lorsqu'elles sont en chaleur, les autres au contraire sont moins irritables dans ce moment-là. Toujours est-il que, lorsque ce défaut se manifeste chez elles, le plus sage est de renoncer pour toujours à les atteler.

Je me rappelle qu'un jour où je mettais en pratique ce principe assez peu entreprenant, comme on voit, un de mes amis me disait : « Mais si vous le vouliez, si on vous endéfiait, vous viendriez à bout d'atteler cette jument. »

« Sans doute, lui répondis-je, avec un tilbury fait exprès, c'est-à-dire où les brancards tiendraient à l'essieu sans ressorts, de manière à ce que la voiture ne pût être enlevée sans les roues ; avec une peau de bœuf cousue aux deux brancards et à la traverse, afin d'envelopper la croupe de la jument comme un toit, et en la laissant attelée plusieurs jours de suite, l'épuisement la rendrait incapable de résister ; mais avec 5 ou 600 fr. de dépenses, d'une bête qui aujourd'hui peut valoir 15 à 1,800 fr. comme bête de selle, je ferais un cheval de voiture vicieux et taré du prix de cent écus, sans compter la peine et le danger.

Règle générale, toute jument rueuse au harnais doit être exclue de l'attelage et en général du haras, comme nous le dirons plus tard, parce qu'il y a beaucoup de probabilités que ses filles lui ressembleront. Plus les juments ont de sang, plus ce défaut, lorsqu'il existe, est prononcé. Il existe en Normandie des familles entières de juments rueuses employées à la reproduction à cause même de ce défaut, elles ruent de génération en génération.

Il existe des juments qui, comme les chevaux hongres, ne

ruent qu'accidentellement, et par un mode particulier de susceptibilité, celles-là on les attelle comme les chevaux au moyen de plates-longes.

Au brancard, la plate-longe est facile à adapter, parce que ses points d'attache sont fixes. Cependant il faut observer que le cheval étant plus bas de la croupe dans la marche que dans la station, la plate-longe, tendue pendant l'arrêt, peut bien n'être que de juste longueur au pas et au trot; et il est très-important qu'elle ne soit pas trop longue parce que le cuir est toujours sujet à s'allonger, et que de plus le cheval a d'autant plus de force que son mouvement a plus de jeu. Il est en outre plus enclin à mal faire lorsqu'il se voit moins assujetti.

D'un autre côté, si la plate-longe est serrée, elle le devient encore plus lorsque l'on gravit une pente puisque les roues sont plus basses que le cheval, ou lorsque la voiture plonge dans deux ornières profondes au même endroit. Dans ces circonstances, la gêne de la plate-longe excite à ruer beaucoup de chevaux qui n'y penseraient pas. Il est des chevaux si obstinés qu'il faut mettre à la fois plusieurs plates-longes. J'en ai vu même que l'on attachait par la queue au palonnier; je n'ai pas vu d'assez près employer ce système pour le juger.

Toujours est-il que la plate longe n'est exclusivement et toujours bonne à employer que pour éviter les ruades de surprise, de gaieté ou les réminiscences d'un vice entièrement passé et les accidents qui peuvent en arriver.

Pour les chevaux qui ruent avec obstination la plate-longe est souvent insuffisante, quelquefois nuisible; car j'ai connu autrefois un loueur de cabriolets qui faisait profession d'acheter tous les chevaux rueurs qu'il rencontrait, même les juments hystériques ; son système était de mettre la sellette sur le garrot ou du moins très en avant, pas de plate-longe, ni reculement, ni croupière, les brancards très-éloignés l'un de l autre, enfin d'éviter tout ce qui pouvait frotter et inquiéter l'arrière-main ; il réussissait souvent.

J'ai longtemps employé une jument avec laquelle on était beaucoup plus en sûreté sans plate-longe, et un cheval qui ne ruait jamais que lorsqu'il en portait une ; ce qui n'empêche pas que généralement j'en approuve l'usage au brancard, et que je veux des brancards solides et bien doublés en fer ; mais l'expérience apprend à ne jamais être exclusif.

La plate-longe au timon est illusoire : elle se compose d'un appareil qui peut varier, mais dont l'essence est une sous-ventrière solide, dont les prolongements se croisent sur la croupe et vont rejoindre la volée ou les extrémités d'un palonnier. Quelquefois, ce sont deux courroies parallèles qui vont du mantelet à la volée et assujetties sur la croupière, ou encore, les deux systèmes réunis.

Mais il y a un inconvénient auquel on ne peut remédier, c'est que le cheval en reculant sur sa chaînette peut toujours rallonger la plate-longe, puisqu'il se rapproche de son point d'attache. Si vous tendez outre mesure, le cheval tire sur sa plate-longe et non plus sur ses traits, il est gêné et excité.

J'ai vu des chevaux ruer jusqu'à briser les boulons qui

fixent la volée aux armons du timon, et ils finissent toujours par se prendre dans les traits ou sur le timon.

En général, les rueurs se partagent en trois classes :

Les juments hystériques et quelques chevaux hongres qui, par une singularité connue en physiologie, ont acquis après la castration, le caractère nerveux et irritable de l'autre sexe. Cette classe demande à ne pas être attelée.

Il y a cruauté, imprudence, et pas de profit à tenter ce qui contrarie trop la nature.

La seconde classe est celle des chevaux entiers qui ruent par gaieté, impatience, colère, ou combativité. Ce sont les moins dangereux, en cela qu'ils ne ruent presque jamais qu'avec réflexion, c'est-à-dire qu'ils calculent les effets de leur ruade, évitent de se prendre, même de rien casser ; s'ils se blessent une fois, cela les corrige plus que cela ne les effraie. Il y a moyen de capituler avec ce vice.

La castration corrige ces chevaux-là, quand elle ne les fait pas rentrer dans la première catégorie ; ils deviennent, dans ce cas, pires qu'auparavant.

La troisième classe est celle des chevaux gais ou froids, qui n'aiment pas à se porter en avant, répondent par une ruade à un coup de fouet, à l'impression du froid, à un coup de langue, à un bruit qui les surprend. A ceux-là, la plate-longe est bonne, parce qu'ils ne redoublent pas généralement et qu'elle les empêche de se prendre.

Plates-longes au mors et douga.

Quelques-uns ont employé une autre méthode pour empêcher un cheval de ruer : elle consiste à joindre l'embouchure du cheval au palonnier par une courroie disposée de manière à ce que le cheval ne puisse ruer sans se donner une saccade, puisqu'étant obligé dans cette action de baisser la tête et de lever la croupe, il raccourcit nécessairement la courroie.

Cet effet, excessivement soudain et violent, a l'avantage de n'être ni plus ni moins fréquent que la faute, excellente condition pour corriger, comme on sait ; mais je crois qu'il est à craindre que le cheval ne se blesse dangereusement la commissure des lèvres, ou que la soudaineté même de son mouvement fasse casser la courroie, et alors l'animal se trouverait libre de tout faire, et deviendrait enclin à chercher son soulagement par la brusquerie même de ses révoltes. Du reste, je n'ai pas expérimenté moi-même cet appareil assez pour en parler avec pleine connaissance de cause.

On a sans doute remarqué dans les attelages russes, ou dans les gravures qui les représentent, un certain appareil qui les caractérise spécialement et qui consiste en une courbe de bois assez épaisse qui joint les deux brancards aux environs de l'épaule du cheval ; c'est ce que les Russes appellent *douga* (arc de cercle), c'est une sorte de plate-longe; une rêne partant du filet va s'attacher au sommet de cet arc, assez court pour empêcher la tête du cheval de se baisser. De la sorte, toute ruade est impossible ; sans une pareille précaution, on ne pourrait voir, comme il arrive souvent en ce pays, un cocher assis à la hauteur et à proximité des jarrets d'un cheval souvent neuf ou même à moitié sauvage.

Il est vrai que les allures doivent être souvent gênées par la position qu'impose la douga, et que les trotteurs de la race Orlow ne peuvent développer tous leurs moyens, étant ainsi attelés, à moins de procéder d'une manière totalement différente des trotteurs anglais ou américains. C'est, du reste, un détail sur lequel je serais curieux d'être édifié par un homme véritablement compétent.

Voilà, quant à présent, tout ce que je juge à propos de dire sur le vice des chevaux rueurs ; il s'agit ici seulement de mener des chevaux vicieux. Plus tard, lorsqu'il s'agira de production, c'est-à-dire de créer des animaux propres au service, je m'efforcerai de résoudre le problème, et ce sera en prouvant qu'il s'agit moins d'empêcher un cheval de mal faire, que de l'habituer par une bonne éducation à ne jamais avoir l'idée de désobéir, de s'irriter ou de s'effrayer.

Un autre vice beaucoup moins dangereux que le penchant à ruer, et que les hommes étrangers à la pratique des chevaux semblent redouter bien davantage, c'est celui de s'emporter. Un cheval est dit s'emporter, lorsqu'il prend résolument son parti, et dans sa terreur s'enfuit droit devant lui au point de perdre souvent jusqu'au soin de sa conservation.

Chez les chevaux communs et dépourvus de sang, cet accès de colère ou de frayeur ne les mène pas loin ; l'essoufflement, la fatigue ou une lourde chute, ont bientôt arrêté l'animal et le poids qu'il traîne. Mais lorsqu'un cheval de sang et vigoureux est en état de se livrer à une certaine vitesse avec la voiture à laquelle on l'a attelé, il peut en résulter de grands dangers et des accidents mortels : la charge verse, bondit et se brise derrière le cheval qui s'effraie de chaque nouveau heurt, de chaque nouvelle cassure et de l'accroissement même de sa propre vitesse.

Dans ce cas-là, il serait imprudent et même impossible de le dompter par lassitude ; si on y parvenait, ce ne serait qu'aux dépens de sa valeur et en le ruinant complétement, car un cheval vigoureux a en lui-même plus d'âme qu'il n'en faut pour se tarer et se tuer lui-même si on l'abandonne à sa fougue.

Les embouchures rigoureuses n'arrêtent pas le cheval emporté ; fussent-elles assez puissantes pour briser les mâchoires, comme cela est arrivé quelquefois, elles ne servent pas à éviter les accidents. Ce n'est que par une secousse ou saccade habilement donnée qu'on change la position du cheval qui s'emporte, qu'on divise ses forces, suivant l'expression de M. Baucher, et qu'on l'empêche de continuer sa carrière. Mais pour cela il faut une adresse, une habitude, un sang-froid, qui ne se rencontrent pas malheureusement chez tous les hommes qui se mêlent de gouverner les chevaux.

Un moyen puissant et que j'ai vu réussir assez souvent, c'est une double guide qui, bouclée dans la clef de sellette, va passer dans l'anneau du filet et revient ensuite dans la main de l'homme. Le cheval ne peut pas forcer la main à cause du repli et de la force qu'il donne au conducteur. Il faut donc tôt ou tard que la tête cède et s'encapuchonne, et le cheval est maîtrisé.

On a inventé, il y a quarante ans environ, un appareil de strangulation au moyen d'un cordon de soie rond, qui roule sur trois poulies et agit à l'endroit même de la sous-gorge. Lorsque l'on tire graduellement les deux cordons comme une paire de rênes, le cheval commence à respirer moins librement, et bientôt ses oreilles tombent en arrière, et il s'arrête précipitamment. Il suffit ordinairement de lâcher les cordons pour que les efforts du cheval le mettent immédiatement à même de reprendre suffisamment haleine. On peut alors se hâter de descendre et de desserrer l'appareil.

J'ai vu un cheval sujet à s'emporter, corrigé en une fois par ce moyen-là.

Il existe encore une espèce d'embouchure tellement disposée que la tension des rênes sur des branches à charnières abaisse une espèce de plaque qui bouche les naseaux du cheval; l'effet est extrêmement violent : le cheval, en s'arrêtant, est prêt à s'abattre ; je préfère l'appareil précédent.

Du reste, le défaut de s'emporter finit tôt ou tard par se corriger, et il suffit d'avoir à sa disposition un moyen infaillible de prévenir les accidents pour se servir du cheval le plus sujet à s'emporter.

31.

Il y a même une prétention assez commune chez les hommes de cheval, qui leur fait dire : avec moi, un cheval ne s'emporte jamais. Ce qui prouve, malgré les cas où il en arrive autrement, que d'éviter cet accident n'est pas une difficulté insurmontable.

Des diverses difficultés que présentent les chevaux à l'attelage.

Les mouvements du cheval de voiture étant nécessairement beaucoup plus bornés que ceux du cheval de selle, on comprend que la quantité des désordres auxquels il peut se livrer est nécessairement assez restreinte.

Le cheval qui bondit et se cabre peut embarrasser un cavalier et compromettre son existence. Une pointe et les bonds les plus violents, même dans une voiture à deux roues, ne peuvent amener que la chute du cheval et une secousse assez insignifiante pour l'homme qui mène. Nous avons traité particulièrement tout ce qui concerne les chevaux rueurs ; ceux qui font des écarts ou des têtes à queue se corrigent d'une manière analogue et par les mêmes principes que ceux qui ont le même défaut sous l'homme.

Somme toute, la difficulté ordinaire du cheval de voiture est de mal partir : il ne veut pas partir, ou il part trop vite ; et, ce qui paraîtra bizarre à quelques personnes, ces deux défauts n'en forment qu'un seul et dérivent de la même cause.

La grande difficulté de la traction consiste pour le cheval à trouver le moyen de transmettre son mouvement à la masse qu'on lui donne à enlever. Le cheval lent et mou, comme le bœuf, met lentement son poids sur son collier et emmène avec facilité tout ce qui est en rapport avec sa force musculaire et sa masse. Le cheval pétulant se lance sur son collier, le frappe avec une grande force qui ne dure pas, et ne fait pas mouvoir la voiture.

C'est le même phénomène qu'une planche de chêne percée par un fusil chargé d'une chandelle ; ou de la porte en équilibre sur ses gonds, qu'un violent coup de pied brise sans qu'elle ait bougé, tandis qu'on la ferme en la poussant du bout du doigt.

Cela posé, le cheval qui a fait un ou deux efforts violents sur ses traits pour avancer et qui n'a pas réussi n'est pas tenté de recommencer.

Si on l'y sollicite avec une insistance suffisante, il résistera de diverses façons : tantôt il refusera totalement de pousser son collier ; et plutôt que d'en arriver là, il essaiera de reculer, de ruer, de se coucher, de se déshabiller ; tout en un mot, plutôt que d'avancer, puisqu'il est persuadé que cela est impossible. J'ai remarqué même que cette disposition était forte surtout chez les poulains dociles, qui s'étaient prêté le plus facilement à se laisser attacher, emboucher, mettre à la longe et conduire ; leur soumission même les engage à ne pas résister aux traits qui les assujettissent, et si on les harcèle, le désespoir les prend.

J'ai vu vaincre cette répugnance par toutes sortes de moyens, les coups de fouet, les coups de houssine sur les jambes, etc. Après bien des années d'expérience, j'en suis arrivé à ne plus jamais attaquer cette difficulté de front. Je fais enlever la voiture par le maître d'école ou à force de bras si le jeune cheval est attelé seul.

Plus on y met de douceur et de négligence apparente, plus vite on arrive, et sans aucun accident. Lors donc qu'un cheval ne veut pas tirer, qu'on l'attelle à deux, et tôt ou tard l'habitude lui en viendra.

Le cheval vif au contraire, se jette avec violence sur son collier, se cabre aussi droit qu'il le peut, ou se précipite en avant par des lançades si furieuses que souvent ses pieds postérieurs passent par-dessus les traits ou atteignent la voiture, comme s'il ruait, quoiqu'il n'en ait pas eu l'intention.

A cette manière de procéder, j'applique le même remède qu'à l'autre, l'indulgence et l'inattention : puisque le cheval ne pèche que par excès d'animation, je suis bien sûr que l'habitude le calmera ; plus il est violent, plus je lui cherche un camarade sage, mais aussi preste que lui, afin qu'en partant aussi vite qu'il le voudra, il soit secondé dans son mouvement ; et j'évite surtout de l'animer par des départs et des arrêts fréquents.

Comme je veux être ici très-succinct et réserver tous les détails à l'article de l'éducation, je me bornerai ici à dire que l'important pour le cocher est de surveiller sa main en pareille circonstance. Puisque le cheval ne pèche qu'en raison d'une résistance trop forte pour la force qu'il *sait employer*, pourquoi ajouter par la main un surcroît de résistance sur sa bouche ?

Je me rappelle à ce sujet qu'au haras du Pin, à l'époque où j'étais chargé de l'instruction de l'école, je m'étais permis quelques observations sur les jeunes carrossiers normands que dressait un palfrenier chef et qui partaient par des lançades effrayantes : plus ils pointaient, plus on les rênait, plus on cherchait à les maîtriser par les guides ; et quand je disais qu'il valait mieux les lâcher, leur rendre la main et les laisser courir, que je citais les chevaux laissés à ma direction, et qui ne plongeaient *(sic)* jamais ; on me répondait : « Vous, vous pouvez faire ce que vous voulez, on n'a rien à vous dire ; mais si cet homme n'empêchait pas ses chevaux de pointer, on le blâmerait; il est obligé de faire comme ça. » — « Je ne vous comprends pas ; m'accordez-vous que ma méthode les empêche de pointer ? »—« Sans doute, mais s'il ne les empêchait pas, on le blâmerait. » — « Mais, puisqu'en voulant les en empêcher, il les y excite ! » — « Oui, mais vous êtes maître, et il est domestique ; » je n'ai jamais pu obtenir une réponse plus logique.

A un attelage qui refuse de partir, rendez la main hardiment, pourvu, bien entendu, que vous ayez de la place en tous sens : excitez, et il y a grande chance que vous partiez, si le chemin est bon et la voiture assez légère pour les chevaux.

Il est certains chevaux, ceux surtout qu'on a voulu harnacher et atteler trop vite en sortant du pré, et sans passer par les gradations ménagées d'un dressage intelligent, il est certains chevaux, dis-je, qui entreprennent résolument de se délivrer de tout ce qui les ennuie, on appelle cela se déshabiller. Indépendamment des moyens d'éducation logique, j'ai vu employer un moyen brutal, c'est une sangle très-forte et très-serrée sur la poitrine, qui les étouffe et les paralyse. Il peut être utile en certains cas désespérés, mais je recommanderai d'être fort sobre de son emploi.

TABLE DES MATIÈRES

DU DEUXIÈME VOLUME.

Pages.

PRÉLIMINAIRES. — DES DIVERS ANIMAUX EMPLOYÉS PAR L'HOMME, SOIT POUR PORTER, SOIT POUR TRAINER DES FARDEAUX. 1
Choix de ces animaux. 1
L'éléphant. 2
Le rhinocéros. 4
L'hippopotame 4
Le porc. 4
Le chameau, le lama. 5
Cerfs, le renne, l'élan. 5
Les bœufs. 7

GENRE CHEVAL. — Ane, zèbre. 7
Aptitude spéciale de ces animaux au service 8
Quelques notions sur l'histoire de la domesticité du cheval. . . 11
Bible, Caïn dompte le premier cheval. 11
Neptune, Castor et Pollux 12
Sésostris. 14
Xénophon, Tacite, Horace. 14
Selles, étriers, arçons. 18

ÉQUITATION DU NORD. — Invasion des Barbares. 20
Première selle, premier étrier, premier mors 21
Ce que devait être le cheval à cette époque. 23

ÉQUITATION ORIENTALE. 25
Extrait de Walter-Scott. 26
Richard Cœur-de-Lion. 33
François 1er. 34

	Pages
Manuscrit dédié à Louis XII.	35
Pignatelli et ses successeurs.	36
ÉCOLE ITALIENNE.	37
ÉCOLE ESPAGNOLE	38
ÉCOLE ALLEMANDE.	40
Équitations classées par Muller.	44
ÉCOLE ANGLAISE.	48
Manége de Saint-Pétersbourg.	49
ÉCOLE FRANÇAISE	50
Pluvinel, Beaurepère, Delcampe.	50
De Solleysel, de Garsault, de Saunier.	52
Montfaucon de Rogles, Dupaty de Clam, Thiroux.	55
APERÇU HISTORIQUE, ETC.	59
Le cheval, de plus petite taille autrefois qu'aujourd'hui.	59
Xénophon, moyen âge, armes à feu.	60
Le manége attaqué du temps de Solleysel.	62
Entraînement anglais décrit par Solleysel.	62
Le dedans et le dehors pendant le xviiie siècle.	67
État actuel de la science.	71
Versailles, Gœttingue, méthode Baucher.	71
Équitation du dehors.	79
Enseignement de l'équitation.	79
Éléments.	80
Leçons de vitesse.	82
Manége, haute école.	83
Difficulté d'écrire un livre sur l'équitation.	85
Décadence de l'équitation.	92
DU CHOIX DES CHEVAUX, ETC.	99
Taille du cheval et de l'homme.	99
Cheval de manége.	105
Cheval pur sang pour le manége	108
CHOIX D'UN CHEVAL DE GUERRE.	114
De diverses spécialités de service auxquelles peut être consacré le cheval.	119
Diverses espèces de cavaliers.	120
Cheval de route.	123
Hack.	131
CHASSES A COURRE.	135
Molière.	136

Le hunter	138
Chasseurs anglais	146
Détails sur l'Angleterre	151
Chasses anglaise et française, par E. Sue	154
DES STEEPLE-CHASES	165
Récit par Nimrod	168
DES COURSES, leurs inconvénients, leurs avantages	183
Des courses chez les anciens	192
De courses en Angleterre, aperçu historique	194
Question du pur-sang	195
Des prix	201
Jockey-Club	203
Des principaux prix d'Angleterre	220
Courses à l'étranger ailleurs qu'en Angleterre	223
ALLEMAGNE	223
Défi porté par les Danois	226
Autriche	228
Suisse, Espagne, Russie	229
Colonies anglaises	231
Courses en France, historique	235
Encore Charles Thiroux	237
King Pépin et sa descendance	238
Règlement des haras. — Jockey-club	240
Course sous l'empire par E. Jouy	243
De l'entraînement du cheval de course	252
Fortunatus	257
Eumènes à Nora	260
Ce qu'on doit penser de l'entraînement	262
COURSES AU TROT	266
M. E. Houël	272
DU CHEVAL EMPLOYÉ AU TIRAGE	275
Divers animaux attelés : lions, éléphants, bœufs, rennes, élans, cochons, chiens, chèvres, moutons, ânes, mulets	281
DES VOITURES EN GÉNÉRAL. — Traîneaux	282
La roue	286
Quatre roues	288
Brancard	292
DE L'ATTELAGE	299
Pompe	300
Bricole, palonnier	302
Deux systèmes sur le tirage	305

Collier, chaînette, etc.	308
Very Spicy.	312
Avaloire.	313
Manière de conduire les chevaux attelés.	316
Charrue.	318
Aurigie.	319
TRAITÉ DE LA MANIÈRE DE MENER LES VOITURES.	321
Malheurs de Levaillant.	321
Voitures suspendues.	323
DES VOITURES, SOUS LE RAPPORT DE LA COMMODITÉ DE CELUI QUI LES MÈNE.	328
Du siége.	330
Menage des voitures.	333
Manière française.	335
Gala.	338
Menage actuel.	339
Essai du cheval de voiture.	344
Du cheval *placé*.	348
Nécessité de faire la bouche du cheval de voiture.	352
Attelage à la Vigogne.	353
ATTELAGE DE PLUSIEURS CHEVAUX.	354
Four in hand.	355
Thiroux.	356
Explication.	358
Attelage en tandem.	363
Attelage de trois chevaux de front.	364
Postillons.	367
ACCESSOIRES DONT ON SE SERT GÉNÉRALEMENT POUR LES ATTELAGES.	463
Menage primitif.	464
Menage au milieu.	466
Double guide.	467
Double guide à deux chevaux.	468
Anneaux de sous-gorge.	469
Italienne.	470
DE CE QU'ON APPELLE PIÈCES DE SURETÉ.	472
PIÈCES DE SURETÉ CONTRE LES CHEVAUX VICIEUX.	475
PLATE-LONGE AU MORS ET DOUGAS.	480
Des diverses difficultés que présentent les chevaux à l'attelage	484
PERFORMANCES.	369
Au pas.	370

	Pages.
Au trot.	375
Paris de fonds au trot.	379
VITESSE.	382
Du temps et du chronographe.	384
Courses de fonds.	391
PERFORMANCES D'ÉQUITATION. — Tours de force dont l'exécution dépend de l'habileté ou des forces de l'homme.	396
Bucéphale.	397
Manége.	398
Testu-Brissy.	400
Le prince de Lambesc.	401
COURSES ET MARCHES FORCÉES.	403
PERFORMANCES DE VOITURE ; Anniceris.	405
Stevens en tandem.	407
M. Emody.	408
La fameuse chaise.	410
Sauts.	412
Sauts en large.	414
M. Framptom.	415
Longévités.	416
UN MOT OUBLIÉ SUR LES VOITURES.	419
Américaine.	420
ÉNUMÉRATION DE CERTAINES CAUSES AUXQUELLES ON DOIT ATTRIBUER TOUT CE QUE L'ON VOIT DE PEU SATISFAISANT DANS L'EMPLOI DU CHEVAL EN FRANCE.	423
Écoles et castes.	424
Chevaux de commerce.	428
Du tact.	431
Prix des chevaux.	432
Incapacité des consommateurs	436
Impossibilité où est le professeur de former des élèves.	438
Ce que veut le consommateur.	439
Les ventes de chevaux en 1848.	441
Les acheteurs difficiles.	444
Valeur et emploi du cheval.	445
Préjugés.	446
Les marins.	448
Consultations de vétérinaires anglais.	449
Sort des chevaux achetés en France.	451
Quelques mots sur l'hippophagie.	455

	Pages.
Tartarie, France.	455
Régal à la barrière.	456
Hippophages par amour du cheval.	458
Réalité.	459
Quolibet.	462

FIN DE LA TABLE DES MATIÈRES.

www.ingramcontent.com/pod-product-compliance
Lightning Source LLC
Chambersburg PA
CBHW050611230426
43670CB00009B/1358